U0471451

江苏南水北调

水闸工程
标准化管理

SHUIZHA GONGCHENG
BIAOZHUNHUA GUANLI

南水北调东线江苏水源有限责任公司 ◎ 编著

河海大学出版社
HOHAI UNIVERSITY PRESS
·南京·

图书在版编目(CIP)数据

江苏南水北调水闸工程标准化管理 / 南水北调东线江苏水源有限责任公司编著. -- 南京：河海大学出版社，2022.12

ISBN 978-7-5630-7830-1

Ⅰ.①江… Ⅱ.①南… Ⅲ.①南水北调－水利工程管理－标准化管理－江苏 Ⅳ.①TV68

中国版本图书馆CIP数据核字(2022)第233982号

书　　名	江苏南水北调水闸工程标准化管理 JIANGSU NANSHUIBEIDIAO SHUIZHA GONGCHENG BIAOZHUNHUA GUANLI
书　　号	ISBN 978-7-5630-7830-1
责任编辑	彭志诚
特约编辑	李　萍　董　瑞
特约校对	薛艳萍　王春兰
装帧设计	徐娟娟
出版发行	河海大学出版社
地　　址	南京市西康路1号(邮编：210098)
网　　址	http://www.hhup.cm
电　　话	(025)83737852(总编室) (025)83722833(营销部)
经　　销	江苏省新华发行集团有限公司
排　　版	南京布克文化发展有限公司
印　　刷	苏州市古得堡数码印刷有限公司
开　　本	787毫米×1092毫米　1/16
印　　张	31.5
字　　数	698千字
版　　次	2022年12月第1版
印　　次	2022年12月第1次印刷
定　　价	198.00元

编委会

主　　任	荣迎春	袁连冲			
副 主 任	刘　军	王亦斌			
编　　委	孙　涛	莫兆祥	周达康	王兆军	王从友
	付宏卿	乔凤权	雍成林	祁　洁	吴松泉
	刘厚爱	李伟鹏	张扣兄		
主　　编	袁连冲	孙　涛			
副 主 编	莫兆祥	祁　洁	周达康	王兆军	吴松泉
编写人员	杨红辉	周晨露	刘佳佳	范雪梅	陈　娅
	王春宏	李　闯	朱宝焕	郑双蕾	吕　伟
	赵亚东	卞新盛	简　丹	杜　威	吴利明
	茅婷婷	胡　勇	陈　锋	张俊豪	荣逆群
	袁懋惠	吴星星	戴　阳	贾　璐	刘　菁
	王怡波	张　浩	孔凡奇	王　义	纪　恒
	张　苗	李长江	刘锦雯	王姗姗	游旭晨
	周　杨	于贤磊	鲁　健	莫　娇	汤乐乐

序

水闸,是治水的一种措施,也是人类与水相依相争相和过程中智慧的结晶。水是人类赖以繁衍生息不可替代的自然资源,"逐水而居""依水而生"是必然的选择。随着生产力的发展,为了取用水方便和趋利避害,遂有了能动地改变"水往低处流"的行为,使其蓄泄由人、调控在我。大约在距今4000年前后,被后世称之为"水闸"的水工建筑物,在华夏先民的孜孜以求中问世。从简易的草泥闸,到结构完善的木闸、坚固耐用的石闸,再到浑然一体、造型各异的钢筋混凝土闸等,水闸在演进中不断书写着更新换代的传奇,人类治水的脚步也伴随着水闸的发展不断向前。如今,当我们漫步于江河湖海之畔时,经常会看到各类造型迥异、功能不同的水闸巍然屹立,默默地承担着人类赋予它们的使命——泄洪排涝、调水供水、挡潮蓄淡、灌溉通航、生态补水。水闸,水工建筑物的明珠,从远古走来,一路沧桑一路风尘,见证着历史、记录着历史,更演绎着"除水害、兴水利"的动人乐章。

作为南水北调东线江苏段工程项目法人和运营主体,江苏水源公司高度重视工程管理标准化体系建设,2022年1月出版发行了《大型泵站标准化管理系统丛书》,并在此基础上,继续开展水闸标准化管理书籍的编制工作。该书的整体架构借鉴了《大型泵站标准化管理系统丛书》的优点,并结合水闸工程的特点进行了适当调整。

本书对水闸工程标准化管理理论与实践有较深的研究,紧密结合了不同类型水闸(船闸)的管理经验和水利部工程标准化管理的最新要求,切合实际,内容丰富,具有较强的可操作性、实践性。本丛书包括:管理组织、管理制度、管理流程、管理表单、管理条件、管理标识、管理要求、管理行为、管理信息、管理安全共 10 个部分，以标准化管理为主线，指明了水闸工程各项管理工作的要求、流程和标准，该丛书的成功付梓，将成为水闸标准化管理的实践指南，对推动南水北调工程乃至整个水利工程高质量发展均有一定指导意义。

该套丛书是"水源标准、水源模式、水源品牌"的系列之作，是南水北调东线江苏段水闸工程标准化管理的指导纲领，是不断锤炼江苏南水北调工程管理队伍的实际指南。

目录

管理组织

1	范围	003
2	规范性引用文件	003
3	术语和定义	003
4	职责	004
5	一般规定	004
6	组织构架	004
7	岗位及人员配置	004
8	考核评价	005
附录A	组织架构图	006
附录B	岗位标准	007
附录C	岗位职责	009
附录D	班组职责	010
附录E	管理事项划分	011

管理制度

1	范围	021
2	规范性引用文件	021
3	术语和定义	021
4	制度管理要求	022
5	考核评价	023
附录A	综合管理类制度	024
附录B	工程管理类制度	028
附录C	安全管理类制度	036

管理流程

1	范围	049
2	规范性引用文件	049
3	术语和定义	049
4	总则	050
5	控制运用	050
6	工程检查	050
7	工程观测	050
8	设备管理	050
9	维修养护	051
10	安全管理	051
11	物资管理	051
12	软件资料	051
附录 A	控制运用流程	052
附录 B	工程检查流程	060
附录 C	工程观测流程	072
附录 D	设备管理流程	076
附录 E	维修养护流程	084
附录 F	安全管理流程	094
附录 G	物资管理流程	108
附录 H	软件资料流程	116

管理表单

1	范围	125
2	规范性引用文件	125
3	综合管理	125
4	工程管理	147
5	工程观测	216
6	安全管理	242

管理要求

1	范围	285

2	规范性引用文件	285
3	术语和定义	285
4	建筑物管理	286
5	设备管理	286
6	防汛物资及备品备件管理	287
7	计算机监控系统管理	287
8	工作场所管理	288
9	考核评价	288
附录 A	建筑物管理要求	289
附录 B	设备管理要求	300
附录 C	防汛物资及备品备件管理要求	312
附录 D	计算机监控系统管理要求	314
附录 E	工作场所管理要求	318
附录 F	工程观测示意图	324

管理信息

1	范围	333
2	规范性引用文件	333
3	术语和定义	333
4	总则	334
5	计算机监控系统	335
6	视频监视系统	339
7	系统环境	341
8	系统运行维护	342
9	考核与评价	343

管理安全

1	范围	347
2	规范性引用文件	347
3	术语和定义	347
4	总则	348
5	目标职责	348
6	制度化管理	351
7	教育培训	352

8	现场管理	354
9	安全风险管控及隐患排查治理	363
10	应急管理	368
11	事故管理	371
12	持续改进	373

管理条件

1	范围	377
2	规范性引用文件	377
3	术语和定义	377
4	管理条件	377
5	考核评价	378
附录 A	管理条件	379

管理标识

1	范围	405
2	规范性引用文件	405
3	术语和定义	405
4	总则	406
5	导视类标识标牌	406
6	公告类标识标牌	406
7	名称类标识标牌	408
8	安全类标识标牌	409
9	标志标牌设置	410
10	标志标牌维护	410
11	考核评价	410
附录 A	导视类标识标牌	412
附录 B	公告类标识标牌	414
附录 C	名称类标识标牌	418
附录 D	安全类标志标牌	423
附录 E	助航类标识标牌	427
附录 G	其他	429

管理行为

1 范围 ··· 435
2 规范性引用文件 ··· 435
3 术语和定义 ·· 435
4 设备运行操作 ··· 435
5 运行巡视 ··· 436
6 设备维护 ··· 436
7 考核与评价 ·· 436
8 附则 ··· 437
附录A 水闸操作作业指导书 ··· 438
附录B 水闸运行巡视指导书 ··· 458
附录C 水闸养护清单范围 ·· 476

管理组织

1 范围

本部分规定了南水北调东线江苏水源有限责任公司辖管水闸(船闸)工程的组织机构配置原则,包括岗位设置、任职条件、岗位职责、管理事项等管理保障措施。

本部分适用于南水北调东线江苏水源有限责任公司辖管水闸(船闸)工程的组织管理,类似工程可参照执行。

2 规范性引用文件

本部分没有规范性引用文件。

3 术语和定义

下列术语和定义适用于本文件。

3.1 公司

南水北调东线江苏水源有限责任公司的简称。

3.2 分公司

南水北调东线江苏水源有限责任公司下属的分公司,包括扬州分公司、淮安分公司、宿迁分公司及徐州分公司。

3.3 直管

南水北调东线江苏水源有限责任公司成立现场管理单位,由该单位招聘人员并进行管理的工程管理方式。

3.4 委管

南水北调东线江苏水源有限责任公司委托其他与自身没有隶属关系的单位,由该单位组建管理队伍,在工程现场成立管理机构,对工程进行管理的工程管理方式。

3.5 管理所

南水北调东线江苏水源有限责任公司在直管工程成立的现场管理单位。

3.6 项目部

委托管理单位在委托管理工程成立的现场管理单位。

4 职责

贯彻执行国家法律法规、上级有关政策及规章;负责水闸工程日常管理、设备设施管理等,确保工程设备设施完好;承担排涝、挡洪、引水、通航等任务,确保工程安全平稳;承办上级交办的其他事项。

5 一般规定

(1) 对水闸工程的概况描述,应包括水闸工程所在工程地点、作用、规模、结构组成、机电设备、金属结构、计算机监控系统、开工时间、完工验收时间、工程投资等。

(2) 水闸工程的管理范围及保护范围,应根据各工程主体及相应水工程用地范围、相关配套设施等来确定,并配图说明。

(3) 水闸工程管理内容包括工程建(构)筑物、设备及附属设施的管理,工程用地范围土地、水域及环境等水政管理,综合管理,设备管理,建筑物管理,运行管理,安全管理等。

6 组织构架

(1) 水闸工程由相关泵站管理单位管理,并由该单位统筹机构设置和人员编制,合理设置岗位,配备管理人员。

(2) 直管泵站管理所可下设水闸技术班和运维班等班组。

(3) 委管泵站项目部应根据委托管理合同要求,合理设置水闸管理机构和岗位,并按标准配备管理人员。划分后均应将相关情况向分公司报备。水闸工程组织架构图见附录A。

(4) 现场管理单位应对水闸的事权、物权等进行规定,制定职责。

7 岗位及人员配置

(1) 现场管理单位应按照"因事设岗、以岗定责、以量定员"的原则定岗定员。为提高工作效率,可以结合实际实行一人多岗,但应严格按照国家法律法规和相关行业规范要求保证必要数量的运行、维修和管理人员,一线人员不宜长期超负荷参加运行值班,以保证工程运行安全和人员安全。

(2) 现场管理单位宜设置3类岗位,分别为负责类(单位负责人、技术负责人)、技术类(技术班班长、技术员、档案管理员)、运维类(运维班班长、运维员、安全员、仓库管理员)。组织架构见附录A,班组职责见附录D。

(3) 现场管理单位应根据相关人员编制批文及岗位需要,合理配置岗位人员。直管泵站管理所应按照公司批复的人员编制进行配备,委管泵站项目部人员数量不得少于合同约定。水闸工程部分岗位由直管泵站管理所或委管泵站项目部人员兼任。

(4) 现场管理单位各岗位配置人员的学历、专业、职称及业务能力应满足水闸工程管理需要。各岗位标准应符合附录B的要求。

（5）现场管理单位主要岗位人员应相对固定,因特殊原因需要更换时需提前报分公司同意。

（6）现场管理单位应结合日常管理工作,制定各岗位职责。现场管理单位各岗位职责应符合附录C的要求,工作事项宜按照附录E进行划分。

（7）现场管理单位应加强人员的教育培训,技术管理人员应取得相应职称,并经过岗位培训合格;运行维护类人员应掌握实际操作技能,取得相关职业技能资格证书;特种设备操作岗位应取得特种岗位操作证书。

（8）应采用指纹打卡或其他有效方式开展现场管理单位人员的考勤。

（9）分公司应对照委托管理合同审核委管项目部管理人员,对不合格的管理人员,分公司应沟通委托管理单位进行更换调整。

8　考核评价

（1）水闸工程管理考核应每季度开展一次,与泵站管理单位合并管理的可一并开展。

（2）分公司应制定直管单位人员考核办法,结合目标任务及分工,对直管单位及员工开展绩效考核。

（3）分公司应参照公司工程管理考核办法及委托管理合同,定期对委管人员出勤情况及业务能力进行考核。

附录 A 组织架构图

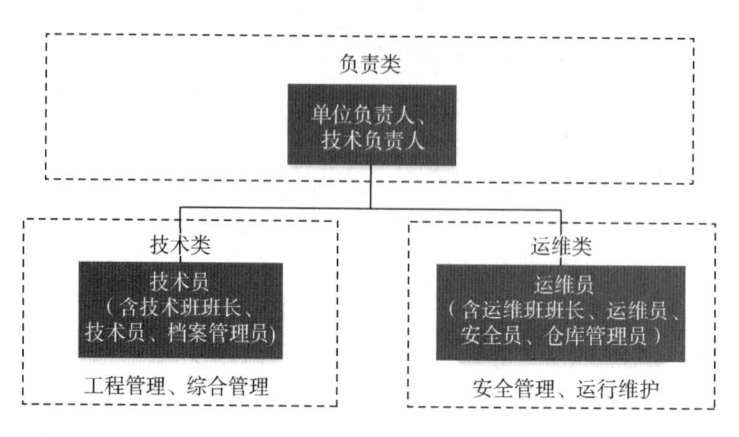

图 A.1 水闸工程组织架构图

附录 B 岗位标准

B.1 单位负责人

（1）具备本科及以上学历。
（2）取得中级及以上技术职称任职资格，具有8年以上大中型水利工程或类似单位管理经验。
（3）遵纪守法，思想政治素质好，热爱水利事业，有较强的事业心和责任感。
（4）掌握水利相关法律法规，特别是水闸工程运行管理制度规章、技术标准。
（5）具有良好的管理、组织、协调和决策能力，具备较强的分析力、判断力和处理复杂问题的能力。

B.2 技术负责人

（1）具备本科及以上学历。
（2）取得中级及以上技术职称任职资格，具有5年以上大中型水利工程管理或类似单位管理经验。
（3）遵纪守法，思想政治素质好，热爱水利事业，具有较强的事业心和责任心。
（4）熟悉水利相关法律法规，特别是水闸工程运行管理制度规章、技术标准。
（5）掌握水利、水文、电气、机械、自动化等方面的专业知识；
（6）具有较强的管理、组织、协调和决策能力。

B.3 技术班班长

（1）水利、水文、电气、机械、自动化等相关专业，具备大专及以上学历。
（2）取得中级及以上技术职称任职资格，具有3年以上水利工程管理经验。
（3）遵纪守法，热爱水利事业，具有较强的责任心。
（4）掌握水利、水文、电气、机械、自动化等方面的专业知识；掌握水闸运行规程、技术标准；具有处理常见技术问题的能力。

B.4 技术员

（1）水利、水文、电气、机械、自动化等相关专业，具备大专及以上学历。
（2）取得初级及以上技术职称或初级工及以上职业资格，具有2年以上水利工程管理经验。
（3）熟悉机电设备基本知识；熟悉设备性能；掌握水闸运行规程和安全操作技能；掌握水文规程和水文测报、数据整理等技能；具有一定处理机电设备常见故障的能力。

B.5 档案管理员

（1）具备大专及以上学历。
（2）受过档案管理、信息管理等专业培训，适应岗位工作需要。

(3) 熟悉国家有关档案管理相关法律法规及单位的规章制度。
(4) 具有一定的组织协调及语言文字能力。

B.6　运维班班长

(1) 水利、水文、电气、机械、自动化等相关专业,具备大专及以上学历。
(2) 取得中级工及以上技术职称任职资格,并持闸门运行工证、电工证上岗,具有3年以上水利工程管理经验。
(3) 遵纪守法,热爱水利事业,具有较强的责任心。
(4) 熟练掌握水利、水文、电气、机械、自动化等方面的专业知识;掌握水闸检修规程、技术标准;掌握水文规程和水文测报、数据整理等技能;具有处理常见技术问题的能力。

B.7　运维员

(1) 水利、水文、电气、机械、自动化等相关专业,具备大专及以上学历。
(2) 取得初级工及以上技术职称任职资格,并持闸门运行工证、电工证上岗,具有1年以上水利工程管理经验。
(3) 熟悉水利、水文、电气、机械、自动化等方面的基本知识;熟悉各类机电设备的性能、安装、调试技术;具有一定处理机电设备常见故障的能力。

B.8　安全员

(1) 具备大专及以上学历。
(2) 经安全员岗位培训合格,适应岗位工作需要。
(3) 熟悉国家有关安全生产的法律法规及单位的安全规章制度。
(4) 具有一定的语言表达、组织协调及隐患识别能力。

B.9　仓库管理员

(1) 具备大专及以上学历。
(2) 受过仓库管理等专业培训,适应岗位工作需要。
(3) 熟悉单位仓库管理的规章制度。
(4) 具有一定的组织协调、办公软件应用能力。

附录 C　岗位职责

现场管理单位应结合日常管理工作，制定各岗位职责。现场管理事项宜按照附录 E 进行管理事项划分。

C.1　单位负责人

水闸工程单位负责人，负责主持单位全面工作，认真贯彻上级各项工作部署（由泵站管理单位负责人兼任）。

C.2　技术负责人

水闸工程技术负责人，负责单位全过程的技术决策、技术指导（由泵站管理单位技术负责人兼任）。

C.3　技术班班长

技术班负责人，负责单位技术管理工作（可由泵站管理单位技术班班长兼任）。

C.4　技术员

技术管理人员，负责单位维修养护管理、档案管理、汇报材料等工作（可由泵站管理单位技术员兼任）。

C.5　档案管理员

档案管理人员，负责单位档案的收集、分类、整理、归档、保管和信息化管理等工作。

C.6　运维班班长

运维班负责人员，承担工程运行维护全方面的工作（可由泵站管理单位运维班班长兼任）。

C.7　运维员

运维人员，执行工程运行和维修期间运维班具体工作（部分运维员可由泵站管理单位运维员兼任）。

C.8　安全员

安全技术人员，负责单位安全生产的日常检查、监督与管理工作。

C.9　仓库管理员

仓库管理人员，负责单位仓库物资进出库登记、盘点、保管、领（借）用等工作（可由泵站管理单位仓库管理员兼任）。

附录 D　班组职责

D.1　技术班

（1）贯彻执行有关工程规范、规程、管理制度。

（2）负责编制和实施工程管理规章制度、规程、预案、细则等。

（3）负责工程设备设施的技术管理。

（4）负责工程运行、日常维护资料的记录、分析、编报和归档。

（5）负责编制安全监测等计划，配合水质监测工作。

（6）负责组织实施工程检查和设备等级评定。

（7）负责科技创新和新技术的推广应用及工程科技项目、科研项目的归口管理工作。

（8）负责维修养护项目的质量、进度、安全、经费、验收等管理工作。

（9）负责编制年度维修计划并制订备品备件的采购计划。

（10）负责组织开展各类预案演练、工程技术培训活动。

（11）承办领导交办的其他工作。

D.2　运维班

（1）执行调度指令，完成调度任务。

（2）负责工程设备设施问题的分析、处理和报告工作。

（3）负责工程设备设施的检测、调试、维修保养工作，保证设备设施完好。

（4）负责所辖区域内道路、标识的维护、保养工作。

（5）负责公共设施、设备、场所的维修、巡视检查和定期保养、监管工作。

（6）负责闸室、管理用房等公共区域的值班和日常维修保养工作并记录；制订长期和日常的维修保养计划并付诸实施。

（7）负责编制安全检查、安全月活动，定期对设备设施进行安全检查，根据检查情况制订维修计划及改造方案，并按规定组织实施。

（8）承办领导交办的其他工作。

附录 E 管理事项划分

顺序号	一级序号	一级事项	二级序号	二级事项	三级序号	三级事项	事项内容	事项编号	事项责任岗位	备注
1	1	管理组织	1	岗位管理	1	负责岗管理	岗位职责划分、月度、年度绩效考核	1.1.1	负责岗	
2					2	技术岗管理	岗位职责划分、月度、年度绩效考核	1.1.2	技术岗	
3					3	运维岗管理	岗位职责划分、月度、年度绩效考核	1.1.3	运维岗	
4			1	计划	1	年度计划编制	负责年度计划及预算经费编制的汇总及初审	2.1.1	负责岗	
5					2		负责工程检查、维养、观测、水文等相关计划及预算经费的编制	2.1.2	技术岗	
6	2	计划与考核			3		负责安全管理相关计划及预算经费的编制	2.1.3	运维岗	
7					4		负责办公、会议、培训等综合相关计划及预算经费编制	2.1.4	技术岗	
8			2	工程管理考核	1	组织协调	负责与上级单位协调、安排、布置考核工作，汇报材料的审定、考核汇报	2.2.1	负责岗	
9					2	汇报材料	负责工作总结、自评报告的编写	2.2.2	技术岗	
10					3		组织整编工程维养、观测、水文、检测、修试类等台账	2.2.3	技术岗	
11					4	台账整理	整编运行类台账	2.2.4	运维岗	
12					5		整编安全类台账	2.2.5	运维岗	
13					6		整编综合类台账和档案	2.2.6	技术岗	
14					7	现场准备	负责现场设备保养	2.2.7	运维岗	
15					8		负责现场环境提升	2.2.8	技术岗	

续表

顺序号	一级序号	一级事项	二级序号	二级事项	三级序号	三级事项	事项内容	事项编号	事项责任岗位	备注
16	2	计划与考核	3	相关合同监督	1	绿化及水保维护	乙方日常合同履行情况监督	2.3.1	运维岗	
17					2	河面保洁	乙方日常合同履行情况监督	2.3.2	运维岗	
18					3	参与考核	参与相关合同考核,及时向上级单位反馈意见	2.3.3	技术岗	
19	3	调度运行	1	指令执行	1	接收指令	接收闸门启闭指令,确定执行情况	3.1.1	负责岗	
20					2	执行指令	按调度指令执行闸门启闭操作	3.1.2	运维岗	
21					3	指令反馈	向上级单位负责岗汇报指令执行情况	3.1.3	负责岗	
22					4	运行数据统计	统计闸门开度、上下游水位、流量等相关数据	3.1.4	运维岗	
23			2	闸门启闭操作	1	操作前准备	按操作作业指导书对水工建筑物、机电设备进行检查、操作	3.2.1	运维岗	
24					2	闸门启闭操作、监护	按操作作业指导书进行闸门启闭操作、监护	3.2.2	运维岗	
25					3	信息反馈	向技术岗反馈闸门启闭操作执行情况	3.2.3	运维岗	
26			3	运行巡视	1	巡视检查	按巡视作业指导书规定的频次、要求和内容进行巡视,并做好巡视检查记录	3.3.1	运维岗	
27					2	运行应急管理	当发生紧急情况时,按反事故预案进行紧急操作	3.3.2	运维岗	

续表

顺序号	一级序号	一级事项	二级序号	二级事项	三级序号	三级事项	事项内容	事项编号	事项责任岗位	备注
28	4	工程检查	1	日常检查	1	组织、审查	组织开展日常巡视和经常检查，审查检查结果，督促问题整改	4.1.1	技术岗	
29					2	堤防	负责堤防及附属设施等的经常检查及问题整改，包括对堤防绿化及水保保洁情况的监督	4.1.2	运维岗	
30					3	水闸	负责水闸经常检查及问题整改	4.1.3	运维岗	
31			2	定期检查	1	组织检查	组织汛前、汛后检查及水下检查，召开专题会布置方案、审定检查技术方案	4.2.1	负责岗	
32					2	督促推进	编制检查方案，督促推进实施，撰写总结	4.2.2	技术岗	
33					3	水闸等附属设施	负责水闸等附属设施、堤防等的定期检查及问题整改	4.2.3	运维岗	
34					4	堤防	负责护坡、堤防等的定期检查及问题整改	4.2.4	运维岗	
35			3	专项检查	1	组织	布置落实对工程和设备的检查工作	4.3.1	负责岗	
36					2	检查	组织人员对工程设备开展检查，做好记录	4.3.2	技术岗	
37					3	问题整改、反馈	负责专项检查发现问题的整改、落实和成效反馈	4.3.3	运维岗	
38	5	工程观测	1	工程观测	1	观测、监测	负责水闸垂直位移、河道断面观测等工作	5.1.1	运维岗	

续表

顺序号	一级序号	一级事项	二级序号	二级事项	三级序号	三级事项	事项内容	事项编号	事项责任岗位	备注
39	6	维修养护	1	日常维修养护	1	安排、监督	安排日常维修养护，督促缺陷消除	6.1.1	技术岗	
40					2	堤防	负责堤防及附属设施等的经常检查及问题整改	6.1.2	运维岗	
41					3	水闸	负责水闸日常检查及问题整改	6.1.3	运维岗	
42					4	安全设施	负责安全监测、消防等安全设施的经常检查及问题整改	6.1.4	运维岗	
43			2	维修项目	1	项目计划审查、申报	负责维修岁修或急办项目计划的审定和上报	6.2.1	负责岗	
44					2	组织编制维修项目计划	根据工程运行及检查发现问题，组织编制岁修项目或应急办项目计划，包括实施方案和预算	6.2.2	技术岗	
45					3	维修项目的采购	根据批复维修项目，确定采购方式，选定实施工队伍或供应商	6.2.3	技术岗	
46					4	维修项目的实施	做好项目实施过程中的质量和安全控制，并及时整理施工资料和影像资料，做好项目进度控制、价款结算和支付	6.2.4	运维岗	
47					5	维修项目的验收	组织项目初验，报上级单位验收	6.2.5	技术岗	
48					6	维修项目管理卡编制	根据要求，编制项目管理卡	6.2.6	技术岗	
49	7	安全鉴定	1	安全鉴定	1	参与现场调查、检测和复核	编制现场调查分析报告，提供必要的基础资料、配合开展现场安全检测和工程复核计算分析	7.1.1	负责岗、技术岗	
50					2	参加安全鉴定会	参加安全鉴定会，配合形成鉴定报告	7.1.2	技术岗	
51					3	配合编写安全鉴定工作总结	配合编写安全鉴定工作总结	7.1.3	技术岗	

续表

顺序号	一级序号	一级事项	二级序号	二级事项	三级序号	三级事项	事项内容	事项编号	事项责任岗位	备注
52	8	工程等级评定	1	水闸设备等级评定	1	评定方案编制	按照评定频次要求,制定水闸设备等级评定方案,包括时间、人员、项目划分、评定标准等	8.1.1	技术岗	
53					2	设备评定	对照标准按照评级评定方法,单项设备、单元工程进行逐级评定	8.1.2	运维岗	
54					3	评级报告编制	编制评级报告	8.1.3	运维岗	
55					4	评级报告审定、报批	审定水闸设备评级报告并上报上级单位审批	8.1.4	技术岗、负责岗	
56	9	安全管理	1	目标职责	1	安全组织网络	建立健全安全组织网络,审核安全生产经费,定期召开安全会议	9.1.1	负责岗	
57					2	安全责任分解、考核、奖惩	分解安全责任,制定人员安全目标责任状,定期对完成情况进行考核奖惩	9.1.2	负责岗	
58					3	签订安全责任状	与运维岗、技术岗签订安全目标责任状	9.1.3	负责岗	
59					4	确保安全生产投入	审定安全生产费用使用计划,确保安全生产的资金投入,审批安全生产费用的落实情况	9.1.4	负责岗	
60					5	负责安全生产投入	编制安全生产费用使用计划,落实安全生产措施,组织开展安全生产(月)活动,负责安全生产费用使用、编制安全生产费用使用台账	9.1.5	运维岗	
61					6	负责安全文化建设	确立本单位安全生产和职业病危害防治理念及行为准则,制订安全文化建设规划和计划,开展安全文化建设活动	9.1.6	负责岗	

续表

顺序号	一级序号	一级事项	二级序号	二级事项	三级序号	三级事项	事项内容	事项编号	事项责任岗位	备注
62	9	安全管理	2	制度化管理	1	发布适用法律、审定安全规章制度	负责审定适用法律清单和安全规章制度并发布，建立文本数据库	9.2.1	负责岗	
63					2	修订安全规章制度	及时将识别、获取化为本单位安全生产法律规和其他要求，建立健全本单位安全生产规章制度体系，结合本单位实际，自评、评审或调查等发现的相关问题，及时修订安全生产规章制度	9.2.2	运维岗	
64					3	安全规章制度印发	及时印发安全规章制度，并发放给相关作业人员，组织开展安全技术交底	9.2.3	运维岗	
65			3	职业健康管理	1	组织职业危害监测	委托专业机构，开展工作场所职业危害监测	9.3.1	负责岗	
66					2	职业危害告知	负责公布职业危害，并进行告知警示	9.3.2	运维岗	
67					3	职业危害预防	配备相适应的职业健康保护措施、工具和用品，开展职业危害体检	9.3.3	运维岗	
68			4	危险源辨识和安全风险等级评价	1	组织危险源辨识	组织全员对安全风险全面、系统评价，对评价报告进行统计、分析、整理和归档，确定安全风险等级	9.4.1	负责岗	
69					2	组织安全风险等级评价	组织安全员对安全风险全面、系统评价，审核辨识报告并上报分公司	9.4.2	负责岗	
70					3	危险源管理	建立危险源档案，并进行重点监控	9.4.3	运维岗	
71					4	安全风险管理	实施分级分类差异化动态管理，对安全风险进行控制	9.4.4	运维岗	

续表

顺序号	一级序号	一级事项	二级序号	二级事项	三级序号	三级事项	事项内容	事项编号	事项责任岗位	备注
72	9	安全管理	5	安全检查（隐患排查）	1	组织安全检查	负责组织单位安全生产检查，对重大安全隐患组织相关部门及人员落实整改，保证检查、整改项目的安全投入	9.5.1	负责岗	
73					2	开展安全检查	安全生产小组人员参加安全检查	9.5.2	负责岗、技术岗、运维岗	
74					3	编制安全检查报告	根据检查结果编写报告，提出隐患整改建议	9.5.3	技术岗	
75					4	督促安全隐患整改	督促存在隐患的部门抓紧整改	9.5.4	运维岗	
76			6	应急预案	1	预案报批	应急预案审定后，向上级单位报批，批准后发布执行	9.6.1	负责岗	
77					2	工程预案编制	防汛抗旱防台应急预案、反事故预案编制	9.6.2	技术岗	
78					3	综合预案编制	预案编制	9.6.3	运维岗、技术岗	
79					4	预案演练	计划、演练、总结	9.6.4	运维岗	
80			7	事故管理	1	事故报告	发生事故后按照有关规定及时、准确、完整地向分公司报告，事故报告后出现新情况的，应当及时补报	9.7.1	负责岗	
81					2	事故处理	发生事故后，采取有效措施，防止事故扩大，并保护事故现场及有关证据	9.7.2	负责岗、技术岗	
82					3	配合事故调查	事故发生后按照有关规定，配合事故调查组对事故进行调查，查明事故发生的时间、经过、原因、波及范围，人员伤亡情况及直接经济损失等	9.7.3	负责岗、技术岗	

续表

顺序号	一级序号	一级事项	二级序号	二级事项	三级序号	三级事项	事项内容	事项编号	事项责任岗位	备注
83	10	综合后勤	1	培训教育	1	组织工程类教育培训	组织开展运行、检查、维养、安全类教育培训	10.1.1	技术岗	
84					2	组织综合类教育培训	组织开展公文、礼仪、档案、党务类教育培训	10.1.2	技术岗	
85			2	档案管理	1	日常管理	收集、整理、移交、归档、入库利用管理、销毁管理、保密管理	10.2.1	技术岗	
86			3	日常行政	1	组织统筹	牵头办文、办会、接待等工作；起草综合类汇报材料	10.3.1	技术岗	
87					2	文秘管理	协助办文、办会、开展信息宣传、协助起草综合类汇报材料等	10.3.2	技术岗	
88					3	考勤管理	负责人员考勤工作	10.3.3	技术岗	
89			4	后勤管理	1	组织统筹	牵头安全保卫、绿化等工作	10.4.1	运维岗	
90					2	物资管理	负责防汛仓库、备品备件仓库的物资采购、使用，出入库管理工作	10.4.2	运维岗	
91					3	卫生保洁	负责工程范围内公共区域保洁	10.4.3	技术岗	

管理制度

1 范围

本部分规定了南水北调东线江苏水源有限责任公司辖管水闸（船闸）工程管理单位制度建设要求，明确了基本工作制度内容和修订原则。

本部分适用于南水北调东线江苏水源有限责任公司辖管水闸（船闸）工程，类似工程可参照执行。

2 规范性引用文件

下列文件对于本文件的应用是必不可少的。凡是注日期的引用文件，仅注日期的版本适用于本标准。凡是未注日期或版本号的引用文件，其最新版本（包括所有的修改单）适用于本标准。

SL 75 水闸技术管理规程

DB32/T 3259 水闸工程管理规程

GB 26860 电力安全工作规程：发电厂和变电站电气部分

DL/T 724 电力系统用蓄电池直流电源装置运行与维护技术规程

NSBD21 南水北调东、中线一期工程运行安全监测技术要求（试行）

SL 515 水利视频监视系统技术规范

SL 214 水闸安全评价导则

SL/T 722—2020 水工钢闸门和启闭机安全运行规程

DB32/T 1713 水利工程观测规程

危险化学品安全管理条例

水利工程标准化管理评价办法

3 术语和定义

下列术语和定义适用于本文件。

3.1 飞检

以突击检查方式对工程管理单位、工程管理部门运行管理情况实施的检查。

3.2 操作票

进行电气操作的书面依据，包括调度指令票和变电操作票。

3.3 工作票

准许在电气设备及系统软件上工作的书面命令，也是执行保证安全技术措施的书面依据。

3.4 日常检查

管理人员定期组织对水工建筑物、机电金结等设备设施的检查。

3.5 定期检查

包括汛前检查、汛后检查和水下检查。

3.6 专项检查

主要为发生地震、风暴潮、台风或其他自然灾害,水闸超过设计标准运行,或发生重大工程事故后进行的特别检查,着重检查建筑物、设备和设施的变化和损坏情况。

3.7 特种作业

容易发生人员伤亡事故,对操作者本人、他人的生命安全及周围设备、设施的安全可能造成重大危害的作业。

3.8 特种作业人员

直接从事特种作业的从业人员,包含特种设备作业人员。

3.9 动火作业

动火作业是指在禁火区进行焊接与切割作业及在易燃易爆场所使用喷灯、电钻、砂轮等进行可能产生火焰、火花和炽热表面的临时性作业。

4 制度管理要求

(1) 水闸工程管理单位应对照职责分工,根据国家有关规定和本文件,建立健全综合管理、工程管理及安全管理相关工作制度。

(2) 综合管理类制度主要规定了管理单位在综合管理中的工作要求,主要包括请示报告、工程管理大事记、考勤管理、教育培训、档案管理、档案存档保管、档案查阅利用、档案信息化管理、物资管理、环境卫生管理等方面的制度。相关制度示例见附录 A。

(3) 工程管理类制度主要规定了管理单位在工程管理中的工作要求,相关制度示例见附录 B。

(4) 安全管理类制度主要规定了管理单位在安全生产管理中的工作要求,相关制度示例见附录 C。

(5) 管理单位应将管理制度装订成册,及时发放到相关工作岗位,组织学习培训。

(6) 管理单位应对照相关要求,将部分关键制度制作上墙明示。

(7) 管理单位应明确各项工作的落实人员,按照本文件规定的管理制度开展水闸工程运行管理工作。

(8) 管理单位应每年至少评估一次水闸运行管理制度的适用性、有效性和执行情况。

(9) 公司、分公司、现场管理单位应加强对水闸工程制度执行情况的检查。

（10）工作条件发生变化时应及时修订相关管理制度。

5 考核评价

公司、分公司应根据相关工程管理考核办法，对照评分标准，定期对现场管理单位制度执行及制度评估、修订和完善情况进行考核。

附录 A 综合管理类制度

A.1 请示报告制度

A.1.1 重大事项必须请示报告。主要包括突发事件、重大活动、人员变动等。

A.1.2 请示报告要及时、准确、完整,不应迟报、漏报、瞒报,更不应虚报、谎报。

A.1.3 实行逐级请示、报告制度,特殊情况下可越级请示报告。

A.1.4 上级单位或外单位来检查、考察、飞检等事宜应由管理单位负责人及时向分公司汇报。

A.1.5 因特殊紧急情况无法先履行书面重大请示报告的事项,应先采用电话等形式口头请示汇报,事后即时补充书面报告。

A.1.6 除了正式的请示报告文件外,还应做好相关请示报告大事记记录。

A.1.7 请示报告的正式文件应按照有关规定及时归档。

A.2 工程管理大事记制度

A.2.1 大事记应重点记载工程管理过程中发生的相对重大事件。

A.2.2 大事记应由专人记录整理,单位负责人审核后按规定归档。

A.2.3 大事记应主要包括以下内容:

(1) 上级领导机关和业务主管部门参加的重要会议和重要活动。

(2) 主管部门所发布的重要指示、决定、规定、通知、布告等文件。

(3) 主要管理人员的调动、任免,内部机构设置及变化等。

(4) 主要维修项目、工程养护实施情况以及重要协议、合同的签订。

(5) 发生的重大安全生产事故。

(6) 接收调度指令及闸门启闭情况。

(7) 单位及员工受奖惩的主要情况。

(8) 单位开展的大型文艺、体育、教育、交流等活动。

(9) 其他应予记述的重要事项。

A.2.4 大事记记录时间要准确,时间应作为对大事条目进行编排的基本依据。

A.2.5 大事记应一事一记,准确记录时间、地点、情节、因果关系,维护事情的真实性。

A.5.6 每年定期对工程大事记整理、汇编、归档。

A.3 考勤管理制度

A.3.1 严格遵守各项管理制度,按时上下班,不得无故缺席迟到。

A.3.2 有事必须事先请假,并按规定办理请假手续。

A.3.3 考勤记录由分公司安排人员与管理单位进行核定,结果与个人工资、绩效挂钩。

A.3.4 迟到或提前离开30分钟及以上按旷工半天计算。

A.3.5 未事先履行请假手续,或请假未经批准私自离开者均按旷工处理。

A.4　教育培训制度

A.4.1　管理单位应至少每季度开展一次业务培训。

A.4.2　培训结束后宜组织一次闭卷考试,成绩与绩效分配挂钩。

A.4.3　教育培训必须准时参加,不得迟到、早退、无故缺席,职工培训率要达100%。

A.4.4　新入职的职工应参加三级(分公司、现场管理单位及班组)培训,合格后方可正式进入班组工作。

A.4.5　教育培训的内容主要包括水闸设备设施、水工建筑物及安全生产方面的规程规范和技术参数,以及公司、分公司下发的相关文件。

A.4.6　管理单位应积极推进传帮带学习培训模式,采取必要的激励措施,增强培训效果。

A.4.7　每年要在12月底前制定下一年的学习培训计划。

A.5　档案管理制度

A.5.1　管理单位应对工程的建设(含改建、扩建、更新、加固)、管理、科学试验等文件和技术资料进行分类收集、整理,并按要求进行存档、保管、移交、借阅、复制、鉴定及销毁。档案管理应符合国家档案管理的相关规范。

A.5.2　档案归档应使用国家规范规定的案卷盒、卷夹、案卷封面、卷内目录、卷内备考表等。

A.5.3　档案管理应由专人负责,经相关部门培训,取得合格证书后方可上岗。

A.5.4　档案管理员负责档案统计工作,主要内容包括档案资料的收集、整理、鉴定、销毁、检索和利用等情况。

A.5.5　档案员应严格执行《中华人民共和国保守国家秘密法》,严格履行保密义务,做好档案保密工作。

A.5.6　管理单位应设置档案室,要求档案库房、阅览室、办公室三室分开,配备相应的设施设备,并做防盗、防水、防火、防潮、防尘、防鼠、防虫、防高温、防强光、防泄密"十防"措施。

A.5.7　档案库房实行专人管理、保持干净整洁,不应在库房内堆放杂物和易燃易爆等物品。管理人员变动时应按规定办理移交手续。

A.6　档案存档保管制度

A.6.1　设备技术资料为设备的随机资料,检修资料、试验资料、设备检修记录等应在工作结束后由技术人员认真整理,编写总结,及时归档。运行值班记录、交接班记录等应在下月月初整理,装订成册。年底将本年度所有的试验记录、运行记录、检修记录等装订成册,保证资料的完整性、正确性、规范性。

A.6.2　加固改造、重大维修养护的资料,应在工程项目结束后一个月内整理成册,交分公司存档一份,自存一份。有必要保存的原始数据记录整理后装订成册,原件交分公司存档,复印件存于本单位。

A.6.3　每年工程观测整编资料交分公司一份,自存一份。各观测项目原始记录在本单位保存。

A.6.4　工程建设资料永久保存,规程规范可保存现行的,其他资料应长期保存。

A.6.5　已过保管期的资料档案,应经过主管部门领导、有关技术人员和本单位领导、档案管理员共同审查鉴定,确认可销毁的,造册签字,指定专人销毁。

A.6.6　档案管理员要经常检查库房设施,做好库房温湿度调节工作,发现损坏及时报告或维修,保证档案完好。

A.6.7　档案管理员应建立记录簿,定期检查、核对和清理档案资料,发现生虫、长霉、纸张破损、字迹褪色等情况,及时汇报并采取果断措施防治和补救,做好有关情况记载。

A.6.8　新接收入库档案要严格检查,发现有虫蛀、发霉及其他问题的档案经科学处理后方可入库。

A.7　档案查阅利用制度

A.7.1　管理单位应严格执行档案的保管、借阅制度,做到收借有手续,定期归还。管理单位档案资料一般不外借,借用人员在阅档室查阅。重要的档案资料原件一律不外借,只可借阅复制件。外单位需借阅资料的,经技术负责人同意后方可借阅。

A.7.2　借阅档案应办理借阅审批手续,填写查档登记表,注明借阅的时间、卷名、卷数、页数等,并按期如数归还。

A.7.3　如需摘抄、复制(印)档案时,应经技术负责人同意。不应对案卷圈划、批注、污损、涂改、剪裁、撕页、拆卷等。

A.7.4　档案借阅时间不应超过一个月,到期仍需继续利用,应办理续借手续。对逾期未还的档案,档案保管人员应及时做好催还工作,确保档案的完整与安全。

A.7.5　档案归还时,档案人员应对档案的完整情况认真检查、核对,及时做好注销和登记工作。

A.7.6　档案借阅人遵守保密规则,所查、借阅的档案材料,未经技术负责人同意,不应复制外传。

A.8　档案信息化管理制度

A.8.1　管理单位应充分利用南水北调档案管理系统,积极开展工程档案信息化建设。

A.8.2　建立数字化档案室,实现文件级目录和案卷级目录查询功能以及工程图纸全文数字化。

A.8.3　归档电子文件的类型主要包括文本文件、图像文件、图形文件、影像文件、声音文件、超媒体链接文件等。

A.8.4　电子文件的保管除应符合纸质档案的要求外,还应采用专门的保护设备和保护技术手段,其载体应直立存放在防光、防尘、防磁、防有害气体的装具中。

A.8.5　大力开发档案信息资源,提高档案管理水平。

A.9　物资管理制度

A.9.1　保管人员应具有一定专业知识,工作认真负责,爱护国家财物。

A.9.2　物资入库应认真验收,并登记入册。物资应分类保管、堆放整齐、保管完好。

A.9.3　物资经技术负责人审批后方可领取,并进行登记,各类专用工具领取使用完毕后应及时收回。

  A.9.4 主设备的备件应设专门地点放置,并定期检查、补充,满足应急维修需要。

  A.9.5 易燃易爆等危化品一般不备储,必要时适量购入,按要求妥善保管,定期检查。

  A.9.6 物资仓库应定期清扫检查,每月清扫不少于一次,防止霉变,灰尘积落。

  A.9.7 外单位借用本单位物资,应经单位负责人同意,办理借用手续后方可借出,用后应及时收回。

A.10 环境卫生管理制度

  A.10.1 环境卫生管理范围主要包括闸室、办公生活用房、道路、公共设施、绿化等。

  A.10.2 应遵守社会公德,不应随地吐痰和乱扔杂物,管理范围应保持清洁卫生,创造良好的工作环境。

  A.10.3 做好管理范围内的绿化管理工作,及时浇水、治虫、修剪、除草,不得擅自砍伐、剪截、采摘花草树木。

  A.10.4 使用农药等化学物品时,要执行有关剧毒及危险品保管、领用及使用办法的规定,严格管理控制,防止扩散、中毒和污染事故。

  A.10.5 每次养护、维修、抢修工作结束后,要及时清理现场,保证整洁。

  A.10.6 管理单位应定期组织专项卫生检查或结合安全检查进行,发现问题及时督促整改。

附录 B 工程管理类制度

B.1 调度管理制度

B.1.1 工程调度应按照"服从调度,安全第一"的原则进行。

B.1.2 工程调度联系人员须经培训合格后方可上岗,并将有关人员名单上报备案。

B.1.3 调度联系人员负责接收和执行调度指令。调度指令接收、下达和执行情况应认真记录,记录内容包括:发令人、受令人、指令内容、指令下达时间、指令执行时间及指令执行情况等。

B.1.4 管理单位只接收上级有权调度部门或单位的调度指令。

B.1.5 调度指令的接收和反馈应优先以录音电话和传真的方式,必要时也可以使用短信、微信或 QQ 等方式,但事后应立即补充完善纸质调度指令单。

B.1.6 值班人员应服从上级调度指令,如遇特殊情况不能执行,应及时向发令人汇报。应将设备计划检修、闸门可操作情况以书面形式及时通知调度人,遇电网停电、设备故障等影响闸门运行的情况,应及时告知调度人。

B.1.7 汛期及运行期实行 24 小时值班制度,密切注意水情,及时掌握水文、气象和洪水、旱情预报,严格执行调度指令;按分公司调度值班要求及时报送工情、水情和雨情等报表。

B.2 电气设备操作制度

B.2.1 电气设备操作应由持证电工操作,非持证人员不得随意进行停、送电操作。

B.2.2 停、送电操作应严格执行操作规程,严防误操作。操作时应有 2 人参加(1 人操作、1 人监护)。

B.2.3 设备检修、线路改造、自发电等重要操作应做好详细记录。

B.2.4 定期做好电气设备清洁卫生、防潮、防尘、防火等工作。发生火灾时,应先切断电源,迅速灭火,不得使用非绝缘介质灭火器(如泡沫灭火器)灭火。

B.3 闸门启闭操作制度

B.3.1 闸门启闭采用远程或现场操作时,不宜少于 2 人。

B.3.2 管理单位接到调度指令后,应填写闸门启闭记录,做好闸门启闭前的各项准备工作,按时启闭闸门。

B.3.3 闸门启闭前应巡视上下游警戒区内有无船只、漂浮物或其他影响闸门启闭或危及闸门、建筑物安全的施工作业,并进行妥善处理;检查闸门位置是否正确,有无卡阻、淤积;观察上下游流态等。经确定无不安全因素后方可启闭闸门。

B.3.4 启闭前还应检查启闭设备、钢丝绳、电源、动力设备、仪表及润滑系统等是否正常,检查正常并打开锁定后,闸门方可进行操作。

B.3.5 冬季遇有冰冻操作时,事先要将闸门与冰冻脱开,以防撕坏止水橡皮。

B.3.6 执行流量调度指令时,应首先按照"闸门开高-水位-流量关系曲线"拟定闸门开度,再按照"上下游水位—消能安全流量关系曲线"分次开启到拟定开度,待上下游水位稳定后核对流量符合性,必要时调整闸门开度。

B.3.7 开启闸门的顺序一般由中间向两岸依次对称开启,关闭闸门的顺序一般由两岸向中间依次对称关闭。

B.3.8 启闭时巡查人员应检查机件有无不正常声音,同时注意观察闸下游水流流态,过闸水流应平稳,防止发生集中水流、折冲水流、回流、涡流等不良流态。自动控制操作人员应注意荷重、开度等技术参数变化情况,若发生异常情况,应立即停机到现场排查。

B.3.9 闸门启闭过程中,应密切注意机电设备运行状况,如有闸门卡阻、机件过热或润滑不良、发生异常声响、电机不能启动、电机综合保护器动作等情况,应停机检查。

B.3.10 当接近最高位置时,应密切关注,防止限位开关不可靠而造成事故。

B.3.11 闸门启闭结束后,应再次巡查工程。运维人员应将上级指令、发令人姓名、发令时间、启闭前后的上下游水位、流态、启闭高度、顺序及操作人员分工等情况填入闸门启闭记录内。

B.4 船闸运行操作制度

B.4.1 操作人员应认真学习各项规章制度,严格遵守安全操作规程,正确操作运行。

B.4.2 操作前认真检查机电设备、工控机、监控摄像机、上下游通航信号灯是否正常,电源电压有无异常。

B.4.3 检查船闸是否具备安全通航条件(流量、上下游水位必须符合安全通航要求)。

B.4.4 操作人员应及时向船户宣传过闸须知及有关规定,并要求进闸船只停靠于安全停泊范围内,严格检查船只装货情况,及时、正确调度船只进闸停泊。

B.4.5 操作人员应严格检查船只买票情况。随时保持与班长、验票处及远调站的联系,并与验票房核实确认过闸船只数量、登记、售票、验票后方可进行操作,应记录每闸次的过闸船只数量。

B.4.6 船闸在引水前半小时预告上下游船只停靠安全带,确认上下游500米内无游泳或作业者,运行中要控制闸门启闭高度,必须有人值班,如遇就餐,必须轮流进行,严禁酒后当班和违章操作。

B.4.7 当闸室内外有水位差时,通过放水闸(阀)门调节闸室水位,在确定闸室内外水位平后方可启闭门。启门时要求分级开启,不得一次开启。人字门开启不到位严禁船只进出,防止撞击闸门发生安全事故。

B.4.8 进出闸应进行排挡、涨落水等安全宣传,合理控制指挥信号灯,有序调度船只安全进出闸。

B.4.9 所有船只必须停靠在警示线外,特别在开启补水闸(阀)门时,必须先看清船只停靠位置,如发现有船不在警示线内,不得开启阀门进行涨落水作业。

B.5 值班管理制度

B.5.1 值班人员应统一规范着装,穿戴必要防护设施挂牌上岗,举止文明。

B.5.2 值班期间不应迟到、早退,不应聊天、玩手机、打瞌睡,不应酒后上岗。

B.5.3 值班人员不应擅离职守,不应擅自将非运行人员带入值班现场,如遇特殊情况需要离开岗位,应征得值班长同意后方可离开。

  B.5.4 严格执行"两票"制度,严禁违章操作,电气设备操作时应严格按操作票顺序执行操作;检修的设备不验收不投运,工作票不终结不送电。

  B.5.5 应时刻关注运行数据,按实填写值班运行记录,做到记录详细、数据准确、字迹工整,不应伪造数据。

  B.5.6 运行期间发生安全生产事故时,应及时做好现场应急处置,并按照事故处理报告制度要求立即逐级上报,不应弄虚作假,隐瞒真相。

  B.5.7 做好运行现场文明生产工作,保持设备及环境清洁。

B.6 交接班制度

  B.6.1 接班人员必须按规定提前15分钟进入现场,查看运行值班等各类记录,全面了解设备的运行情况和检修情况,查看备用设备情况,检查检修安全措施情况。

  B.6.2 交班人员应提前做好交接的准备,将本班重要事项及有关情况记录清楚,交接班时向接班人员交代清楚。

  B.6.3 接班人员应认真听取交班人员的交接情况介绍,务必做到全面清楚地掌握当班运行情况,重点是主要设备及缺陷记录等,有疑惑时应及时问清楚。

  B.6.4 在处理事故和进行重大操作时不得进行交接班,但接班人员可以在当班班长的统一指挥下协助工作,待完成后再进行交接。

  B.6.5 交接班时应做到:看清、讲清、查清、点清,接班人员除检查各机电设备运行情况外,还需检查安全用具、通信工具、记录资料等。

  B.6.6 交班人员在未办完交班手续前不得私自离开岗位,如接班人员未到,交班人员应及时向单位总值班报告并继续坚守值班,直至有人接替为止,但不可连值两班;延时交班时,交接班手续不得从简。

B.7 巡回检查制度

  B.7.1 值班人员在值班期间,应按规定的巡视路线和巡视项目进行巡查。

  B.7.2 管理单位应明确有权单独进行巡视的人员名单,巡视检查中应严格遵守《电力安全工作规程》等相关规定,注意人身及设备安全。

  B.7.3 巡视检查重点包括:

(1) 闸门开度是否一致、闸门是否振动,出闸水流是否异常。
(2) 启闭机有无异常现象。
(3) 闸身、公路桥有无破损情况。
(4) 低压开关室、柴油发电机房、中控室有无异常现象。
(5) 上下游、闸室内有无漂浮物或其他异物影响闸门运行。
(6) 引河岸坡护坡有无渗水、塌陷、鼓胀、滑动等现象。
(7) 管理范围内有无其他异常情况。
(8) 检查时应进行记录,发现异常现象应及时汇报、分析原因,采取措施。

  B.7.4 巡视检查时应随身携带必要的工器具(如电筒、对讲机、测温仪等),检查时应认真、细致,根据设备运行特点采取看、听、摸、嗅等方式进行。

B.7.5 巡视检查中发现设备缺陷或异常情况,应及时处理并详细记录在值班记录上。对重大缺陷或严重情况应及时向值班负责人汇报,并采取及时有效的处置措施。

B.8 设备定期试验制度

B.8.1 严格按照规定的项目、内容、周期要求对工程设备进行定期试验,并做好记录。

B.8.2 设备的定期试验应严格执行安全操作规程及监护制度。

B.8.3 试验中发现设备缺陷应立即汇报,及时组织消缺,确保工程设备完好。

B.8.4 如遇特殊情况,试验项目不能如期进行时,应经管理单位技术负责人同意后推迟进行,并做好相关记录。

B.8.5 做好试验相关记录,形成电气试验报告后及时归档。

B.9 计算机监控及视频监视系统管理制度

B.9.1 计算机监控及视频监视系统由专人管理维护,其他人未经授权严禁操作。

B.9.2 对于不同岗位职责的运维人员和管理人员,应分别规定其安全等级操作权限。

B.9.3 计算机监控及视频监视系统禁止一切外来存储设备上机,如因工作需要,须经管理单位技术负责人同意。监控系统和监控局域网内的计算机不得和外网连接。

B.9.4 对计算机监控及视频监视系统软件进行修改或设置应由有操作权限的技术人员进行,修改或设置前后的软件必须分别进行备份,并做好修改记录。

B.9.5 若计算机监控及视频监视系统出现报警或故障信息,应及时安排专业维护人员尽快处理,恢复正常,并做好维修记录。

B.9.6 检查数据采集设备,如水位计、闸位计、电测量仪表、视音频等是否符合技术要求。对计算机监控及视频监视系统校时器定期检查、校核。

B.9.7 对现地控制设备、触摸屏、不间断电源进行定期检查、维护。

B.9.8 做好计算机监控及视频监视系统硬件设备的防潮、防尘、防火和清洁等工作。

B.9.9 严格落实网络安全措施、根据要求制定网络应急预案。现场管理单位应进行开闸等级保护测试等,并根据要求定期修改各系统登录密码,确保网络安全。

B.10 工程检查制度

B.10.1 工程检查分为日常检查、定期检查和专项检查等。

B.10.2 日常检查包括日常巡视和经常检查。

(1)日常巡视主要对水闸管理范围内的建筑物、设备、设施、工程环境进行巡视、查看,检查频次每天不少于一次。

(2)经常检查主要对建筑物各部位、闸门、启闭机、机电设备、观测设施、通信设施、管理设施及管理范围内的河道、堤防、拦河坝和水流形态等进行检查,检查频次每月不少于一次。

B.10.3 定期检查包括汛前检查(6月1日前)、汛后检查(10月1日后)、水下检查等。

(1)汛前检查着重检查建筑物、设备和设施的最新状况,养护维修工程和度汛应急工程完成情况,安全度汛存在问题及措施,防汛工作准备情况。汛前检查应结合保养工作同时进行。

(2) 汛后检查着重检查建筑物、设备和设施度汛后的变化和损坏情况,冰冻地区,还应检查防冻措施落实及其效果等。

(3) 水下检查着重检查水下工程的损坏情况,每2年不少于1次。

B.10.4 专项检查主要为发生地震、风暴潮、台风或其他自然灾害及水闸超过设计标准运行后,或发生重大工程事故后进行的特别检查,着重检查建筑物、设备和设施的变化和损坏情况。

B.10.5 检查结果应能客观实际地反映工程设施、机电设备存在的问题,同时应建立检查动态问题台账。

B.10.6 水闸检查应填写记录,及时整理检查资料。定期检查和专项检查应编写检查报告并按规定上报,做好归档工作。

B.11 设备缺陷管理制度

B.11.1 运维人员对发现的缺陷,应及时消除。对不能消除的缺陷,应及时上报。

B.11.2 发现事故性缺陷、重大缺陷时,运维人员应立即报告现场管理单位负责人,由单位负责人组织检修人员处理。

B.11.3 事故性缺陷应尽快处理,重大缺陷要限期处理,一般性缺陷可结合定期检修或在合适时机修复处理。

B.11.4 管理单位人员应如实填写设备缺陷及处理情况登记表。

B.11.5 值班时,值班人员应随时掌握设备缺陷情况,并将新发现的缺陷、消除的缺陷以及现存的缺陷作为重要内容进行交接。

B.11.6 检修人员消除缺陷后,运维人员应及时进行设备试运转,在验证设备缺陷确已消除后方可投入运行。

B.12 汛期工作制度

B.12.1 汛期严格执行24小时值班制度和领导带班制度,严格遵守交接班制度。

B.12.2 值班人员要及时接收、传达和执行公司的调度指令,并做好台账记录。

B.12.3 密切关注工程的水情、工情和雨情,按要求做好水文报汛等工作。

B.12.4 加强对建筑物、设备运行状态的检查、观测,发现问题及时处理,发生险情应立即组织抢险并及时上报。

B.12.5 做好通信网络、设备设施等的调试养护工作,发现问题及时处理。

B.12.6 管理单位领导出差或请假一天以上,应经分公司主要领导同意,并同时明确现场负责人。出差在外时不得关闭手机,汛期手机应保持24小时处于开机状态。

B.12.7 管理单位应备足必要的防汛抢险物资、备品备件,妥善保管,以备应急使用。

B.13 冬季工作制度

B.13.1 每年冬季来临前应及时制订冬季管理计划,做好防冻的准备工作,备足所需物资和防冻器材,如芦柴、铅链等。

B.13.2 冰冻期间应采取防冻措施,防止建筑物及闸门受冰压力作用以及冰块的撞击而损坏;闸门启闭前,应采取措施,消除闸门周边和运转部位的冻结。

B.13.3　封冻期应在闸门前开凿 1 米宽的不冻槽,槽中填放软草、柴捆,以防建筑物和闸门受冰冻胀挤坏。

B.13.4　开关闸时应仔细检查闸门周边和运转部位是否有冰冻,如已冻结应采取有效的融冰解冻措施。

B.13.5　遇雨雪应及时扫除管理范围内道路、交通桥上的积水、积雪。在上下爬梯、门厅等部位采取铺设草帘等防滑措施。清除建筑物表面及其机械设备上的积雪、积水,防止冻结、冻坏建筑物和设备。

B.13.6　柴油发电机组应做好冬季保暖和防冻措施。

B.14　设备评定级制度

B.14.1　管理单位应组织相关专业的管理人员组成等级评定小组,定期对闸门、启闭机等进行设备评定级工作,并将结果按时上报分公司审批。

B.14.2　设备评级每 2 年进行一次,可结合定期检查进行。

B.14.3　评级工作按照评级单元、单项设备、单位工程逐级评定。

B.14.4　评级应依据每年汛前、汛后检查情况及维修检修记录、观测资料、缺陷记载等情况进行。

B.14.5　单项设备被评为三类的应及时整改;单位工程被评为三类的,应向上级主管部门申请安全鉴定,并落实处置措施。

B.15　检修现场管理制度

B.15.1　检修现场应做到各类安全警示标志齐全,安全防护措施到位。

B.15.2　机电设备检修应严格执行工作票制度,严禁违章操作。

B.15.3　做好检修现场的防火、防触电、防坠落、防碰撞等防护工作,合理配置灭火器材,按需佩戴安全帽、系好安全绳(带),检修现场严禁抽烟。

B.15.4　检修时涉及易燃易爆等危化品临时储存、转运和保管的,应严格做好防火及隔离措施,按有关规范要求妥善保管。

B.15.5　检修工器具按需配置,专人管理,分类定点摆放整齐,随用随收,每日收工时认真清点,防止遗失。

B.15.6　检修拆卸的零部件应由专人管理,做好标记、编号,合理有序摆放,及时做好清理保养工作,做到无损伤、无遗漏、无错置。

B.15.7　夜间检修作业现场应安装必要的照明设备,保证足够的照明亮度。

B.16　工作票制度

B.16.1　水闸工作人员进入现场检修、安装和试验应执行工作票制度。

B.16.2　进行设备和线路检修时,对于高压设备上需要全部停电或部分停电的工作;需要将高压设备停电或做安全措施的情况应填写第一种工作票。

B.16.3　应填写第二种工作票的:带电作业和在带电设备外壳上的工作;控制盘和低压配电盘、配电箱、电源干线上的工作;二次接线回路上的工作,无需将高压设备停电的;运维班人员用绝缘棒和电压互感器定相或用钳形电流表测量高压回路的电流带电作业。

B.16.4　作业人员应熟悉水闸高低压电气设备的控制操作流程和事故应急处理办法,具备必要的电气知识和业务技能,且按工作性质熟悉相关规程,并经考试合格。

B.16.5　工作票的签发人应是熟悉工作班人员技术水平、熟悉设备情况、熟悉电力安全工作规程,并具有相关工作经验的单位负责人或技术负责人;工作许可人应为有一定电气工作经验的工程单位运行班长及以上人员;工作负责人应是熟悉工作班人员工作能力、熟悉设备情况和电力安全工作规程,具有相关工作经验的班长及以上人员。工作票签发人、工作许可人以及工作负责人应经分公司书面批准公布。

B.16.6　工作票签发人负责对工作票的必要性和安全性进行审核,根据任务填写工作票安全措施或对内容进行审核。工作许可人负责确认工作票所列安全措施是否正确完备,符合现场条件;确认工作现场布置的安全措施是否完善,确认检修设备无突然来电的危险。工作负责人主要负责正确安全地组织工作;确认工作票所列安全措施是否正确完备,符合现场实际条件,必要时予以补充;工作前向工作班全体成员告知危险点,督促、监护工作班成员执行现场安全措施和技术措施。

B.16.7　工作票应按照时间先后顺序统一编号,编号原则:XXX(水闸首字母大写)—XXX(电气第一、第二种工作票分别为DQⅠ、DQⅡ,动火第一、第二种工作票分别为DHⅠ、DHⅡ)—XXXX(年份)—XX(月份)—XX(编号)。

B.16.8　工作票中所列的停电、验电、装设接地线、悬挂标示牌和装设遮栏(围栏)等保证安全的技术措施执行、检查完毕,并获工作许可后,方可进行检修、安装工作。

B.16.9　检修结束后,检修负责人将工作票退回注销,工作许可前设置的临时遮拦、标示牌、接地线(接地闸刀)等安全措施全部拆除并经双方签字确认后,检修的设备方可投入运行。

B.16.10　工作票一式两联,编号相同。电气第一种工作票用A3纸打印,第二种工作票用A4纸打印。第一联(票代码A)由工作许可人填写完毕后交值班负责人按班交接。第二联(票代码B)由工作负责人带到现场并妥善保存,工作结束后,工作负责人凭第二联(票代码B)通过当天值班负责人办理终结手续。工作票第二联(票代码B)存档。

B.16.11　作废的工作票应盖"作废"章,已履行终结手续的工作票应盖"已终结"章。工作票保存一年。

B.17　操作票制度

B.17.1　为避免由于操作错误而产生的人身及设备事故,投入或切出变压器操作应执行操作票制度。

B.17.2　操作票由操作人填写,监护人复核,发令人签发,每张操作票只能填写一个操作任务。

B.17.3　操作票应由两人执行,一人担任监护人,另一人担任操作人,监护人应由对设备情况熟悉的人担任。

B.17.4　操作票应按照时间先后顺序统一编号,编号原则:XXX(水闸首字母大写)—XXXX(年份)—XX(月份)—XX(编号)。

B.17.5　操作闸刀或跌落熔丝时,操作人应戴绝缘手套,户外操作应穿绝缘鞋,监护人应对操作人按安全规程要求实施操作并进行监督。

B.17.6 进行每一项操作时,监护人应按操作票内容高声唱票,操作人应核对设备名称以及编号,手指被操作设备并高声复诵,监护人确认后,操作人方能操作。操作完毕后,由监护人在该项的相应栏内画上"√"记号,表示该项已操作,然后进行下一项操作。

B.17.7 操作时,监护人应按操作票条款逐项唱票,监护操作,不能跳项、漏项,不应更换操作次序。

B.17.8 操作中产生疑问时,不应擅自更改操作票,应立即向值班长或总值班报告,确认无误后再进行操作。

B.17.9 执行操作票时,操作人、监护人应在操作票上签字;执行完毕后,监护人应向发令人汇报操作时间及情况,并填写操作票有关内容。

B.17.10 操作票应按编号顺序使用。作废的操作票应盖"作废"章;已操作完成的操作票应盖"已执行"章。操作票应保存一年。

B.18 观测工作制度

B.18.1 观测人员应严格按照《南水北调东、中线一期工程运行安全监测技术要求(试行)》和《水利工程观测规程》等规程规范要求及观测任务书开展安全监测工作,确保观测成果真实、准确、有效,符合要求。

B.18.2 观测工作应保持系统性和连续性,按照规定的项目、测次和时间,进行观测。必要时,可开展专门性观测项目。

B.18.3 每次观测结束后,应及时计算和整理观测数据,对观测成果进行初步分析,如发现观测精度不符合要求等异常情况时,应立即查明原因,必要时进行复测、增加测次或观测项目。

B.18.4 观测成果必须按规定签署姓名,字迹工整。严格按照规定表格、图例进行整理、编制,符合观测相关规范要求。

B.18.5 观测前应对测量人员进行安全教育,水上作业时应配备必要的救生设备。

B.18.6 用于观测的仪器和设备,应符合观测精度等级要求,并按规定定期进行检定,合格后方可使用。

B.18.7 管理单位应做好观测设施的保护,如遭到人为破坏或保护不善出现堵塞、损坏等情况,应立即维修、增补,如确需拆除或移位,将改造方案报分公司审批后方可实施。

B.18.8 每年年初应对上一年度的观测成果组织整编和审查,成果经整理、核实无误后应装订成册,作为技术档案永久保存。

附录 C 安全管理类制度

C.1 安全生产工作制度

C.1.1 管理单位应成立安全生产领导小组,设置专(兼)职安全员,建立、健全安全管理网络和安全生产责任制,并逐级落实安全责任。

C.1.2 安全生产领导小组每月至少召开一次工作例会,学习传达上级有关安全生产的通知要求,分析管理单位安全生产形势,布置安全生产工作,督促隐患整改。

C.1.3 安全生产领导小组应每年至少开展一次反事故演练,每月组织一次生产安全隐患排查,落实整改措施。

C.1.4 安全生产领导小组应至少每季度组织一次安全知识培训,学习安全规程和消防等相关知识。

C.1.5 管理单位在国庆、春节、国家重大活动以及安全生产月期间应组织安全生产专项检查,重点做好安保及维稳工作。

C.1.6 特种设备定期检测,特种作业人员持证上岗,做好相关人员及特种设备台账记录。

C.1.7 管理单位应及时向分公司上报安全生产月报,年度安全工作总结、计划等材料。

C.2 安全生产目标管理制度

C.2.1 管理单位应根据安全生产实际制定安全生产总目标和年度目标。

C.2.2 管理单位应逐级签订安全生产目标责任书,将目标逐级分解、细化。

C.2.3 管理单位应对安全生产目标的执行情况进行监督,及时调整安全生产目标实施计划。

C.2.4 安全生产领导小组每季度应对安全生产目标实施情况进行检查和评估,并填写相关记录。

C.2.5 安全生产领导小组每年应对每一个部门的安全生产目标完成效果进行考核,兑现奖惩,应有考核总结、考核表等台账记录。

C.3 安全生产费用管理制度

C.3.1 管理单位主要负责人是安全生产费用保障的第一责任人,对安全生产投入的有效实施负主要责任。

C.3.2 安全生产费用应当在以下范围内使用:

(1)完善、改造和维护安全防护设施设备支出(不含"三同时"要求初期投入的安全设施);

(2)配备、维护、保养应急救援器材、设备支出和应急救援队伍建设与应急演练支出;

(3)开展重大危险源和事故隐患评估、监测监控和整改支出;

(4)安全生产检查、评价(不包括新建、改建、扩建项目安全评价)、咨询和标准化建设支出；

(5) 配备和更新现场作业人员安全防护用品支出；

(6) 安全生产宣传、教育、培训支出；

(7) 安全生产使用的新技术、新标准、新工艺、新装备的推广应用支出；

(8) 安全设施及特种设备检测检验支出；

(9) 安全生产责任保险支出；

(10) 其他与安全生产直接相关的支出。

C.3.3 安全生产费用实行预算管理。现场管理单位应于每年12月底前编制完成下一年度安全生产费用使用计划，对项目名称、投入金额、组织部门等清楚说明，经公司批复后按规定使用。

C.3.4 安全生产费用应用于规定的、与安全生产相关的支出项目，做到专款专用。安全生产费用进行专项核算，按规定范围安排使用，不应挤占、挪用。

C.3.5 管理单位应建立和编制各自单位的安全生产费用使用计划和使用台账。

C.4 安全生产例会管理制度

C.4.1 管理单位每月至少召开一次安全会议。应做好会议各项准备，督促检查会议决议落实情况。

C.4.2 安全会议应包括以下内容：

(1) 重点跟踪落实上次会议要求，总结分析本单位的安全生产情况、评估本单位存在的风险，研究安全生产形势，并做出决议；

(2) 审定重要安全规章制度，审定关系安全生产的重要事项和活动方案，分析伤亡事故、火灾爆炸事故和重大设备事故并提出处理意见；

(3) 公布安全生产经费使用情况，听取安全工作汇报，研究布置下一阶段的安全管理工作等。

C.4.3 各单位研究安全生产工作时，主要听取其负责人的工作汇报。

C.4.4 安全例会内容应结合实际重点研究贯彻落实上级安全工作计划和要求，做到安全工作有计划、有布置、有检查、有总结、有评比。

C.4.5 安全工作内容的决议应记录清楚，并及时传达落实；决定事项，应按安全生产责任制明确分工，予以落实，相关部门和责任人应负责督促检查，并将检查结果记录在案，如有必要，可提交下一次会议研究处理。

C.5 生产安全隐患排查治理制度

C.5.1 单位负责人组织定期或不定期的安全检查，及时落实、整改安全隐患，使单位设备设施和生产秩序处于可控状态。

C.5.2 组建由管理单位主要负责人为组长，相关技术人员为组员的安全生产检查小组，负责隐患排查治理工作。

C.5.3 安全隐患排查分经常性(日常)检查、定期检查、节假日检查、特别(专项)检查。其中，经常性(日常)检查每月不应少于1次；定期检查每季度不应少于1次；每年春节、国庆节等重大节假日前进行节假日检查；特别天气前后，汛前、汛后开展特别(专项)检查。

C.5.4 对排查出的各类隐患及时上报并登记。一般隐患,管理单位立即组织整改;重大隐患,整改难度较大、需一定数量资金投入的隐患,及时编制隐患整改方案,报分公司、公司审核批准后组织实施。

C.5.5 隐患未整改前,应当采取相应的安全防范措施,防止事故发生。隐患排除前或者排除过程中无法保证安全的,应当从危险区域内撤出作业人员,并疏散可能危及的其他人员,设置警戒标志。

C.6 事故处理报告制度

C.6.1 事故发生后应立即采取措施,限制事故发展、扩大,消除事故对人身和其他设备的威胁,确保工程安全。

C.6.2 发生重大设备事故、重伤、伤亡、重大死亡事故,应立即逐级报告,分公司应在1小时以内向或公司和当地安全生产监督管理部门报告。报告内容包括:发生事故的单位、时间、地点、伤亡情况和事故发生原因的初步分析等。

C.6.3 管理单位应保护好事故现场,任何人不得擅自移动和取走现场物件。因抢救人员、国家财产和防止事故扩大而移动现场部分物件,必须作出标识。清理事故现场时,要经事故调查组同意方可进行。对可能涉及追究事故责任人刑事责任的事故,清理现场还应征得人民检察院的同意。

C.6.4 对于事故瞒报、迟报,故意破坏现场,或者以不正当理由拒绝接受调查,以及拒绝提供有关情况和资料的,按照有关规定,给予行政处分,情节严重的,追究刑事责任。

C.6.5 事故调查期间,管理单位应认真配合调查组做好事故调查、分析、处置和善后工作。

C.7 生产安全事故责任追究制度

C.7.1 为规范事故处理程序,减少事故的发生,根据《中华人民共和国安全生产法》等要求制定本制度。

C.7.2 现场管理单位生产运行管理范围内发生的事故责任追究适用于本制度。

C.7.3 按照"谁主管、谁负责"的原则,在追查事故直接责任人的同时,必须追究相关管理人员、有关负责人及单位的责任。

C.7.4 事故追查处理必须坚持事故原因没有查清楚不放过、责任人员没有受到处理不放过、单位员工没有受到教育不放过、防范措施没有落实不放过的四个原则。

C.7.5 事故的处理由公司根据事故调查组认定结果,按照《生产安全事故报告和调查处理条例》和公司的相关规定给予行政处分和经济处罚,构成犯罪的,移交司法机关处理。

C.8 消防设施管理制度

C.8.1 按照消防的有关规范要求配置、完善消防器材设施。

C.8.2 消防设施存放要有分布示意图,在显要位置张贴明示。

C.8.3 消防设施由专人负责管理,按规范合理定点配置,建卡登记管理,不得移作他用。

C.8.4 每月定期开展消防设施的检查维护,保持器材完好,做好检查记录。

C.8.5 消防设施如有过期、失效或损坏,应及时维修更换,并做好相关记录。

C.8.6 每年应委托有资质的单位对消防器材设施等进行检测维护,并出具报告。

C.9 特种设备管理制度

C.9.1 电动葫芦安全操作制度

(1) 操作人员应持证上岗并熟悉掌握安全技术操作规程。

(2) 起吊前应对机械、电气系统进行检查,确保吊钩无裂纹、钢丝绳不断丝断股、上下限位动作灵敏,制动器制动性能良好。

(3) 操作人员应站在安全位置,精力集中,密切关注吊件运动状态和吊装场地人员状况。经过安全确认后,"点动"起车。

(4) 起吊时,吊物应捆扎牢固、重心平稳,并在安全路线上通行。严禁吊钩下站人。高空作业,应在吊物下方设置警戒区,专人看守。

(5) 电动葫芦钢丝绳,在卷筒上要缠绕整齐。当吊钩放到最低位置时,卷筒上的钢丝绳安全圈不得少于2圈,压板、楔铁、绳卡齐全牢固。

(6) 起吊时,确保吊装场地畅通、洁净、无杂物。由于故障造成重物下滑的,要采取紧急措施,向没有人的区域下放重物。

(7) 起吊重物,必须做到垂直起升,严禁斜拉重物或将其作为拖拉工具,坚持"十不吊"。

(8) 工作完毕,电动葫芦应停在指定位置,吊钩升起,并切断电源。

C.9.2 电、气焊工作安全制度

(1) 电焊工作要有专人负责,焊工必须经培训考试合格,取得操作证方可进行焊接作业。

(2) 离焊接处5米以内不得有易燃易爆物品,工作地点通道宽度不得小于1米。高空作业时,火星所达到的地面上下没有易燃易爆物。

(3) 工作前必须检查焊接设备的各部位是否漏电、漏气,阀门压力表等安全装置是否灵敏可靠。乙炔、氧气等设备必须检查各部位安全装置,使用时不得碰击、振动和在强日光下暴晒。气瓶更换前必须保持留有一定的压力。乙炔气瓶储存、使用时必须保持直立,有防倾倒措施。

(4) 贮存过易燃物品的金属容器焊接时,必须清洗,并用压缩空气吹净,容器所有通气口打开与大气相通,否则严禁焊接。

(5) 施焊地点应距离乙炔瓶和氧气瓶10米以上,乙炔气瓶与氧气瓶的距离不小于5米。不得在储有汽油、煤油、挥发性油脂等易燃易爆物的容器上进行焊接工作。不准直接在木板或木板地上进行焊接。

(6) 焊接人员操作时,必须用面罩,戴防护手套,必须穿棉质工作服和皮鞋,以防灼伤,保证良好通风,在高空作业时应系好安全带。电极夹钳的手柄外绝缘必须良好,否则应立即修理,如确实不能使用,应立即更换。

(7) 在焊接工作之前应预先清理工作面,备有灭火器材,设置专人看护。工作前检查电焊机和金属台应有可靠的接地,电焊机外壳必须有单独合乎规格的接地线,接地线不得接在建筑物和各种金属管上。焊接工作停止后,应将火熄灭,待焊件冷却,并确认没有焦味和烟气后,操作人员方能离开工作场所。四级风以上天气严禁使用焊接设备。

(8) 焊接中发生回火时,应立即关闭乙炔和氧气阀门,关闭顺序为先关乙炔后再关氧气,并立即查找回火原因。

(9) 氧气瓶、氧气管道、减压器及一切氧气附件严禁有油脂沾污,防止因氧化产生高温引起燃烧爆炸。

(10) 乙炔气瓶阀门应保持严密。乙炔、氧气管道、压力表应定期清洗,试压检测。

C.10 检修安全管理制度

C.10.1 检修人员进入现场检修、安装和试验时必须执行工作票制度。

C.10.2 工作票签发人、工作负责人、工作许可人应严格履行安全职责。

C.10.3 工作票内的安全措施应准确无误,工作许可人应检查核实,检修人员应在工作票签发的范围内工作。

C.10.4 检修现场应配备必要的安全器具,设置安全警示标识,检修人员进入施工现场应佩戴安全帽,高空作业、上下交叉作业时还应佩戴安全带。

C.10.5 检修设备及工器具应符合安全使用要求,检修人员应严格执行有关安全规程和用电操作规程。

C.10.6 电气设备着火时,应立即切断电源,对带电设备应使用干式灭火器,对注油设备应使用泡沫或干粉等灭火器。

C.10.7 检修现场可燃易燃物堆放合理,严禁靠近火源、热源及电焊作业场所。

C.11 临时用电管理制度

C.11.1 临时用电前,应编制专项方案或安全技术措施,经验收合格后方可投入使用。

C.11.2 从事电气作业的电工、技术人员应持有特种行业操作许可证,并由专人监护方可上岗作业。安装、维修、拆除临时用电设施应由持证电工完成,其他人员不应接驳电源。

C.11.3 自备电源与网供电源的联锁装置应安全可靠,电气设备应按规范装设接地或接零保护。

C.11.4 临时配电线路应安装有总隔离开关、总漏电开关、总熔断器(或空气开关);架空电线、电缆应设在专用电杆上,禁止设在树木或脚手架上。

C.11.5 总、分配电箱门应配锁,配电箱和开关箱应指定专人负责。施工现场停止1小时以上时,应将动力开关箱上锁。各种电气箱内不允许放置任何杂物,并应保持清洁。箱内禁止挂接其他临时用电设备。

C.11.6 配电箱、开关箱中导线的进线口和出线口应设在箱体的底面,移动式配电箱和开关箱的进、出应采用橡皮绝缘电缆。

C.11.7 临时配电箱、开关箱应采用铁板或优质绝缘材料制作,门(盖)应齐全有效,安装符合要求并接地,开关箱周围应保持有二人同时工作的空间;配电箱及开关箱均应标明其名称、用途,并做出分路标记。

C.11.8 现场用电设备应"一机、一箱、一闸、一漏",现场不应一闸多机。

C.11.9 管理单位应定期对施工用电设备设施进行检查。电工对配电箱、开关箱进行定期检查、维修时,应将其前一级相应的电源隔离开关分闸断电,并悬挂停电标志牌,不应带电作业。

C.11.10 用电结束后，临时施工用的电气设备和线路应立即拆除，由用电执行人所在生产区域的技术人员、供电执行部门共同检查验收签字。

C.12 用电安全管理制度

C.12.1 电气设备不应带故障运行，任何电气设备在未验明不带电之前，一律视为有电，不应触碰。配电和用电设备应采取接地或接零措施，并经常对其进行检查，保证连接牢固可靠，同一变压器的电路内只能采取接地或接零措施。

C.12.2 Ⅱ类手持电动工具，使用时应加装漏电保护，保证"一机、一闸、一漏"。否则，使用者应戴绝缘手套、绝缘鞋，对手持电动工具应定期做外观检查和绝缘测试。

C.12.3 需要移动非固定安装的用电设备（如：电焊机、砂轮切割机、空压机等），应先切断电源再移动，移动中应防止导线被拉断、拉脱。

C.12.4 在潮湿、水中、强腐蚀性等恶劣环境使用用电设备时，电气作业应满足以下管理要求：控制线路应安装漏电保护装置；对湿度较大或用水及气较多的场所，应采用密封或防水防潮型的电气设施；对易产生静电的环境，应采用合适的消除静电的方法，如接地、增湿、中和等方法；对易发生触电危险的场所或容易产生误判断、误操作的地方以及存在不安全因素的现场设置安全标识。安全标识应坚固耐用，并安装在显眼处。

C.12.5 在电气设备及线路的安装、运行、维修和保护装置的配备等各个环节，都应严格遵守有关规范和工艺要求。

C.12.6 电气作业场所内外应保持清洁，无杂物、无积尘，不应堆放油桶或易燃、易爆物品。经常性清扫电气设备，防止脏污或灰尘的堆积。

C.12.7 电气设备及线路在设计、安装过程中，其安装位置应保持必要的防火间距，保持良好的通风。变、配电室应设置足够的消防设施，并定期检测、更换。

C.13 动火审批管理制度

C.13.1 进行动火、电焊、气焊等作业时，应报单位技术负责人审批同意后方可进行。

C.13.2 填写动火审批单时应写清动火地点、时间、原因及动火人等，动火审批人应到现场查看情况，检查确无火灾隐患，且配备相应的灭火器材后方可同意。

C.13.3 动火人员应持有电、气焊安全技术操作证方可上岗作业。

C.13.4 动火审批人认为申请动火不符合动火要求的，不应动火。

C.13.5 动火超过动火审批单填写的时间，补办动火审批手续后方可继续动火。

C.13.6 动火人在遇到不安全情况时，有权拒绝动火。

C.13.7 动火结束后，动火人应及时清理使用的设备、工具，并向动火审批人汇报动火结束。在审批人验收签字后方可结束。

C.14 危险化学品管理制度

C.14.1 危险化学品（以下简称"危化品"）是指易燃、易爆、有毒、有腐蚀性或有放射性的固体、液体或气体。

C.14.2 危化品应由专人保管，严格控制存放数量，必须按实际用量计划采购、库存，不应超量长期存放。

C.14.3 危化品的采购必须经过管理单位技术负责人审核,主要负责人批准。

C.14.4 危化品领取应严格核对出入库手续,并作好记录,有精确计量和记载。

C.14.5 危化品应按其特性分类存贮,库房应通风、防雷,安装防爆照明灯具,设置警示警告标志,配备有效的灭火器材,严禁储存在办公场所、宿舍、值班室等人群集中地方。

C.14.6 严格控制危化品使用。必须使用时应遵守安全生产制度和操作规程,并采取有效的安全防护措施,剩余危险品应立即返还仓库,严禁乱扔乱放。

C.14.7 严格做好危化品的保卫、保护工作,防止失窃。

C.14.8 管理单位应制定危化品救援预案,要熟练掌握危化品的保管及应急处置方法。

C.15 危险源管理制度

C.15.1 管理单位应按照国家相关标准对管辖范围内的危险源进行辨识、风险评价、登记、建档,定期开展检测、评估、监控等工作。

C.15.2 本制度中所称的危险源是指需长期或临时生产、加工、搬运、使用或贮存危化品,且危化品的数量等于或超过临界量的单元。

C.15.3 应按照相关国家标准及规定,在危险源处设置自动检测、报警和通信等装置,保障其稳定运行,并定期进行校验和维护。

C.15.4 管理单位应指定专人(一般为安全员)负责危险源的监控、登记工作。在危险源岗位的作业人员和管理人员应具备相应的专业知识,做到持证上岗。

C.15.5 在危险源处应设置危险源统计表、风险告知牌和必要的警告警示标志,向从业人员告知危险源的危险因素、防范措施及事故应急措施。

C.15.6 管理单位应根据危险源特点,按照相关要求制订、完善应急救援预案,建立应急救援组织,并保证定期开展应急救援的演练。

C.15.7 管理单位应根据危险源的特性,配备必要的应急防护用品、应急救援物资,并保障其完好备用。

C.15.8 应每年对危险源进行一次安全评价,编写安全评价报告。

C.16 应急管理制度

C.16.1 现场管理单位应设立安全生产事故应急处理机构,负责本单位安全生产事故的应急处置工作。

C.16.2 现场管理单位应急处理机构应当根据本单位的事故风险特点,每年至少组织一次综合应急预案演练或者专项应急预案演练,每半年至少组织一次现场处置方案演练,对演练进行总结和评估,根据评估结论和演练发现的问题,修订、完善应急预案,改进应急准备工作。

C.16.3 安全生产事故发生后,现场管理单位应急处理机构应当立即启动应急预案,积极组织救援,防止事故扩大,减少人员伤亡和财产损失,并立即将事故情况报告上级单位,情况紧急时,可直接报告地方人民政府应急管理部门。

C.16.4 在事故应急处置过程中,应高度重视应急救援人员的安全防护,并根据生产特点、环境条件、事故类型及特征,为应急救援人员提供必要的安全防护装备。

C.16.5 现场管理单位进行应急处置过程中应做好现场保护工作,因抢救人员和防止事故扩大等缘由需要移动现场物件时,应做出明显的标志,通过拍照、录像、记录或绘制事故现场图,认真保存现场重要物证和痕迹。

C.16.6 现场管理单位每年应进行一次应急准备工作的评估。完成险情或事故应急处置结束后,应对应急处置工作进行总结评估,评估结果记入档案。

C.17 作业安全管理制度

C.17.1 作业人员按相关规定要求持证上岗,逐级进行安全技术交底,防护用品配备应符合有关要求。

C.17.2 各种安全标志、工具、仪表等应在施工前进行检查,确认完好,施工用工具应经检验合格。

C.17.3 高处作业人员应经体检合格后上岗作业,登高架设作业人员持证上岗;危险边沿进行悬空高处作业时,临空面应搭设安全网或防护栏杆,且安全网随着建筑物升高而提高;登高作业人员应正确佩戴和使用合格的安全防护用品;有坠落风险的物件应固定牢固,无法固定的应先行清除或放置在安全处;雨雪天高处作业,应采取可靠的防滑、防寒和防冻措施;遇有六级及以上大风或恶劣气候时,应停止露天高处作业。

C.17.4 起重吊装作业前应按规定对设备、工器具进行认真检查;指挥和操作人员持证上岗、按章作业,信号传递畅通;大件吊装应办理审批手续,并由技术负责人现场指导;不以运行的设备、管道等作为起吊重物的承力点,利用构筑物或设备的构件作为起吊重物的承力点时,应经强度核算;照明不足、恶劣气候或风力达到六级以上时,不进行吊装作业。

C.17.5 临近带电体作业:作业前办理安全施工作业票,安排专人监护;作业时施工人员、机械与带电线路和设备的距离应大于最小安全距离,并有防感应电措施;当与带电线路和设备的作业距离不能满足最小安全距离的要求时,应向有关电力部门申请停电,否则不应作业。

C.17.6 水上水下作业:从事水上水下作业单位和人员应取得安全许可证及资质;制订水上作业应急预案,安全防护措施齐全可靠;作业船舶符合有关规定,作业人员持证上岗,并严格遵守操作规程。

C.17.7 焊接作业:焊接前对设备进行检查,确保其性能良好,符合安全要求;焊接作业人员持证上岗,按规定正确佩戴个人防护用品,严格按操作规程作业;进行焊接、切割作业时,要有防止触电、灼伤、爆炸和引起火灾的措施,并严格遵守消防安全管理规定;焊接作业结束后,作业人员清理场地、消除焊件余热、切断电源,仔细检查工作场所周围及防护措施,确认无起火危险后方能离开。

C.17.8 交叉作业:制定协调一致的安全措施,并进行充分的沟通和交底;应搭设严密、牢固的防护隔离措施;交叉作业时,不上下投掷材料、边角余料,工具放入袋内,不在吊物下方接料或逗留。

C.17.9 破土作业:施工前,现场管理单位或安排作业的部门,应安排施工作业单位逐条落实有关安全措施,技术员应对所有作业人员进行工作交底,安全员进行安全教育;施工作业人员应先检查施工作业设备是否完好,监护人确认措施无误后,通知作业人员进行施工;施工过程中,如发现不能辨认的物体时,不应敲击、移动,作业人员应立即停止作业,安全员上报,施工作业人员查清情况后,技术人员重新制订安全措施后方可再施工;安全监护人在作业过程中加强检查督促,防止意外情况的发生;施工完毕,作业人员清理现场,剩余材料和工具归库,回填现场,做到工完料净场地清。

C.17.10 有限空间作业:从事有限空间作业的职工,在进入作业现场前,应详细了解现场情况和以往事故情况,并有针对性地准备检测和防护器材。进入作业现场后,首先对有限空间进行氧气、可燃气体、硫化氢、一氧化碳等气体检测,确认安全后方可进入;对作业面可能存在的电、高温、低温及危害物质进行有效隔离。进入有限空间时应佩戴隔离式空气呼吸器或佩戴氧气报警器和正确的过滤式空气呼吸器;应佩戴有效的通信工具,系安全绳;当发生急性中毒、窒息事故时,不应贸然施救,应在做好个体防护并配备必要应急救援设备的前提下进行救援。

C.17.11 其他危险作业:涉及临近带电体作业的,作业前按有关规定办理安全施工作业票,安排专人监护。

C.18 相关方安全生产管理制度

C.18.1 现场管理单位负责人应按照"谁主管、谁负责"的原则,指定专人对相关方和外来人员的作业现场安全进行监督管理,告知安全须知,建立安全教育培训档案,发现问题应立即制止。

C.18.2 对于进入现场办公场所进行业务洽谈、送货的外来人员,由联系人负责告知安全须知并陪同;对于来工程参观、考察、学习人员的教育及安全管理,由接待人员负责。

C.18.3 参观、考察、学习人员由接待负责人介绍安全注意事项,同时做好全过程的安全管理工作,确保参观、考察、学习人员的安全。接待负责人应向外来参观、考察、学习人员提供相应的安全用具,安排专人带领并做好监护工作。接待部门应填写并保存对外来参观、考察、学习人员进行安全教育培训的记录和劳动保护用品领用的记录。

C.18.4 对外签订劳务、协作、承包、租赁合同前应严格审查对方单位的资质和安全生产许可证等必要的资格证件,并在发包合同中明确安全要求。

C.18.5 与进入工程管理范围内从事检修、施工作业的单位签订安全生产协议,明确双方安全生产责任和义务。

C.18.6 与建筑工程承包方签订合同时应规定工程承包方必须进行危险源辨识和环境因素调查,并制订预防控制措施。同时监督承包方做好安全监护工作,督促其遵守相关安全管理制度。现场管理单位还应督促承包方对进场作业人员进行安全教育培训,考核合格后方可进入现场作业;应持证上岗的岗位,不应安排无证人员上岗作业。

C.18.7 单项工程的安全管理协议书有效期为一个施工周期,长期在现场管理单位从事零星项目施工的承包方,安全生产协议签订的有效期不应超过一年。

C.18.8 外来施工(作业)方应当取得安全生产许可证,明确项目负责人和安全负责人,并建立有安全生产责任制和安全生产管理制度,具备安全生产的保障条件。安全员应当对外来施工(作业)方的上述资质进行审查。

C.18.9 采购人员应依据供货合同规定对物资供应方进行管理,向供方索要材料或设备必要的资质证书,环境、安全性能指标和运输、包装、贮存条件说明等信息,并发放给相关部门。

C.18.10　对劳务派遣人员和实习人员应纳入"新员工三级安全教育"体系,进行安全教育培训,告知安全操作规程、作业区域的危险源和控制方法。同时应加强对其安全监督和检查,杜绝违章作业和违规行为。

C.18.11　接到相邻单位及相关方的投诉和意见后,相关单位应负责登记、整理并予以答复,处理不了的应向上级部门和领导反映,直到问题解决。

C.19　安全用具管理制度

C.19.1　安全用具包括绝缘靴、绝缘手套、绝缘棒、验电器、安全帽、安全带、安全绳等。

C.19.2　安全器具应具有安全生产许可证、产品合格证,方可接收入库。

C.19.3　安全器具应由专人管理,建立台账,定点摆放,保证完好。

C.19.4　安全器具应摆放在具有温湿度控制调节功能的专用柜内,定期检查。

C.19.5　安全用具应按照有关规范要求,由有资质的单位定期做好检测,合格后方可使用,同时要在安全用具上粘贴检测合格的标签。

C.19.6　严格执行安全用具使用登记和借用制度,使用后及时归还,并保证安全用具的完好。

C.19.7　管理单位应及时更换不合格、损坏和落后淘汰的安全用具,选用安全性能更高的安全用具,保证劳动使用时的安全。

C.19.8　登高安全工具每半年试验一次,安全网、安全帽应编号管理,每年检查一次,接地线两副及以上的应统一编号,防毒面具等使用后应清洗,至少两个月检查一次。

C.19.9　严禁擅自改变安全用具用途并使用。

C.20　职业健康管理制度

C.20.1　管理单位应加强职业病防治宣传教育,普及防护知识,增强防治观念、提高防护意识。

C.20.2　管理单位应按照《工作场所职业病危害警示标识》要求对工作场所的职业病危害因素进行警示说明。警示说明应当注明产生职业病危害的种类、后果、预防以及应急救治措施等内容。

C.20.3　管理单位应根据工程特点,对工作场所存在的毒气、高温、噪声、电磁辐射等职业病危害因素进行检测、统计、分类、梳理和建档立卡,并在适宜的位置上墙明示。

C.20.4　管理单位应按国家有关规定对在上述具有职业病危害因素场所工作的员工提供必要的符合国家或行业标准的职业病防护用品,每年组织员工进行职业健康体检,建立员工健康档案。

C.21　安全教育培训与考核制度

C.21.1　管理单位应经常对员工进行安全法规、规章制度和典型事故案例等方面的安全教育。

C.21.2　新上岗、转岗员工应进行"三级安全教育"培训,经管理单位考试合格方可上岗。

C.21.3 对电工、行车操作工、电焊切割工等从事特种作业的人员应按照国家有关要求进行安全技术培训,取得特种作业许可证方可上岗。

C.21.4 合同制工人及临时用工人员按照"谁用工、谁负责"的原则,由工程管理单位组织岗前安全教育培训,签订安全风险告知书,并经考试合格后方能上岗。

C.21.5 及时做好员工安全技术教育培训记录。

C.22 安全保卫制度

C.22.1 现场管理单位应安排专人负责防盗、防火、防恐、防破坏等工作,安保人员应配备必要的安防、巡查以及防闯入工具。

C.22.2 站区工作场所尤其是厂房各设备间禁止外来闲杂人员进入。

C.22.3 外来人员进入站区的,应经现场管理单位负责人同意后方可放行,同时做好登记。

C.22.4 现场管理单位应安排安保人员24小时保卫值班,按制度开展站区内的保卫巡查。重大节日、活动期间应加强安全保卫工作,增加巡查频次。

C.22.5 发现外来闯入人员应及时驱离并留下影像及台账记录,不听劝阻的,宜立即联系地方派出所出警处理。

C.22.6 现场管理单位宜同地方公安部门共建治安室、警务室或警民共建点,出现紧急情况时应及时采取处置措施并向上级报告。

C.22.7 现场管理人员及安保人员应定期联合对站区围墙、视频监控、门窗锁具等设施设备进行检查,发现损坏的应及时恢复,以保持站区安防设施完好。

C.23 安全鉴定

C.23.1 水闸安全鉴定周期应按下列要求确定:

(1)水闸首次安全鉴定应在竣工验收后5年内进行,以后每隔10年进行1次全面安全鉴定;

(2)运行中遭遇超标准洪水、强烈地震、增水高度超过校核潮位的风暴潮、工程发生重大事故后,如出现影响安全的异常现象的,应及时进行安全鉴定;

(3)闸门、启闭机等单项工程达到折旧年限,应按有关规定和规范进行单项安全鉴定;

(4)对影响水闸安全运行的单项工程,应及时进行安全鉴定。

C.23.2 水闸安全鉴定应按SL 214的规定进行,内容包括现状调查、安全检测、安全复核等。根据安全复核结果,进行研究分析,作出综合评估,确定水闸工程安全类别,编制水闸安全评价报告,并提出加强工程管理、改善运用方式、进行技术改造、加固补强、设备更新或降等使用、报废重建等方面的意见。

C.23.3 对鉴定为三类的水闸,应及时编制除险加固计划;鉴定为四类的水闸需要报废或降等使用的,应报上级主管部门批准,在此之前应采取必要措施,确保工程安全。

管理流程

1　范围

本部分规定了南水北调东线江苏水源有限责任公司辖管水闸（船闸）工程管理流程要求，主要包括控制运用、检查观测、维修养护、安全管理等技术管理相关流程。

本部分适用于南水北调东线江苏水源有限责任公司辖管水闸（船闸）工程，类似工程可参照执行。

2　规范性引用文件

下列文件对于本文件的应用是必不可少的。凡是注日期的引用文件，仅注日期的版本适用于本标准。凡是未注日期或版本号的引用文件，其最新版本（包括所有的修改单）适用于本标准。

GB 26860 电力安全工作规程：发电厂和变电站电气部分
DA/T 22 归档文件整理规则
NSBD21 南水北调东、中线一期工程运行安全监测技术要求（试行）
SL/T 722　水工钢闸门和启闭机安全运行规程
SL 75 水闸技术管理规程
DB32/T 3259 水闸工程管理规程
危险化学品安全管理条例
生产安全事故报告和调查处理条例
水利工程标准化管理评价办法

3　术语和定义

下列术语和定义适用于本文件。

3.1　档案归档

立档单位在其职能活动中形成的、办理完毕、应作为文书档案保存的文件材料，包括纸质和电子文件材料等，经系统检查整理后交档案室保存备案（备查）。

3.2　调度指令

拥有调度权限的部门值班调度员对其下级值班调度员或辖管工程值班调度员下达的有关运行和操作的指令。

3.3　日常检查

管理人员定期组织对水闸建筑物、机电金结等设备设施的检查。

3.4 定期检查

包括汛前检查、汛后检查和水下检查。

3.5 专项检查

主要为发生地震、风暴潮、台风或其他自然灾害、水闸超过设计标准运行,或发生重大工程事故后进行的特别检查,着重检查建筑物、设备和设施的变化和损坏情况。

3.6 风险

某种特定危险情况和环境污染现象发生的可能性和后果的结合。

3.7 隐患

未被事先识别或未采取必要的风险控制措施,可能直接或间接导致事故的根源。

4 总则

管理流程主要包括、控制运用、工程检查、工程观测、设备管理、维修养护、安全管理、物资管理、软件资料等。各工作事项应合理划分分步流程,明确责任单位、责任人,流程执行完毕后,形成规范的成果资料。

5 控制运用

(1) 控制运用工作流程主要涉及调度指令执行及反馈、设备操作、运行值班管理、防汛值班管理。

(2) 电气设备的操作、运行、巡视检查等工作应按 GB 26860 的规定执行。

6 工程检查

(1) 工程检查工作流程主要涉及日常检查、定期检查、专项检查。

(2) 工程检查工作应按江苏省《水闸工程管理规程》的规定执行。

7 工程观测

(1) 工程观测工作流程主要涉及外业观测和观测资料整编分析。

(2) 工程观测工作应按 NSBD21 的规定执行。

8 设备管理

设备管理工作流程主要涉及设备日常养护、设备评定级、电气预防性试验、设备缺陷管理。

9　维修养护

（1）维修养护工作流程主要涉及维修项目管理和养护项目管理。

（2）维修项目管理主要包括维修项目申报、维修项目实施和维修项目验收；养护项目管理主要包括养护项目实施和养护项目验收。

10　安全管理

（1）安全管理工作流程主要涉及年度安全工作计划制订与审批、安全会议管理、安全生产教育培训管理、安全检查、消防器材管理、突发事件应急处理、预案演练。

（2）安全管理应按安全生产法律法规、GB/T 30948、NSBD16 的规定执行。

11　物资管理

物资管理工作流程主要涉及物资采购及入库、物资领用、物资盘点管理、防汛物资代储管理。

12　软件资料

档案管理应符合国家档案管理有关规定，软件资料工作流程主要涉及技术档案归档、技术档案借阅、技术档案销毁。

附录 A 控制运用流程

A.1 调度指令执行及反馈流程可按图 A.1 执行，表 A.1 给出了该流程执行工作说明。

节点	上级有权调度部门或单位	有权调度人员	运维班	关联表单
1	下达调度指令	接收调度指令，确定执行设备		调度指令
2		下达指令	闸门启闭检查；闸门关闭、开启	闸门启闭记录表
3	接收指令执行情况	向上级有权调度部门或单位反馈指令执行情况	汇报指令执行情况	
4			统计工程运行数据	值班记录表

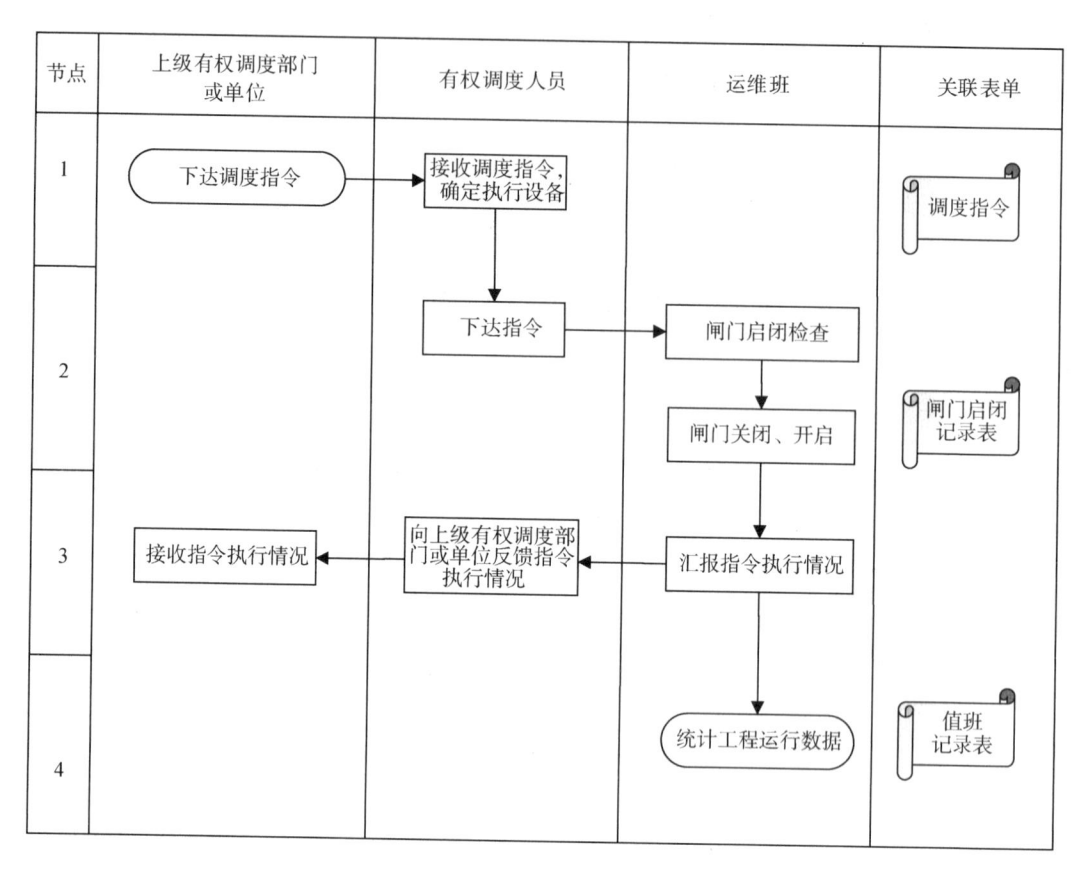

图 A.1 调度指令执行及反馈流程

表 A.1 调度指令执行流程说明

	流程节点	责任人	工作说明
1	下达调度指令	上级有权调度部门或单位	向工程现场下达调度指令,上级有权调度部门根据实际情况包括公司、分公司、属地防办等。
		有权调度人员	接收上级有权调度部门或单位启闭闸门调度指令。
2	指令执行	有权调度人员	向当班班组下达启闭闸门操作指令。
		运维班	接收调度指令,开展运行检查,按照运行规程执行关闸、开闸程序。
3	反馈指令执行情况	运维班	将操作情况反馈给有权调度人员。
		有权调度人员	接收关闸、开闸情况反馈,并向上级有权调度部门或单位(根据实际情况包括公司、分公司、属地防办等)汇报指令执行情况。
		上级有权调度部门或单位	接收指令执行情况。
4	统计工程运行数据	运维班	统计闸门运行台时、调水量等相关数据。

A.2　设备操作流程可按图 A.2 执行,表 A.2 给出了该流程执行工作说明。

节点	发令人	受令人(监护人)	操作人	关联表单
1	下达操作指令 →	接收指令		
2			检查设备状况	
3		操作监护	执行操作	闸门启闭记录表
4			设备运行正常 N→停止操作,排除故障,反馈情况 Y	
5	接收指令执行情况 ←	反馈指令执行情况 ←	操作完结,反馈执行情况,填写工程调度记录及闸门启闭记录	值班记录表

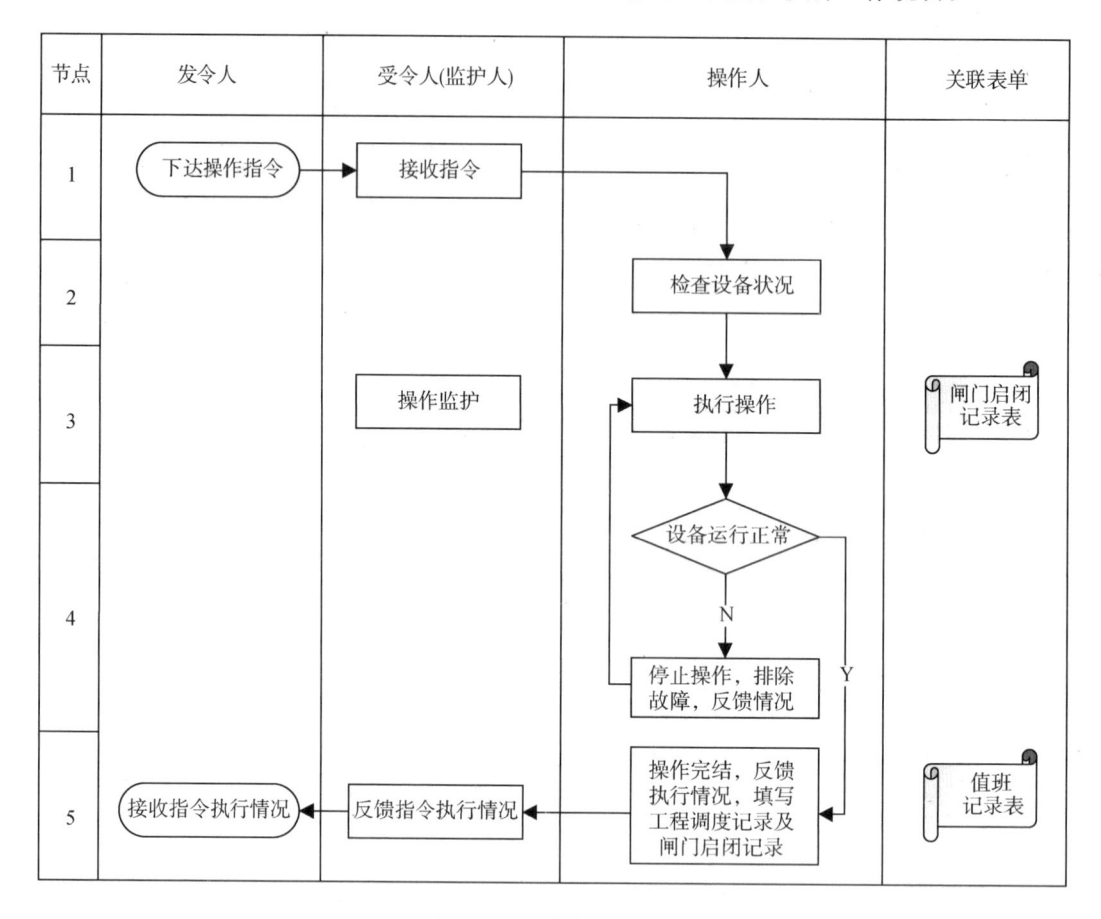

图 A.2　设备操作流程

表 A.2 设备操作流程说明

	流程节点	责任人	工作说明
1	操作指令下达和接收	发令人	下达详细的操作指令,包括操作内容、完成时间等。
		受令人(监护人)	准确接收操作指令,并向操作人员完整转述。
2	设备检查	操作人	检查设备状况,具备操作条件。
3	执行操作	操作人	正确进行设备操作。
	操作监护	监护人	全程对设备操作进行监护,确保安全,填写闸门启闭记录。
4	设备运行检查	操作人	闸门启闭过程中有无异常,若有异常,停止操作及时排查原因,反馈情况。
5	完成操作	操作人	完成操作,填写工程调度记录及闸门启闭记录,执行操作完结,向相关人员汇报执行情况。
		监护人	反馈指令完成情况。
		发令人	接收指令完成情况。

A.3 运行值班管理流程可按图 A.3 执行,表 A.3 给出了该流程执行工作说明。

节点	分公司	单位负责人	运维班	值班员	关联表单
1				办理交接班手续,填写值班记录表	值班记录表
2				了解设备设施状况,准备巡检工器具	
3				按规定路线巡视检查	日常巡视记录表
4	视问题严重程度,启动应急预案,报公司	启动应急预案,报分公司	采取措施,消除异常 / 上报单位负责人	巡查发现异常	经常检查记录
5				填写设备检修记录,并将处理情况进行记录	设备检修记录
6				办理交接班手续,填写值班表内交接班记录	值班记录表

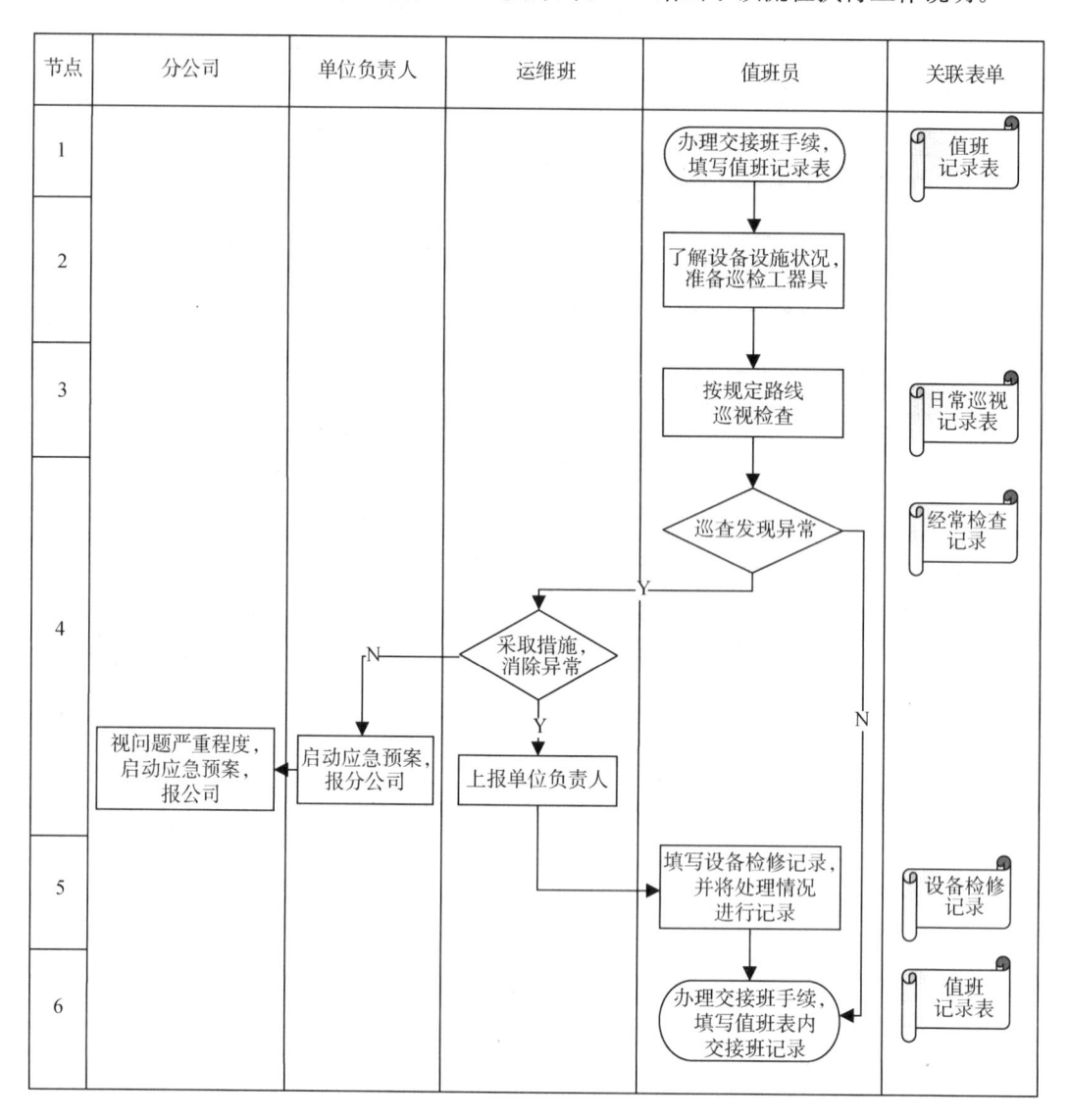

图 A.3　运行值班管理流程

表 A.3　运行值班管理流程说明

	流程节点	责任人	工作说明
1	交接班	值班员	值班人员办理交接班手续,填写值班记录表。
2	巡视准备	值班员	了解设备设施状况,准备巡检工器具。
3	巡视检查	值班员	每日巡查一次。
4	问题处理	值班员	可立即处理的问题,应立即报告运维班处理。
		运维班	及时进行抢修,并上报单位负责人。
		单位负责人	不可立即处理的问题,启动应急预案,报分公司。
		分公司	视问题严重程度,启动应急预案,报公司。
5	填写设备检修记录	值班员	填写设备检修记录,并将处理情况进行记录。
6	交接班	值班员	办理交接班手续,填写值班记录表。

A.4 防汛值班管理流程可按图 A.4 执行,表 A.4 给出了该流程执行工作说明。

节点	分公司防汛值班员	单位负责人	运维班	防汛值班员	关联表单
1				办理交接班手续,填写交班记录	值班记录表
2				收集当日水情、工情、雨情上报分公司	水情信息
3				接收调度指令,报告单位负责人,执行调度指令并反馈	调度指令
4				对工程管理范围内进行巡查	日常巡视记录表
5	及时赶赴现场组织处理并上报公司	根据问题严重程度,启动防汛应急预案并报分公司	及时进行维修	发现影响工程安全度汛险情 / 立即处理	设备检修记录
6				填写值班记录,并将问题处理情况进行记录	
7				办理交接班手续,填写值班表内交接班记录	值班记录表

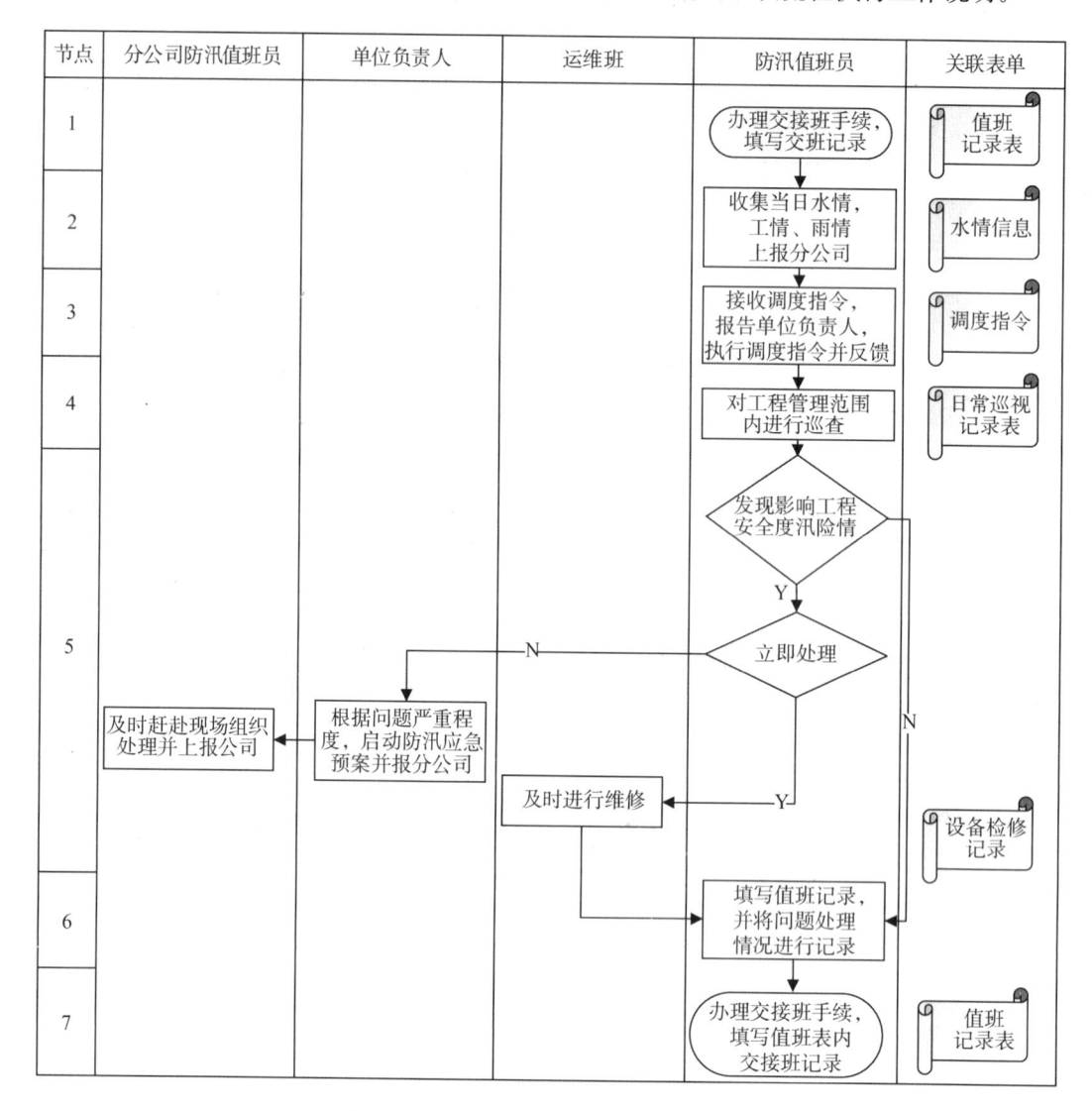

图 A.4 防汛值班管理流程

表 A.4　防汛值班管理流程说明

	流程节点	责任人	工作说明
1	交接班	防汛值班员	(1) 每年6月1日至9月30日为汛期，在此期间，管理单位严格执行24小时汛期值班制度和领导带班制度。 (2) 本班值班人员当天8:30前完成交接班手续，并填写值班记录表。
2	上报水情、工情、雨情	防汛值班员	防汛值班人员每天8:00前将当日水情、工情、雨情信息上报分公司。
3	执行调度指令	防汛值班员	接收调度指令，报告单位负责人，执行调度指令并反馈。
4	工程巡查	防汛值班员	每天至少对工程管理范围进行1次全面巡查，重点巡查影响工程安全度汛的部位。
5	险情处理	防汛值班员	如发现影响工程安全度汛险情，应立即报告单位负责人，可处理的应立即组织处理。
		运维班	及时进行维修。
		单位责任人	根据问题严重程度，启动防汛应急预案并上报分公司。
		防汛值班员	及时赶赴现场组织处理并上报公司。
6	填写防汛值班记录	防汛值班员	填写当日值班记录，并将问题处理情况进行记录。
7	交接班	防汛值班员	第二天8:30前办理交接班手续，填写值班记录表。

附录 B 工程检查流程

B.1 日常巡视检查流程可按图 B.1 执行,表 B.1 给出了该流程执行工作说明。

节点	技术负责人	技术班	运维班	关联表单
1			巡视检查,每日一次 ↓ 发现存在问题立即组织整改	日常巡视记录表
2	审核养护、维修或急办项目计划,上报分公司	分析原因,落实处理 → 组织编制维修、急办项目计划	进行处理 → 填写日常巡视记录表	设备检修记录 / 项目申报书 / 日常巡视记录表
3		日常巡视记录表、设备检修记录存档		

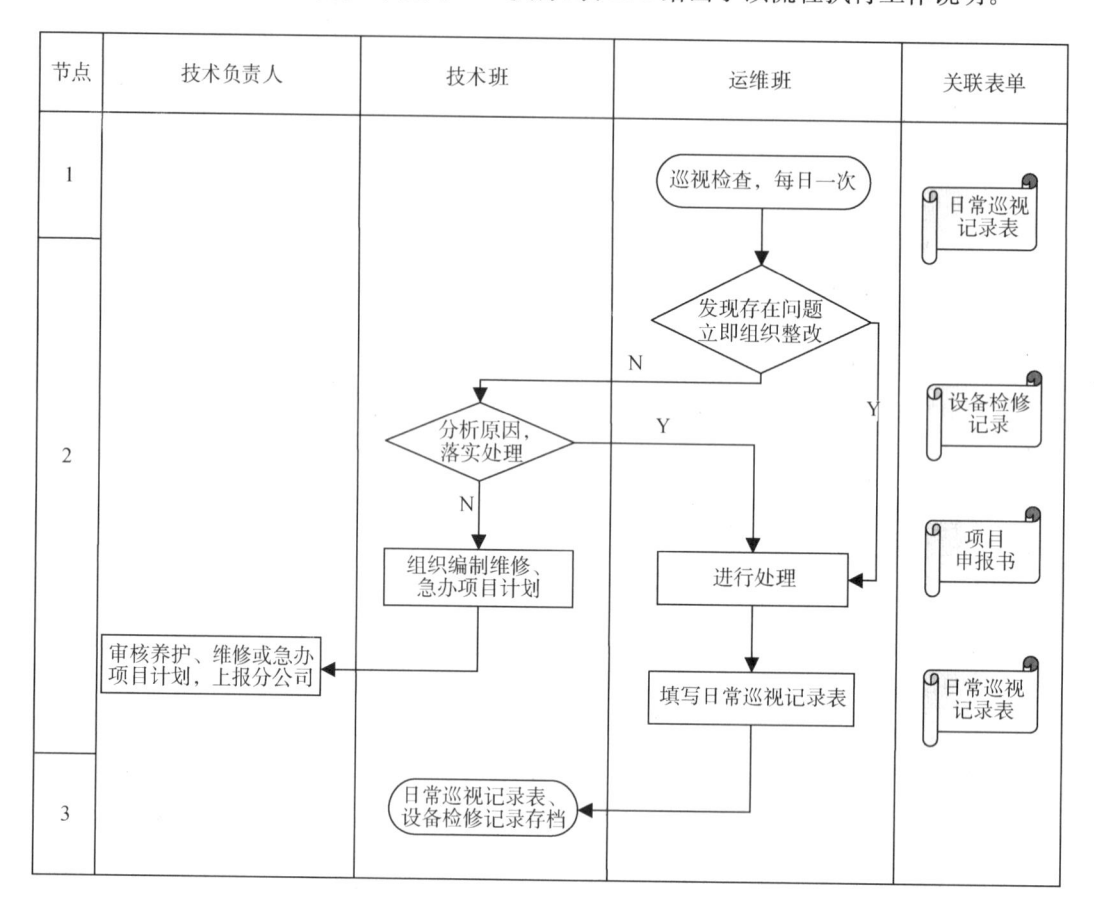

图 B.1 日常巡视检查流程

表 B.1　日常巡视检查流程说明

	流程节点	责任人	工作说明
1	巡视检查	运维班	每日检查一次,填写日常巡视记录表。
2	问题处理	运维班	对于检查中发现的问题,运维班组织分析原因,对于可立即整改的问题,运维班应立即组织整改;不可立即整改的问题,上报技术班,并在日常巡视记录表内进行填写。
		技术班	对于不可立即整改的问题,落实应急措施,组织编制季度养护计划或申报维修、急办项目计划。
		技术负责人	审核养护、维修或急办项目计划,并上报分公司。
3	资料归档	技术班	日常巡视记录表、设备检修记录存档。

B.2　经常检查流程可按图 B.2 执行,表 B.2 给出了该流程执行工作说明。

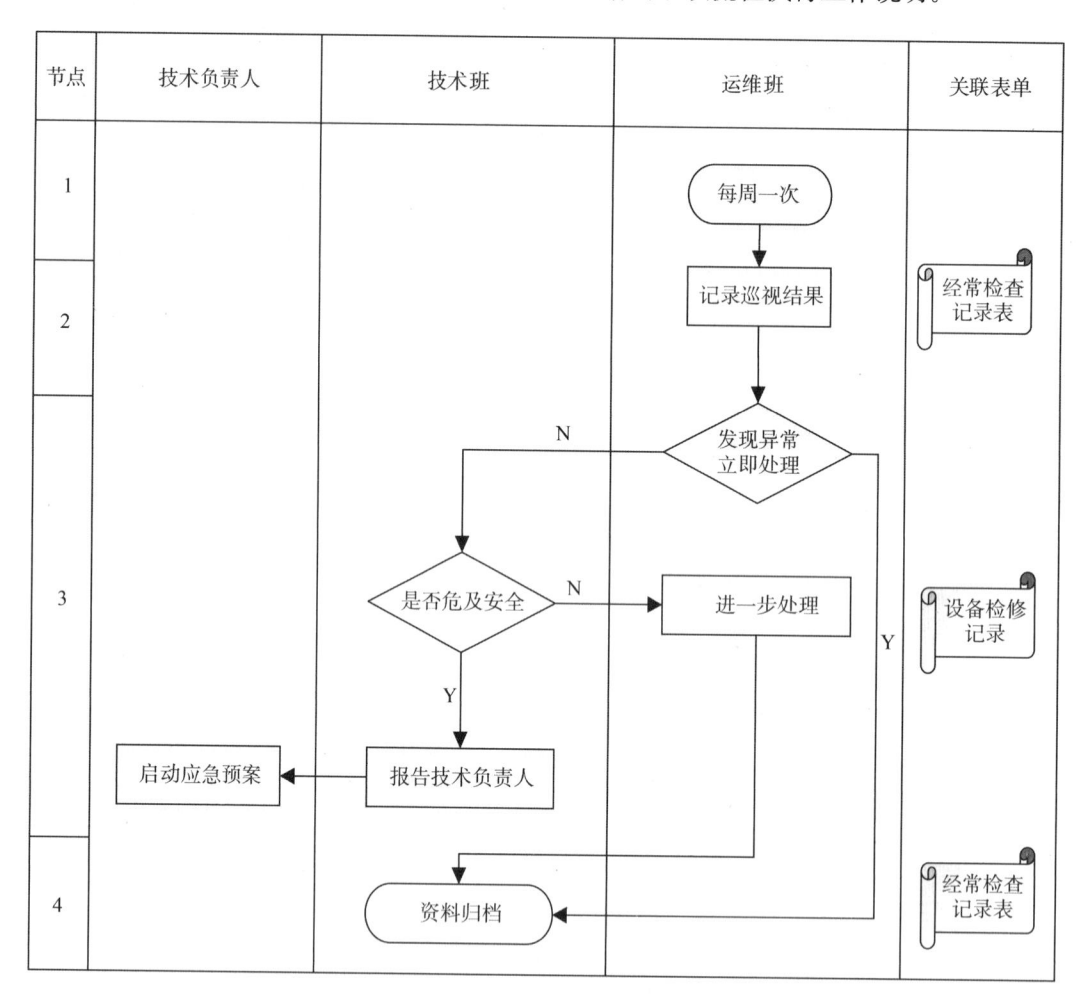

节点	技术负责人	技术班	运维班	关联表单
1			每周一次	
2			记录巡视结果	经常检查记录表
3	启动应急预案	是否危及安全（Y/N）→ 报告技术负责人	发现异常立即处理（N）；进一步处理	设备检修记录
4			资料归档	经常检查记录表

图 B.2　经常检查流程

表 B.2 经常检查流程说明

	流程节点	责任人	工作说明
1	巡视检查	运维班	每周进行一次检查。
2	记录经常检查表	运维班	及时记录巡视检查结果。
3	问题处理	运维班	发现异常情况,对于可立即处理的问题,运维班应立即组织处理;不可立即处理的问题,上报技术班,并在经常检查记录表内进行填写。
		技术班	及时判断严重程度,如影响人身安全或可能造成设备损坏事故,立即报告技术负责人。
		技术负责人	及时按照反事故应急预案处理。
4	资料归档	技术班	经常检查记录表存档。

B.3 汛前检查流程可按图 B.3 执行,表 B.3 给出了该流程执行工作说明。

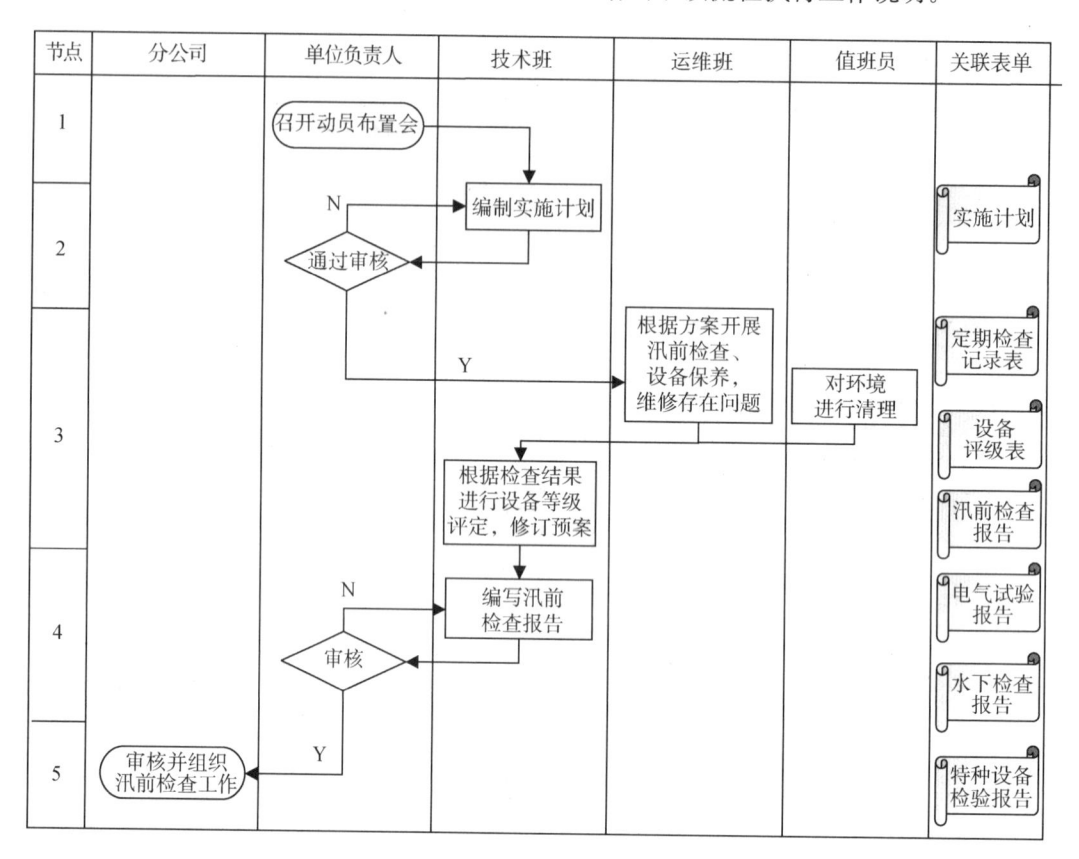

节点	分公司	单位负责人	技术班	运维班	值班员	关联表单
1		召开动员布置会				
2		通过审核 N/Y	编制实施计划			实施计划
3				根据方案开展汛前检查、设备保养,维修存在问题；根据检查结果进行设备等级评定,修订预案	对环境进行清理	定期检查记录表；设备评级表；汛前检查报告
4		审核 N/Y	编写汛前检查报告			电气试验报告；水下检查报告
5	审核并组织汛前检查工作					特种设备检验报告

图 B.3 汛前检查流程

表 B.3　汛前检查流程说明

	流程节点	责任人	工作说明
1	动员布置	单位负责人	管理单位召开动员布置会,落实检查保养责任。
2	编制方案	技术班	编制汛前检查工作实施计划,分解检查保养任务,落实责任人、时间节点,明确工作标准、资料模板等要求。
		单位负责人	审核预案及汛前检查工作实施方案等。
3	汛前检查保养	运维班	根据任务分工开展汛前检查、观测、预试、保养、物资清点等各项工作,维修存在问题。
		技术班	根据检查结果对设备进行等级评定,对管理细则、规章制度、预案进行修订,完善软件资料和台账。
4	形成报告	技术班	对汛前检查资料进行收集整理,编写汛前检查报告,相关记录存档。
		单位负责人	单位负责人审核汛前检查报告,并上报分公司。
5	汛前检查	分公司	分公司审核汛前检查报告,组织汛前检查工作。

B.4 汛后检查流程可按图 B.4 执行,表 B.4 给出了该流程执行工作说明。

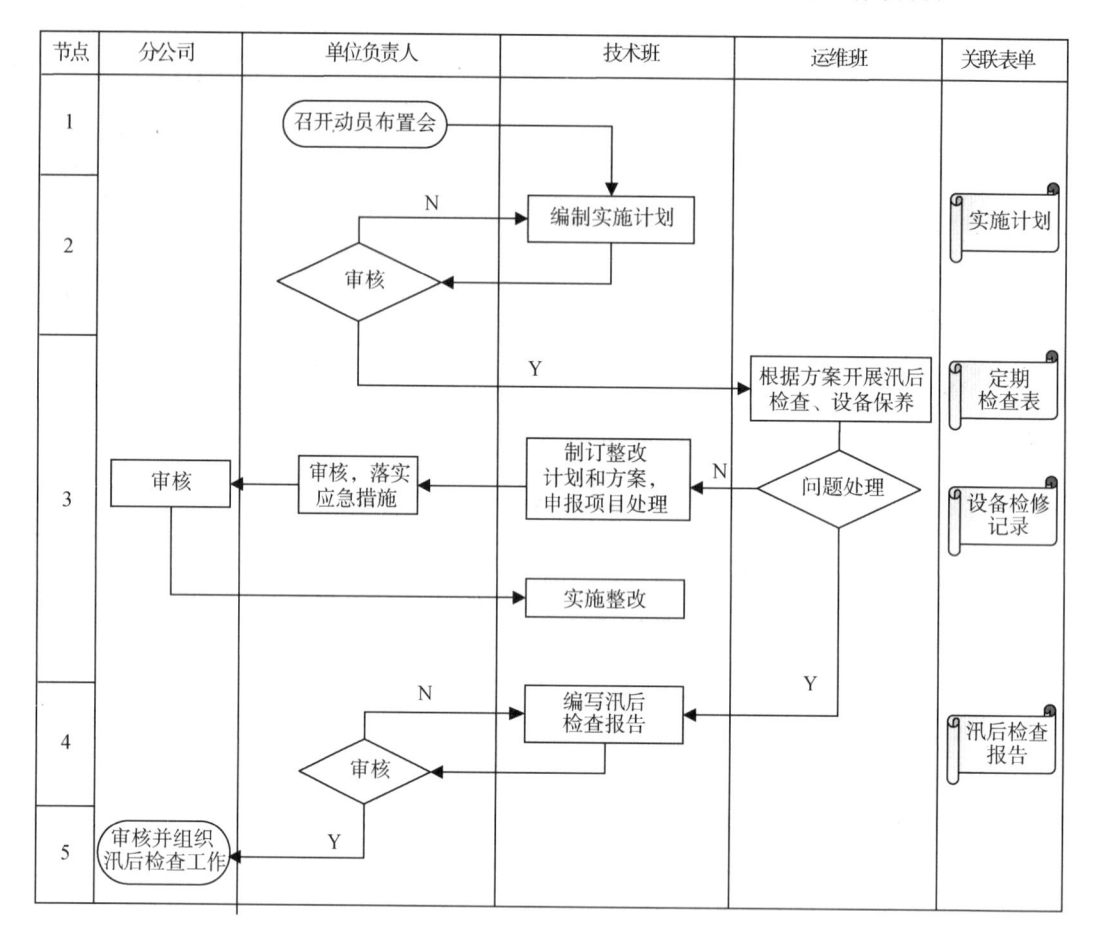

图 B.4 汛后检查流程

表 B.4 汛后检查流程说明

	流程节点	责任人	工作说明
1	动员布置	单位负责人	管理单位成立汛后检查小组,明确负责人,落实检查保养责任。
2	编制方案	技术班	编制汛后检查工作实施计划,分解检查保养任务,落实责任人、时间节点,明确工作标准、资料模板等要求。
		单位负责人	审核预案及汛后检查工作实施方案等。
3	汛后检查保养	运维班	(1)根据任务分工开展汛后检查、观测、保养、物资清点等各项工作。 (2)可立即处理的问题,立即组织处理。 (3)不可立即处理的问题,应及时上报技术班,配合制订整改计划和方案等。
		技术班	制订整改计划和方案,申报项目处理,并制订应急措施,及时上报单位负责人。
		单位负责人	审核整改计划和方案,落实应急措施,及时上报分公司。
		分公司	分公司根据项目审批流程,对项目进行审核批复。
4	形成报告	技术班	对汛后检查资料进行收集整理,编写汛后检查报告,相关记录存档。
		单位负责人	单位负责人审核汛后检查报告,并上报分公司。
5	汛后检查	分公司	分公司审核,组织汛后检查工作。

B.5 水下检查流程可按图 B.5 执行,表 B.5 给出了该流程执行工作说明。

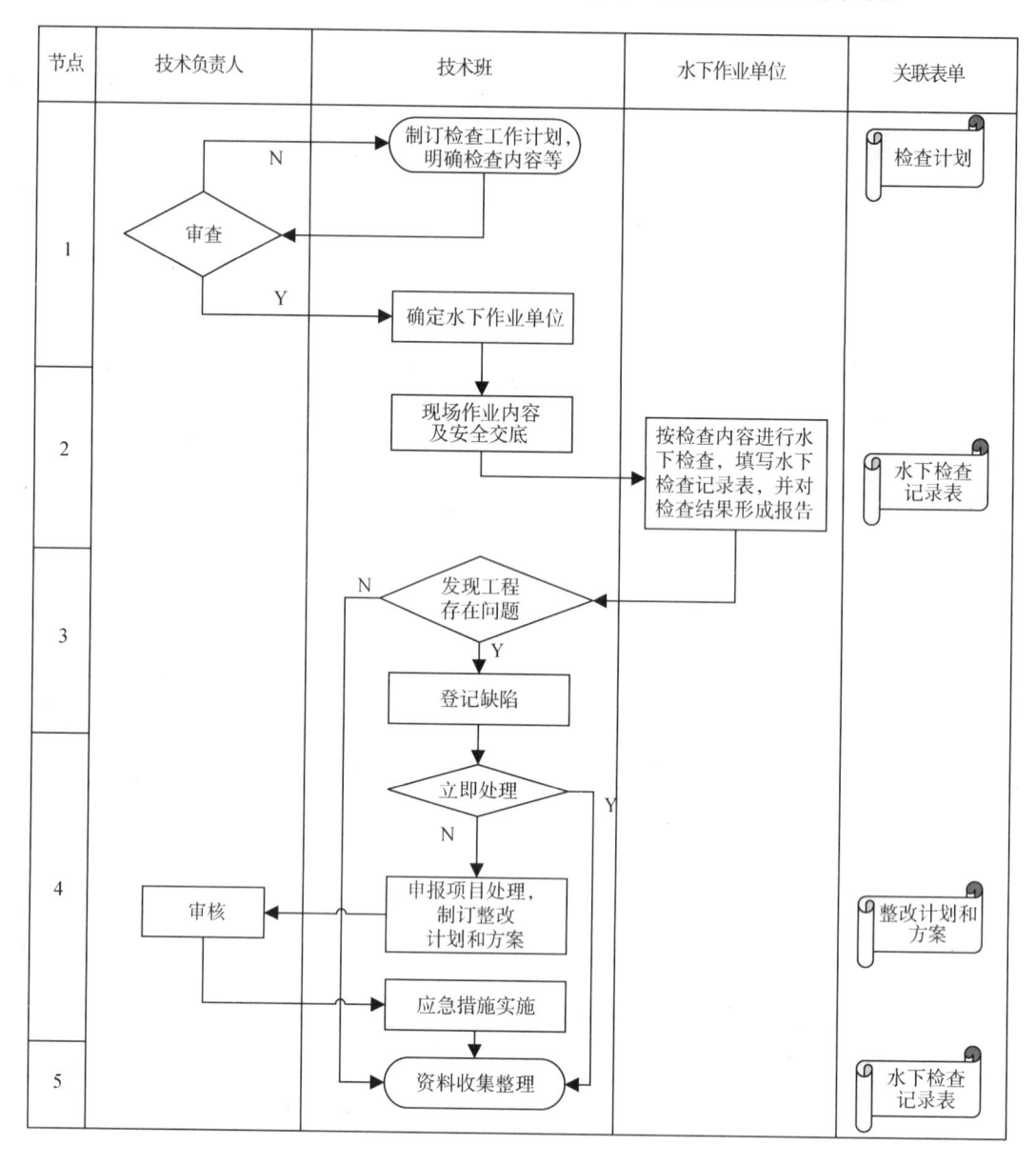

图 B.5 水下检查流程

表 B.5 水下检查流程说明

	流程节点	责任人	工作说明
1	制定计划	技术班	制订检查工作计划,确定水下作业单位。
		技术负责人	审核工作计划。
2	水下检查	技术班	配合水下作业单位,并开展检查内容及安全交底。
		水下作业单位	水下作业单位对照检查内容(包括翼墙、底板、门槽、防冲槽等部位)及要求开展水下检查,填写水下检查记录表并形成检查报告。
3	发现问题	技术班	针对工程发现问题,分析原因、登记缺陷。
4	问题处理	技术班	(1)可立即处理的问题,立即组织处理; (2)不可立即处理的问题,应及时上报技术负责人,并制订整改计划和方案申报项目处理。
		技术负责人	审核整改计划和方案,落实应急措施,及时上报分公司。
5	资料整理	技术班	收集整理相关资料。

B.6 专项检查流程可按图 B.6 执行,表 B.6 给出了该流程执行工作说明。

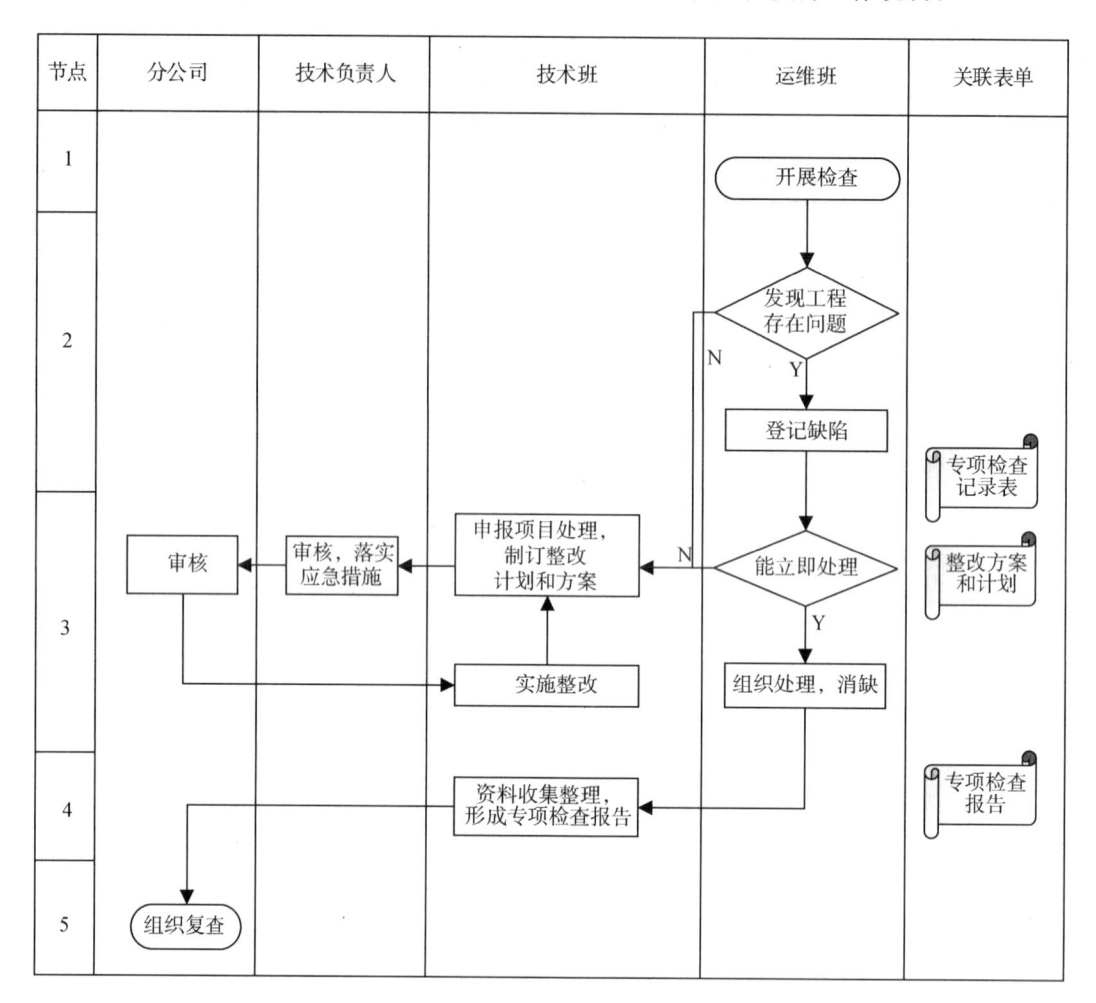

节点	分公司	技术负责人	技术班	运维班	关联表单
1				开展检查	
2				发现工程存在问题 → 登记缺陷 → 能立即处理	专项检查记录表
3	审核	审核,落实应急措施	申报项目处理,制订整改计划和方案 / 实施整改	组织处理,消缺	整改方案和计划
4			资料收集整理,形成专项检查报告		专项检查报告
5	组织复查				

图 B.6 专项检查流程

表 B.6 专项检查流程说明

	流程节点	责任人	工作说明
1	开展检查	运维班	工程遭受特大洪水、风暴潮、地震或发生重大工程事故时,开展专项检查工作。
2	发现问题	运维班	查清工程存在问题,填写专项检查记录。针对工程发现问题,分析原因、登记缺陷。
3	问题处理	运维班	(1)可立即处理的问题,立即组织处理; (2)不可立即处理的问题,应及时上报技术班,配合制定整改计划和方案等。
		技术班	及时上报技术负责人,制订整改计划和方案,申报项目处理。
		技术负责人	审核整改计划和方案,落实应急措施,及时上报分公司。
		分公司	分公司根据项目审批流程,对项目进行审核批复。
4	资料整理	技术班	对检查资料进行收集整理,形成专项检查报告,上报分公司。
5	复查	分公司	分公司组织对管理单位专项检查情况进行复查。

附录 C 工程观测流程

C.1 外业观测流程可按图 C.1 执行,表 C.1 给出了该流程执行工作说明。

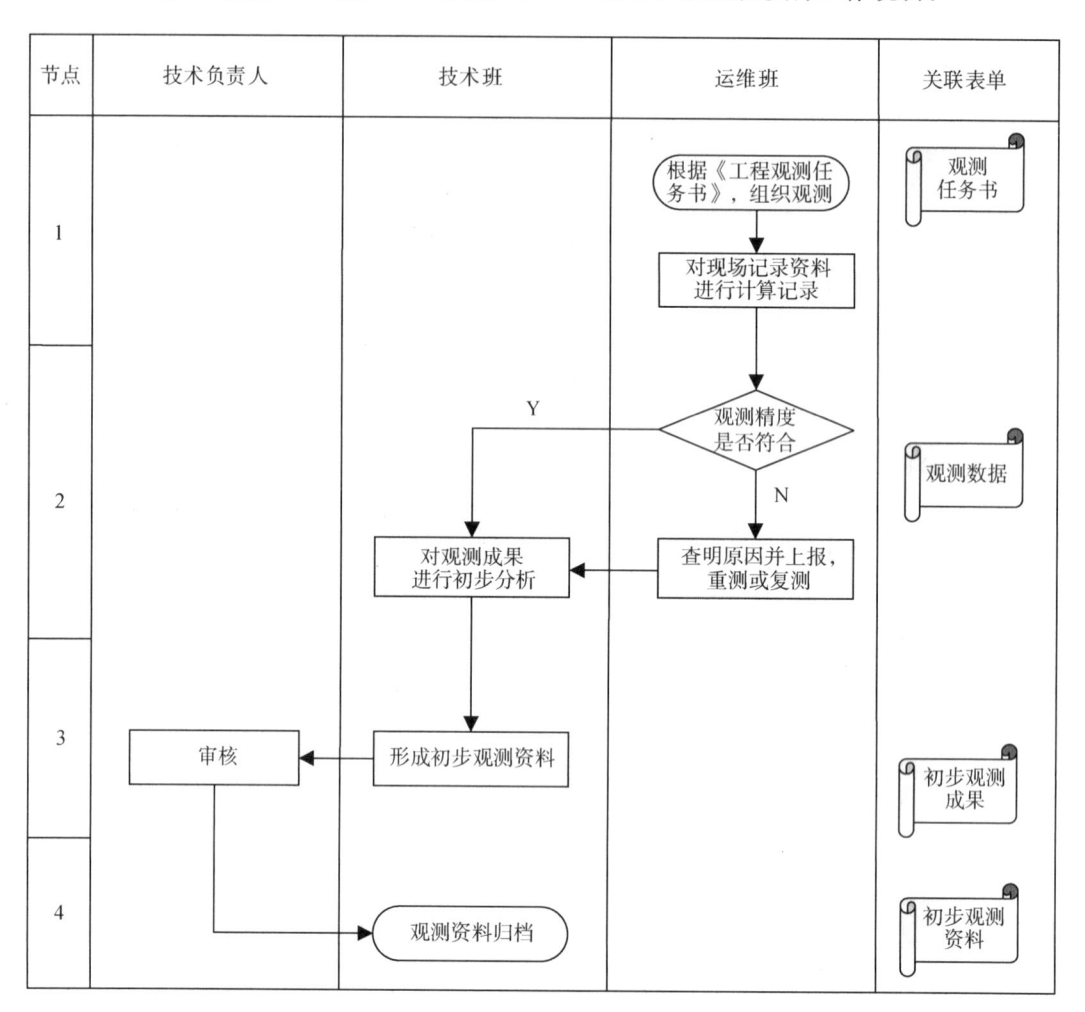

节点	技术负责人	技术班	运维班	关联表单
1			根据《工程观测任务书》,组织观测 → 对现场记录资料进行计算记录	观测任务书
2		对观测成果进行初步分析 ←Y— 观测精度是否符合 —N→ 查明原因并上报,重测或复测		观测数据
3	审核 ←	形成初步观测资料		初步观测成果
4		观测资料归档		初步观测资料

图 C.1 外业观测流程

表 C.1　外业观测流程说明

	流程节点	责任人	工作说明
1	外业观测	运维班	根据《工程观测任务书》进行测量,记录观测数据,对现场记录资料进行计算记录。
2	问题处理	运维班	发现数据异常情况,现场查明原因,处理设备等其他问题并上报技术班,及时重测或者复测。
		技术班	对观测成果进行初步分析。
3	初步观测资料	技术班	将观测成果形成初步观测资料,交技术负责人审核。
		技术负责人	审核初步观测资料。
4	资料归档	技术班	初步观测资料归档。

C.2 观测资料整编分析流程可按图 C.2 执行,表 C.2 给出了该流程执行工作说明。

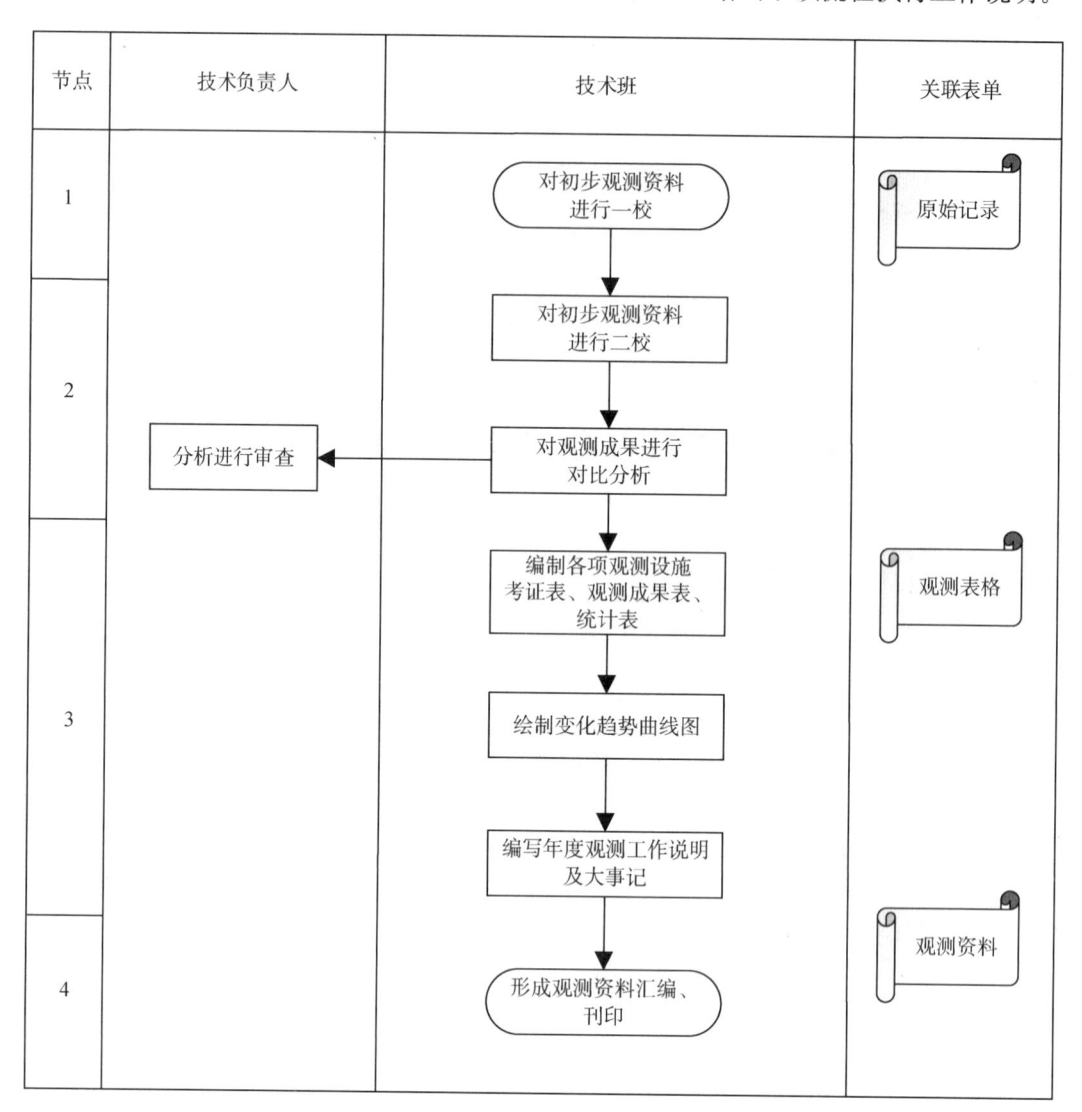

节点	技术负责人	技术班	关联表单
1		对初步观测资料进行一校	原始记录
2	分析进行审查 ←	对初步观测资料进行二校 → 对观测成果进行对比分析	
3		编制各项观测设施考证表、观测成果表、统计表 → 绘制变化趋势曲线图 → 编写年度观测工作说明及大事记	观测表格
4		形成观测资料汇编、刊印	观测资料

图 C.2 观测资料整编分析流程

表 C.2 观测资料整编分析流程说明

	流程节点	责任人	工作说明
1	资料整编	技术班	根据《工程观测任务书》测量精度,对原始记录进行检查。
2	资料整编	技术班	对初步观测资料进行二校,并对观测成果进行对比分析。
		技术负责人	对原始记录和分析进行审查。
3	资料整编	技术班	绘制各类表格、曲线,编写观测说明及大事记。
4	资料成册	技术班	形成观测资料,装订成册。

附录 D 设备管理流程

D.1 设备日常养护流程可按图 D.1 执行,表 D.1 给出了该流程执行工作说明。

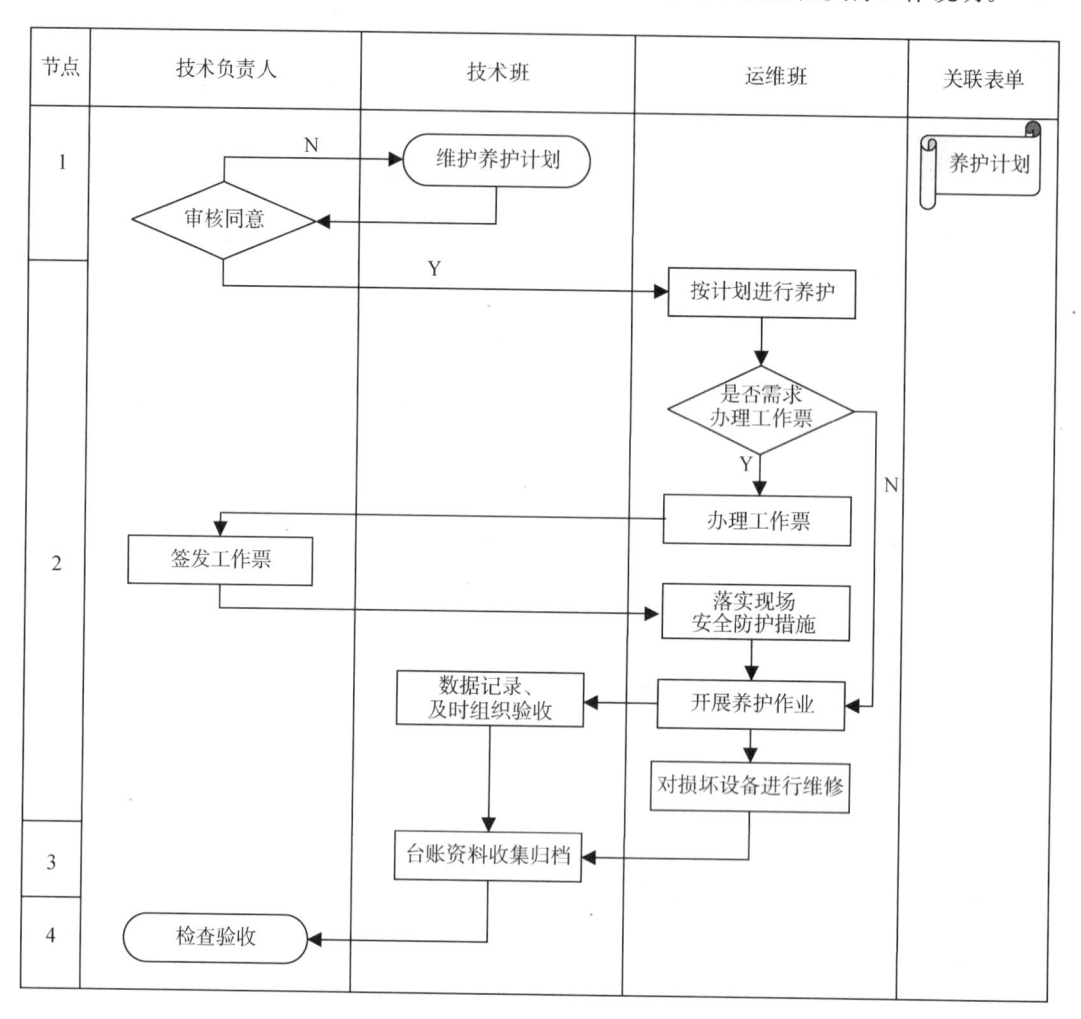

节点	技术负责人	技术班	运维班	关联表单
1	审核同意 ──N──→ 维护养护计划 │Y │			养护计划
2	签发工作票		按计划进行养护 → 是否需求办理工作票 ─Y→ 办理工作票 ─→ 落实现场安全防护措施 → 开展养护作业 → 对损坏设备进行维修	
3		数据记录、及时组织验收 → 台账资料收集归档		
4	检查验收			

图 D.1 设备日常养护流程

表 D.1 设备日常养护流程说明

	流程节点	责任人	工作说明
1	编制计划	技术班	组织编制维护养护计划。
		技术负责人	审批养护计划。
2	养护作业	运维班	准备养护所需工器具、备品备件、材料等,做好现场安全防护措施,组织开展养护工作,并做好养护工作中需要维修的工作;需要办理工作票的养护工作,办理工作票手续。
		技术班	对养护项目及时组织验收,并做好养护过程中相关数据记录
		技术负责人	对需要办理工作票的工作,做好工作票签发审核手续。
3	资料整理	技术班	填写相关养护记录,收集整理资料。
4	检查验收	技术负责人	检查验收养护工作成果。

D.2　设备评定级流程可按图 D.2 执行,表 D.2 给出了该流程执行工作说明。

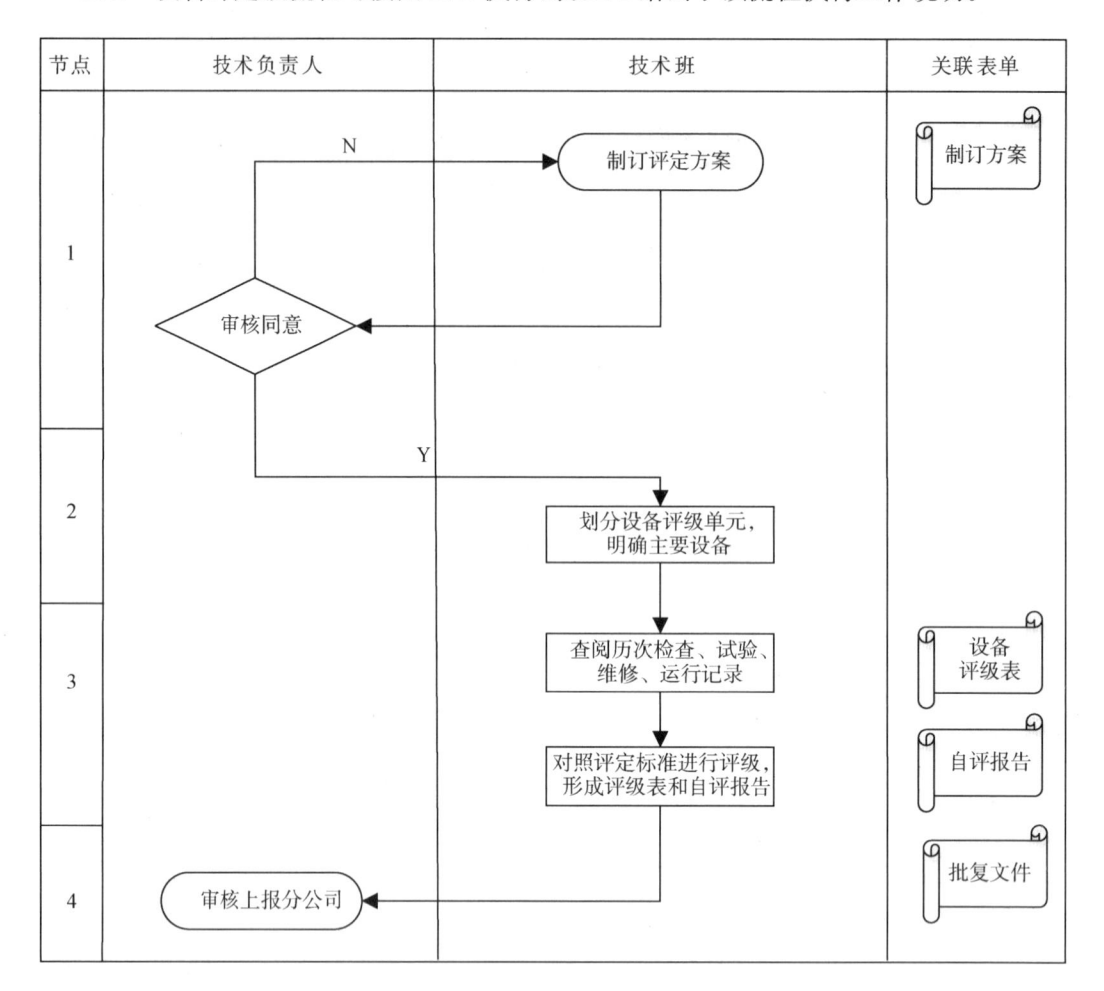

节点	技术负责人	技术班	关联表单
1	审核同意	制订评定方案	制订方案
2		划分设备评级单元,明确主要设备	
3		查阅历次检查、试验、维修、运行记录;对照评定标准进行评级,形成评级表和自评报告	设备评级表;自评报告
4	审核上报分公司		批复文件

图 D.2　设备评定级流程

表 D.2　设备评级流程说明

	流程节点	责任人	工作说明
1	编制方案	技术班	(1) 编制设备评级方案,报单位负责人审核。 (2) 设备等级评定周期为 2 年。 (3) 设备评级范围应包括闸门、启闭机、主要电气设备、辅助设备、计算机监控及视频监视系统等设备。
		技术负责人	对评级方案进行审核。
2	单元划分	技术班	(1) 技术班对照评级标准,划分设备评定单元,明确主要设备; (2) 根据《水闸技术管理规程》,评定单元主要划分为闸门、启闭机、主要电气设备、辅助设备、计算机监视系统等。
3	自评	技术班	技术班查阅历次设备检查、试验、维修、运行记录,对照相关规范进行设备评级,划分为一、二、三类,形成表单和自评报告。
4	审核上报	技术负责人	技术负责人审核自评结果,上报分公司,分公司审核批复

D.3　电气预防性试验管理流程可按图 D.3 执行,表 D.3 给出了该流程执行工作说明。

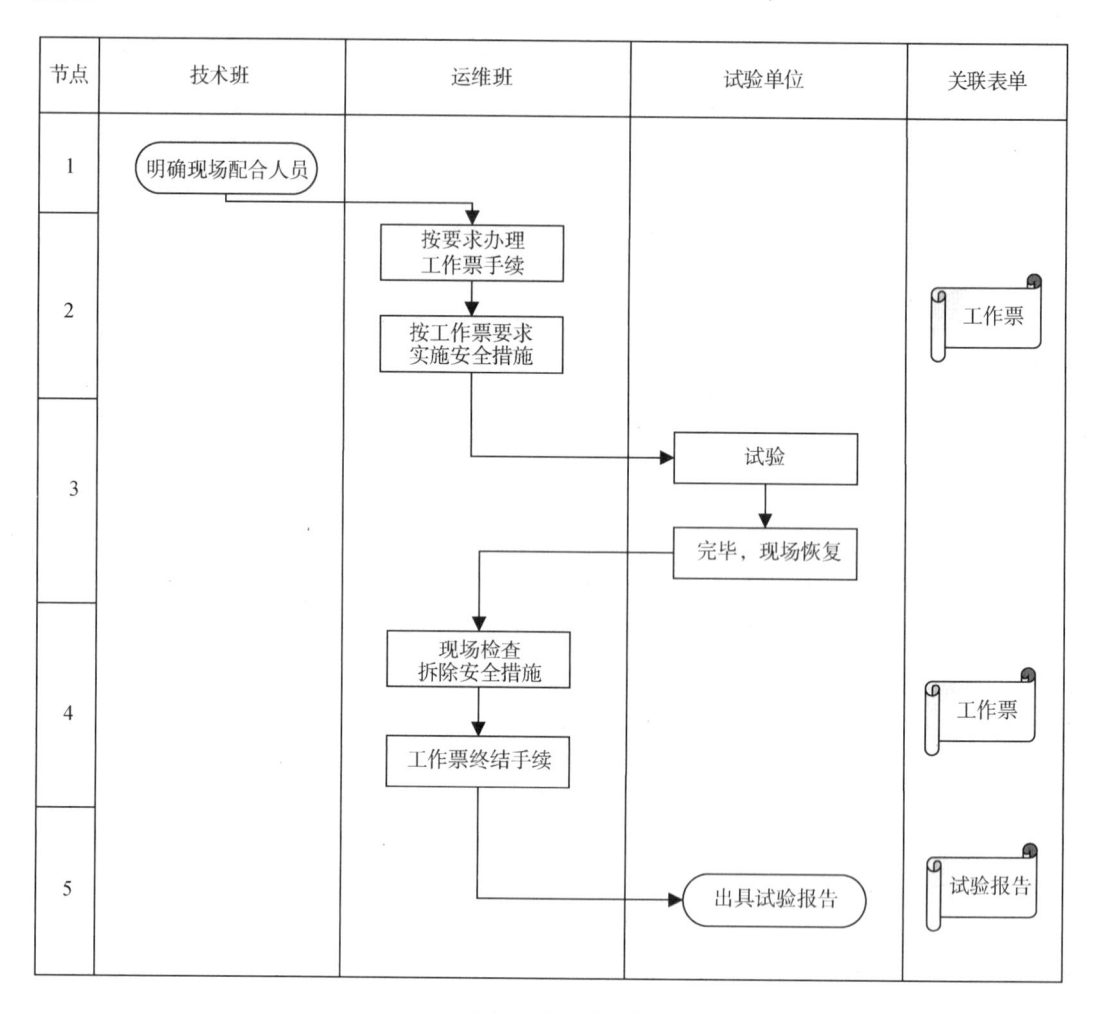

节点	技术班	运维班	试验单位	关联表单
1	明确现场配合人员			
2		按要求办理工作票手续 按工作票要求实施安全措施		工作票
3			试验 完毕,现场恢复	
4		现场检查拆除安全措施 工作票终结手续		工作票
5			出具试验报告	试验报告

图 D.3　电气预防性试验管理流程

表 D.3 电气预防性试验管理流程说明

	流程节点	责任人	工作说明
1	明确配合人员	技术班	接到试验通知后,明确现场配合班组和人员。
2	准备工作	运维班	按规范办理工作票手续,做好设备断电,落实安全措施。
3	开展试验	试验单位	试验单位按试验方案中规定的内容、项目、频次,开展试验,完毕后及时恢复现场。
4	工作终结	运维班	拆除现场安全措施,办理工作票终结手续。
5	出具报告	试验单位	试验单位在规定时间内出具试验报告。

D.4 设备缺陷管理流程可按图 D.4 执行，表 D.4 给出了该流程执行工作说明。

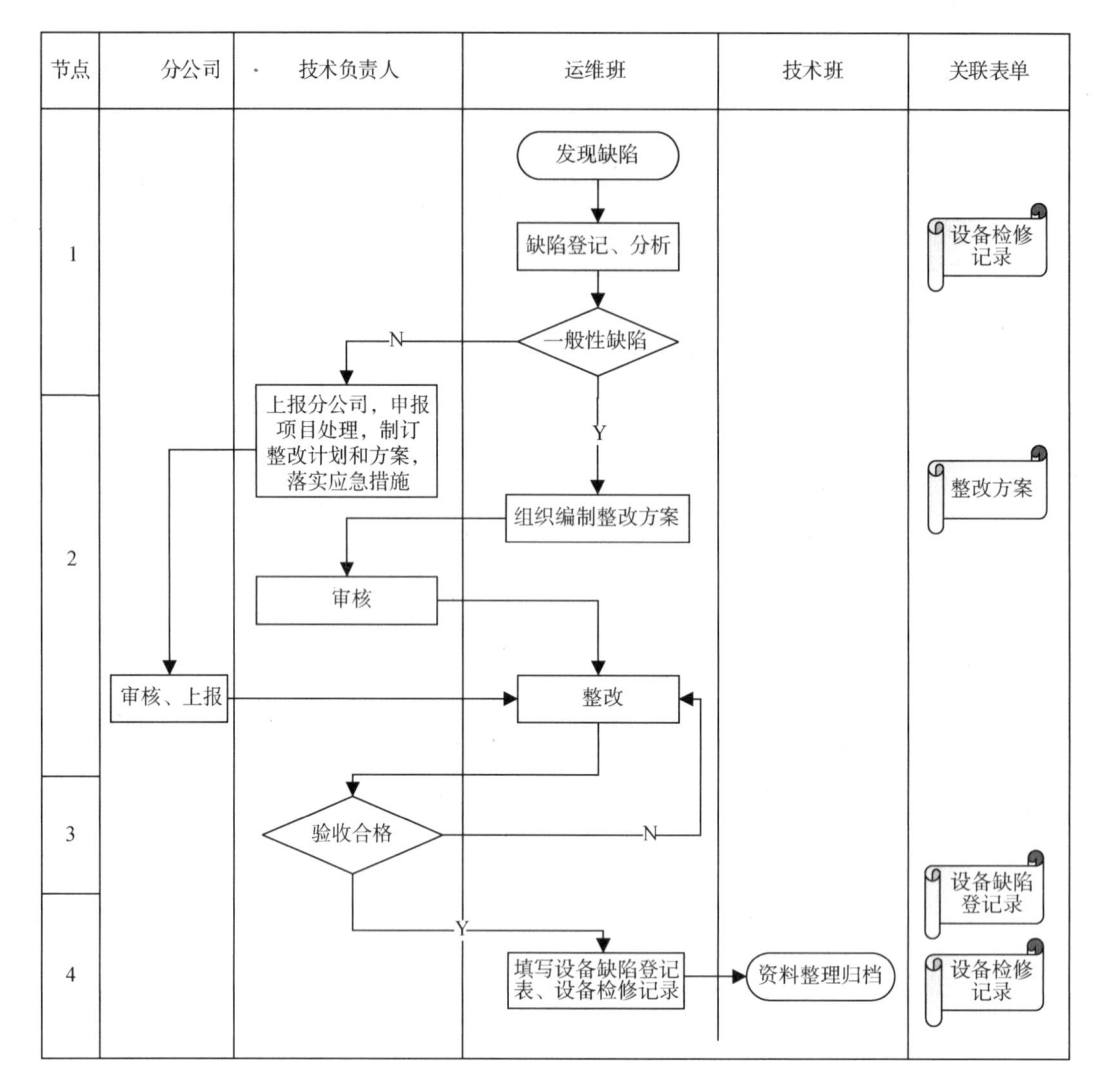

图 D.4 设备缺陷管理流程

表 D.4 设备缺陷管理流程说明

	流程节点	责任人	工作说明
1	缺陷登记	运维班	在日常管理中发现缺陷,需及时进行登记,缺陷登记包括发现人员、时间、缺陷描述等,并进行鉴定,将缺陷分为一般性缺陷、重大缺陷等。
2	缺陷整改	运维班	编制整改方案,并落实重大缺陷的应急措施。一般性缺陷的整改方案交技术负责人审核后实施整改。
		技术负责人	将重大缺陷及时上报分公司,并负责审核一般性缺陷的整改方案。
		分公司	负责审核重大缺陷的整改方案,及时向公司汇报,并组织申报维修项目整改。
3	验收	技术负责人	负责验收缺陷整改情况,重大缺陷整改效果需要由分公司或公司组织验收。
4	资料整理	运维班	验收合格后,填写设备缺陷登记表、设备检修记录。
		技术班	资料整理归档。

附录 E 维修养护流程

E.1 维修项目申报流程可按图 E.1 执行,表 E.1 给出了该流程执行工作说明。

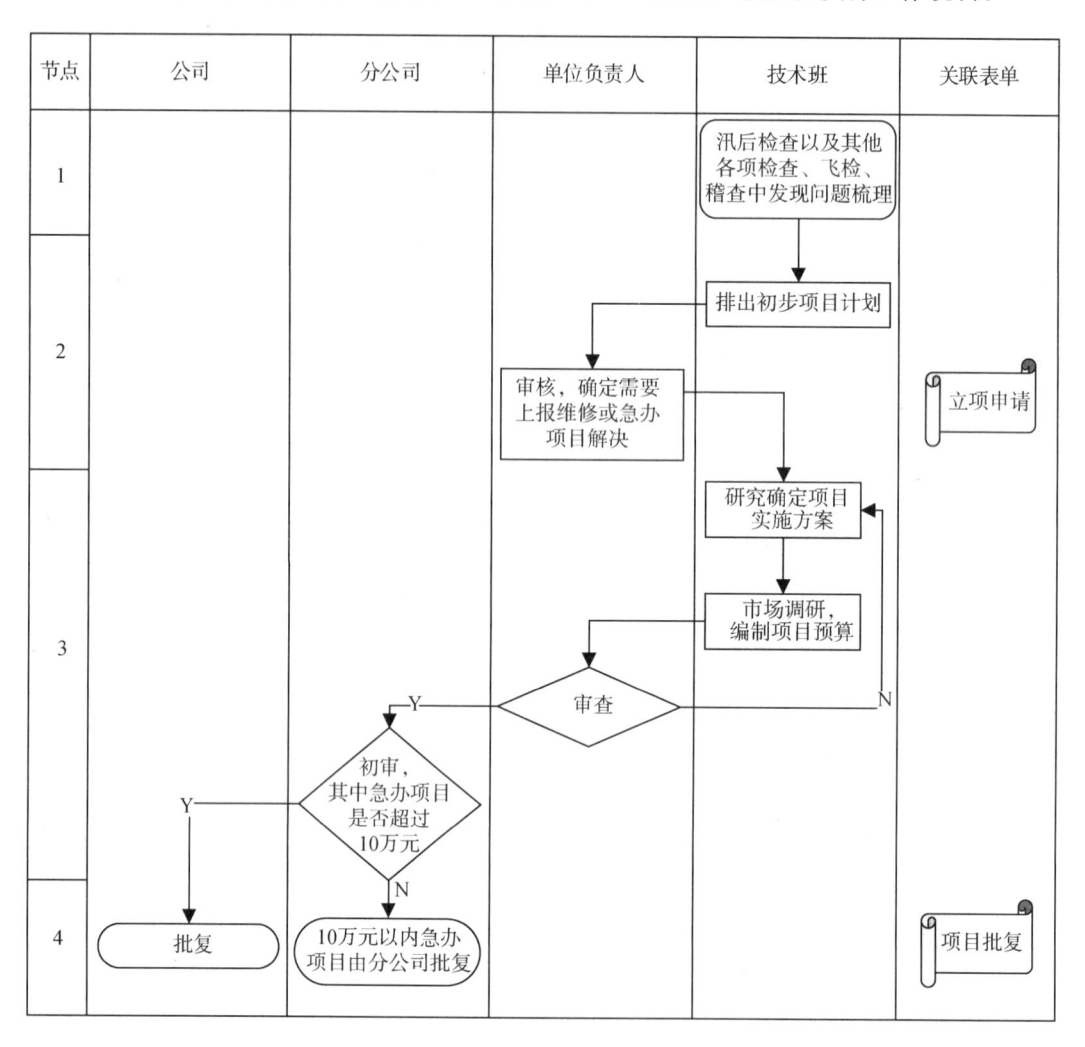

图 E.1 维修项目申报流程

表 E.1　维修项目申报流程说明

	流程节点	责任人	工作说明
1	问题梳理	技术班	(1) 每年 11 月底前,技术班根据汛后检查情况梳理工程存在问题;(维修项目) (2) 日常管理中根据工程运行、度汛以及各项检查实际情况,技术班梳理工程存在问题。(急办项目)
2	排出计划	技术班	技术班根据问题排出初步项目计划。
		单位负责人	单位负责人对初步项目计划进行审核,确定需要上报维修或急办项目解决的问题。
3	立项申请	技术班	技术班研究确定项目实施方案,其中技术难度较大或施工工艺复杂项目可以委托有相应资质的单位编制技术方案。
		技术班	技术班开展市场调研,根据定额及市场价格以及工程量,编制合理的项目预算,根据要求形成立项申请。
		单位负责人	单位负责人对立项申请进行审核,要求 11 月底前上报分公司。
4	审批立项申请	分公司	(1) 12 月底前完成维修及其他项目初审,并报公司; (2) 5 个工作日内完成 10 万元以下项目的审批和报备、10 万元以上项目的初审和上报。
		公司	(1) 次年 3 月前,公司完成维修及其他项目的批复; (2) 5 个工作日内完成 10 万元以上急办项目的批复。

E.2 维修项目实施流程可按图 E.2 执行,表 E.2 给出了该流程执行工作说明。

节点	公司	分公司	管理单位	关联表单
1			项目实施方案编制上报	
2	批复（Y）	是否属于设备大修或50万元以上维修项目 → 批复（N）		
3		是否单项合同估算价10万元以上（Y）→ 确定项目实施单位	（N）确定项目实施单位	
4			开工申请编制上报	
5	批复（Y）	对工程运用是否有重大影响 → 批复（N）		
6			组织实施	
7	审批（N）	5万元以下项目变更（Y）审批	项目有无变更（Y）→ 变更金额比例超过30%（Y）重新立项申报；（N）→ 变更项目实施 → 完成项目管理卡,准备项目验收	项目管理卡

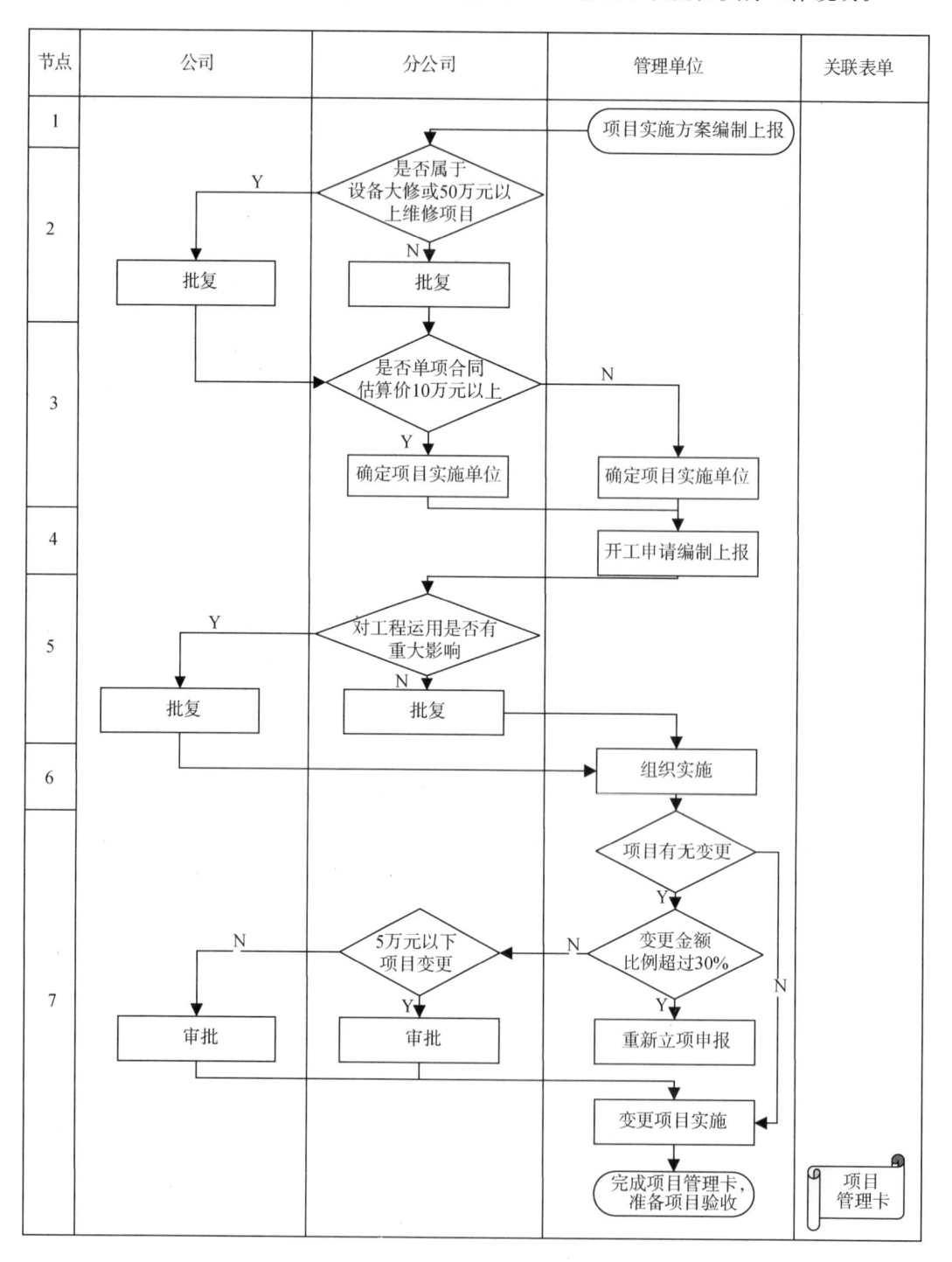

图 E.2 维修项目实施流程

表 E.2 维修项目实施流程说明

	流程节点	责任人	工作说明
1	实施方案编制	管理单位	项目下达后管理单位立即组织项目实施方案编制并上报分公司。
2	实施方案批复	分公司	分公司负责50万元以下维修项目实施计划的初审上报,负责辖区内电气预防性试验、自动化系统维护和50万元以下维修项目实施计划的审核批复。
		公司	公司负责50万元及以上维修项目实施计划的审核批复。
3	确定施工单位	分公司	(1) 公司直属中心、全资子公司和控股子公司有能力实施的项目,可优先交由其实施。 (2) 确定单项合同估算价10万元及以上的维修项目实施单位。
		管理单位	确定单项合同估算价在10万元以下的维修项目实施单位。
4	开工申请编制、上报	管理单位	开工必须具备四项条件:项目实施方案已批复、工程实施合同已签订、施工组织设计及图纸已完备、合同工期内工程运行应急措施已确定。工程具备开工条件后向分公司递交开工申请,并附开工准备情况报告和采购施工合同等。
5	开工申请批复	分公司	批准后实施,对工程的运用有重大影响的维修项目报公司备案。
		公司	对工程运用有重大影响的维修项目进行备案。
6	项目施工	管理单位	管理单位应加强质量管理。参照《江苏省水利工程施工质量检验与评定规范》等相关验收标准进行质量检验,现场管理单位应督促实施单位进行质量自评,填写质量检验记录表。
7	变更及实施	管理单位	(1) 如遇特殊情况确需变更内容或调整资金的,要严格履行报批手续。 (2) 项目变更金额比例在30%以内的允许变更,管理单位报分公司;超过30%的,重新进行立项申报。 (3) 项目变更审批后及时组织实施。
		分公司	(1) 负责审批5万元以下项目的变更。 (2) 负责5万元以上项目变更的初审,并上报公司审批。
		公司	负责审批5万元及以上项目的变更。

E.3　维修项目验收流程可按图 E.3 执行,表 E.3 给出了该流程执行工作说明。

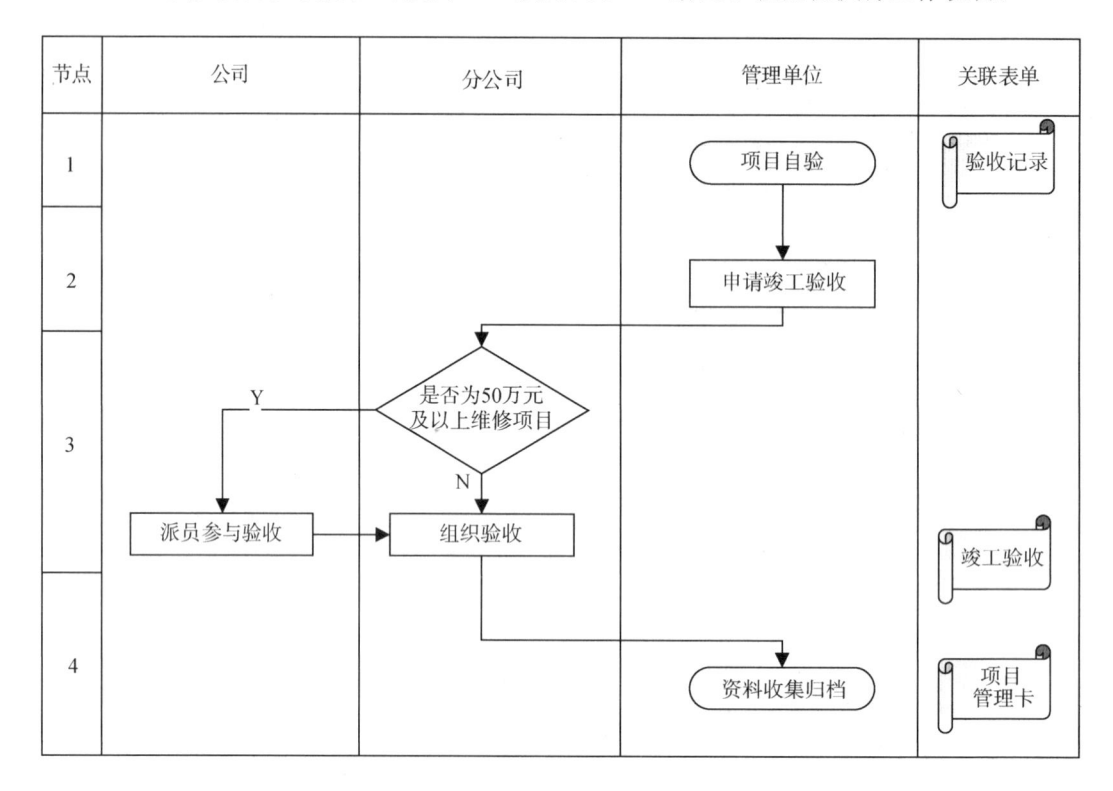

节点	公司	分公司	管理单位	关联表单
1			项目自验	验收记录
2			申请竣工验收	
3		Y ← 是否为50万元及以上维修项目 N		
	派员参与验收 →	组织验收		竣工验收
4			资料收集归档	项目管理卡

图 E.3　维修项目验收流程

表 E.3 维修项目验收流程说明

	流程节点	责任人	工作说明
1	项目自验	管理单位	(1) 管理单位及时组织对隐蔽工程以及关键工序进行阶段验收。 (2) 项目完工后,管理单位组织进行自验,对完工工程量进行计量,评定工程质量等级。
2	申请竣工验收	管理单位	(1) 维修养护项目应符合验收要求:项目按计划完成;现场管理单位自验合格,进行质量检测的项目,质量检测标准达到合格以上;维修养护技术及档案资料的整理、归档工作已完成;项目验收卡已按要求填写。 (2) 报送分公司申请竣工验收。
3	项目验收	分公司	(1) 年度维修项目验收于次年 4 月底前完成。 (2) 组织项目验收,50 万元及以上维修项目验收报送公司,邀请公司派员参与。
		公司	派员参与 50 万元及以上维修项目验收。
4	资料归档	管理单位	及时收集整理归档。

E.4　养护项目实施流程可按图 E.4 执行,表 E.4 给出了该流程执行工作说明。

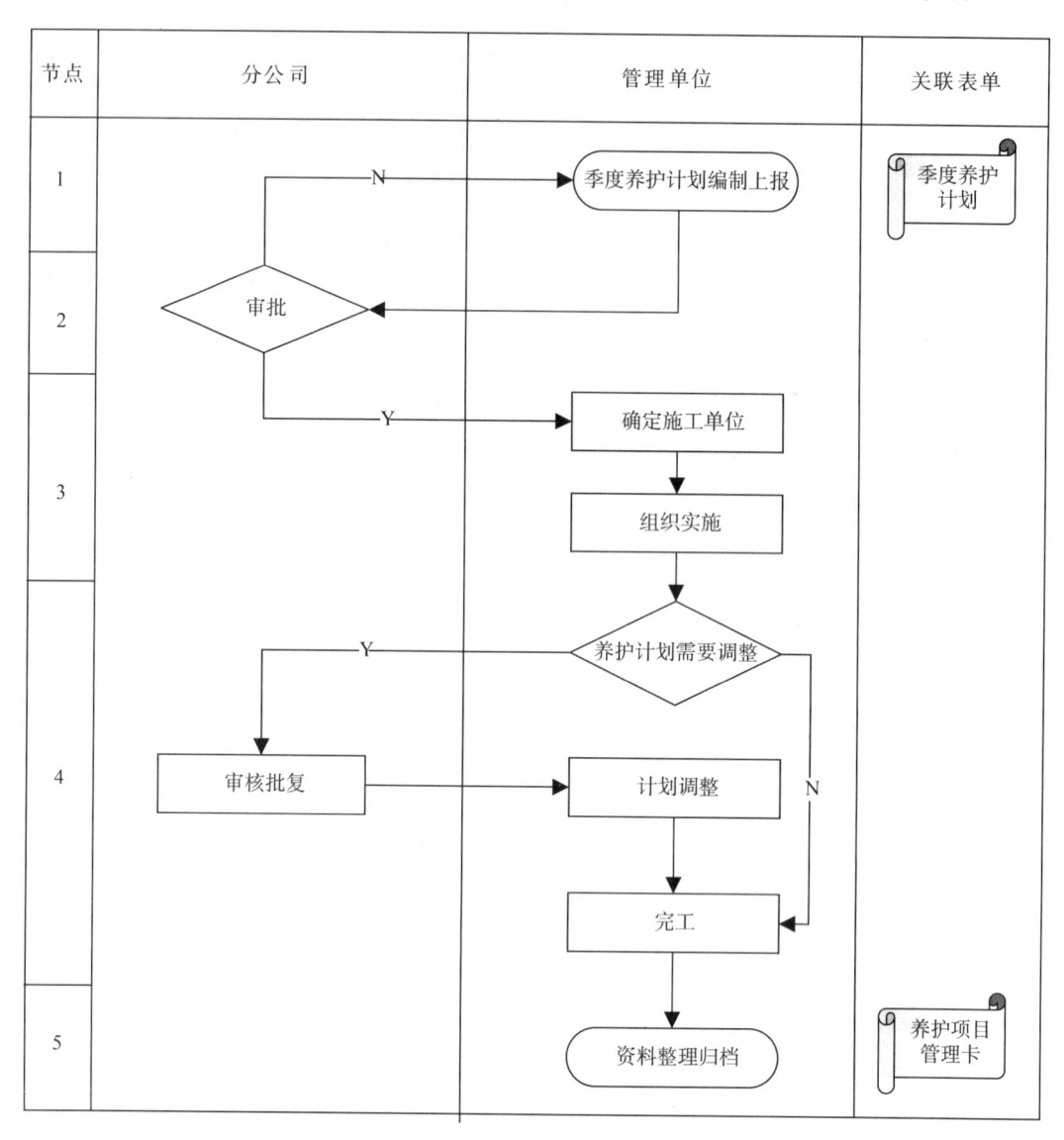

节点	分公司	管理单位	关联表单
1		季度养护计划编制上报	季度养护计划
2	审批		
3		确定施工单位 → 组织实施	
4	审核批复	养护计划需要调整 → 计划调整 → 完工	
5		资料整理归档	养护项目管理卡

图 E.4　养护项目实施流程

表 E.4 养护项目实施流程说明

	流程节点	责任人	工作说明
1	季度养护计划编制	管理单位	在前一季度最后一个月20日之前编制完成并上报分公司。
2	养护计划批复	分公司	在前一季度最后一个月30日前完成养护计划审核批复。
3	组织实施	管理单位	参照维修项目进行采购,确定施工单位,组织实施。加强安全管理、进度管理、质量管理。
4	养护计划调整	管理单位	养护计划如需要调整,管理单位应上报分公司审核批准后进行调整,如有必要,重新申报养护计划。
		分公司	对调整后的养护计划进行审核批复。
5	项目管理卡	管理单位	养护工作完工后,收集项目实施资料,整理归档,编制养护项目管理卡。

E.5 养护项目验收流程可按图 E.5 执行,表 E.5 给出了该流程执行工作说明。

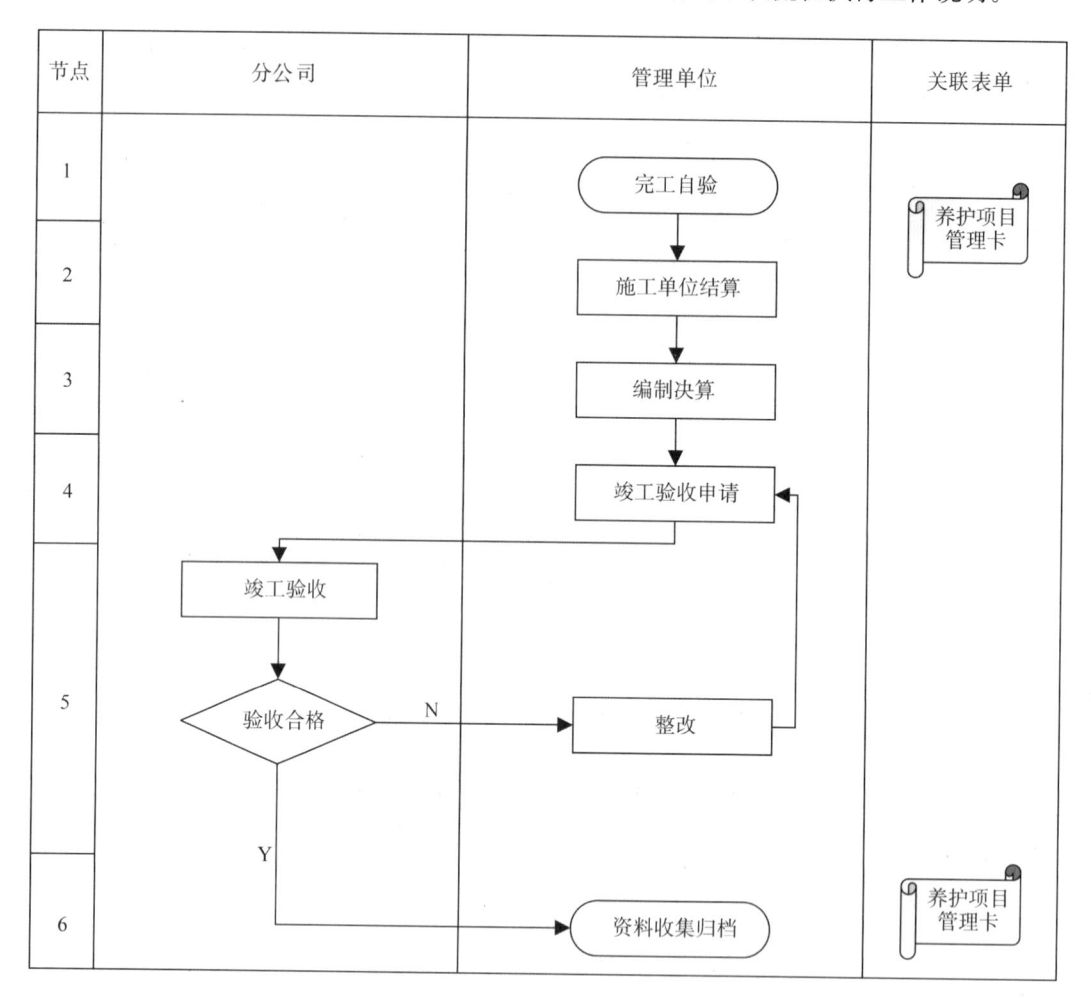

节点	分公司	管理单位	关联表单
1		完工自验	养护项目管理卡
2		施工单位结算	
3		编制决算	
4		竣工验收申请	
5	竣工验收 / 验收合格 N→	整改	
6	Y↓	资料收集归档	养护项目管理卡

图 E.5 养护项目验收流程

表 E.5 养护项目验收流程说明

	流程节点	责任人	工作说明
1	完工自验	管理单位	项目完工后,管理单位组织进行自验,对完工工程量进行计量,评定工程质量等级。
2	结算	施工单位、管理单位	施工单位提出结算申请,提供相应的价款结算手续及合法票据,填写结算单,报管理单位审核批准后,办理结算手续。
3	决算	管理单位	管理单位根据财务规范要求编制养护项目决算。
4	竣工验收申请	管理单位	管理单位向分公司提交竣工验收申请。
5	竣工验收	管理单位	对于竣工验收发现的问题,管理单位及时组织整改。
		分公司	项目竣工验收由分公司组织进行,应于次年4月底前完成。
6	资料归档	管理单位	管理单位将项目管理资料及时收集整理归档。

附录 F 安全管理流程

F.1 年度安全工作计划制订与审批流程可按图 F.1 执行,表 F.1 给出了该流程执行工作说明。

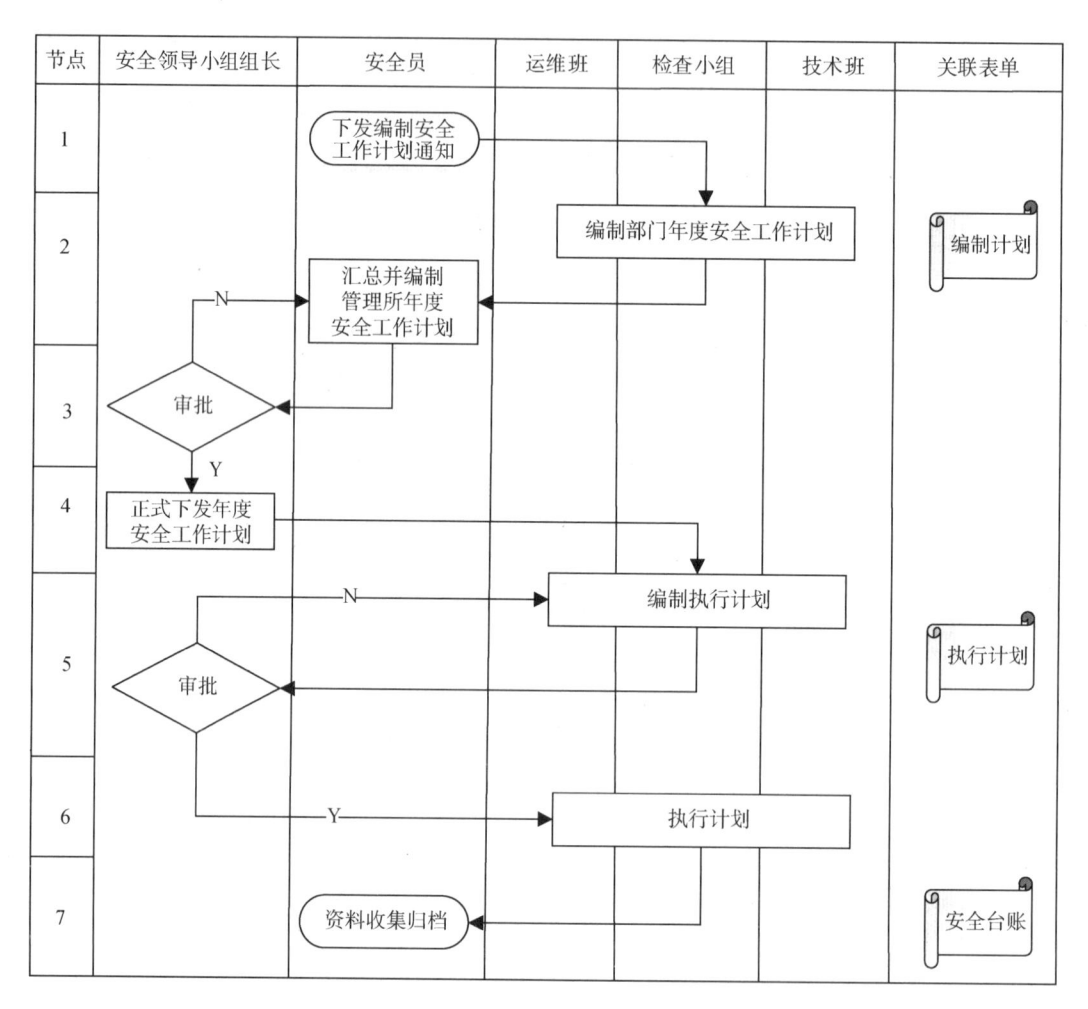

图 F.1 年度安全工作计划制定与审批流程

表 F.1 年度安全工作计划制订与审批流程说明

	流程节点	责任人	工作说明
1	编制年度安全工作计划	安全员	每年 11 月,由管理单位安全员下发编制下年度安全工作计划的通知。安全工作计划内容包括: (1) 制定年度安全生产目标。 (2) 制定主要工作任务,包括安全生产文化建设、落实安全生产责任制、隐患排查治理、应急预案演练、安全度汛、安全教育培训等。
2	编制年度安全工作计划	技术班	按安全需求编制本部门年度安全工作计划。
		运维班	按安全需求编制本部门年度安全工作计划。
		检查小组	按安全需求编制本部门年度安全工作计划。
		安全员	汇总各部门年度安全工作计划,编制管理单位年度安全工作计划。
3	年度安全工作计划审批	安全领导小组组长	审查管理单位年度安全工作计划并批复,提出安全要求。
4	正式下发年度安全工作计划	安全领导小组组长	下发年度安全工作计划。
5	编制部门执行计划、审批	技术班	按年度安全工作计划编制本部门执行计划。
		运维班	按年度安全工作计划编制本部门执行计划。
		检查小组	按年度安全工作计划编制本部门执行计划。
		安全领导小组组长	各班组执行计划审批。
6	按批复计划执行	技术班	按批复变更后的年度安全工作计划按时保质执行。
		运维班	按批复变更后的年度安全工作计划按时保质执行。
		检查小组	按批复变更后的年度安全工作计划按时保质执行。
7	按计划开展工作,做好安全工作台账	安全员	安全领导小组按年度安全工作计划开展安全工作,并做好安全工作台账记录,及时归档。

F.2 安全会议管理流程可按图 F.2 执行,表 F.2 给出了该流程执行工作说明。

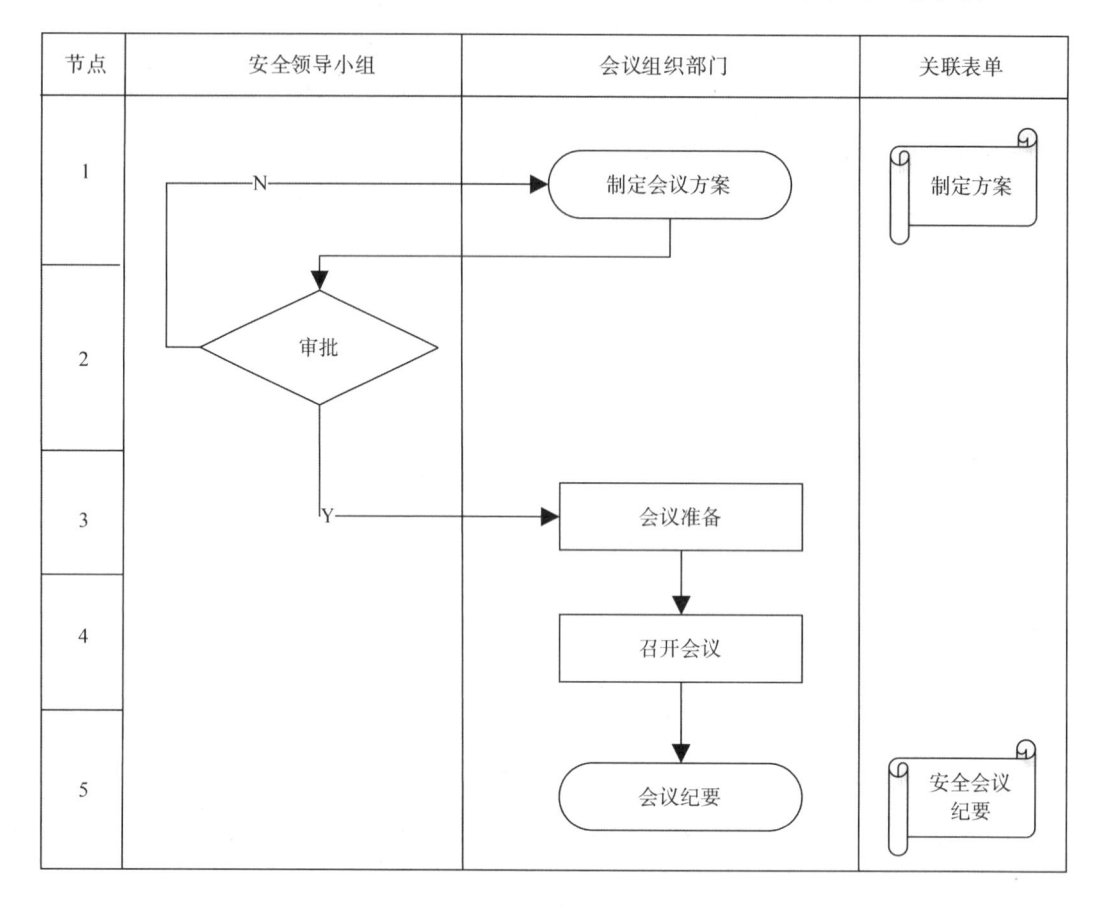

节点	安全领导小组	会议组织部门	关联表单
1	←—N—	制定会议方案	制定方案
2	审批		
3	Y→	会议准备	
4		召开会议	
5		会议纪要	安全会议纪要

图 F.2 安全会议管理流程

表 F.2　安全会议管理流程说明

	流程节点	责任人	工作说明
1	编制会议方案	会议组织部门	(1) 分公司安全生产例会每季度召开 1 次,管理单位安全生产例会每月召开 1 次。 (2) 分公司安全生产例会内容:集中学习新的安全生产法规、条例,总结前期安全工作,安排下期安全工作任务,上级主管部门的指示传达,重大事故案例分析等。 (3) 管理单位安全生产例会内容:集中学习新的安全生产法规、条例、分公司规章制度,总结管理单位、班组前期安全工作,安排下期管理单位、班组安全工作任务,分公司最新指示,事故案例分析等。
2	审批会议方案	安全领导小组	安全领导小组及时对安全会议方案进行审核批复。
3	会议准备	会议组织部门	做好会议会场、设备的准备工作。
4	召开会议	会议组织部门	按会议方案的时间、地点按时召开会议。
5	会议纪要	会议组织部门	安全会议结束后,及时拟定安全会议纪要并发文、存档。

F.3 安全生产教育培训管理流程可按图 F.3 执行,表 F.3 给出了该流程执行工作说明。

节点	管理单位	安全领导小组	安全员	技术班	运维班	关联表单
1			下发编制年度安全培训工作计划通知			培训计划
2			汇总并编制管理单位年度安全培训工作计划	编制部门年度安全培训工作计划通知	编制部门年度安全培训工作计划通知	
3		审批 (N/Y)				
4			正式下发年度安全培训工作计划			
5				执行计划	执行计划	
6	检查培训结果					安全培训记录
7	资料收集归档					安全培训记录

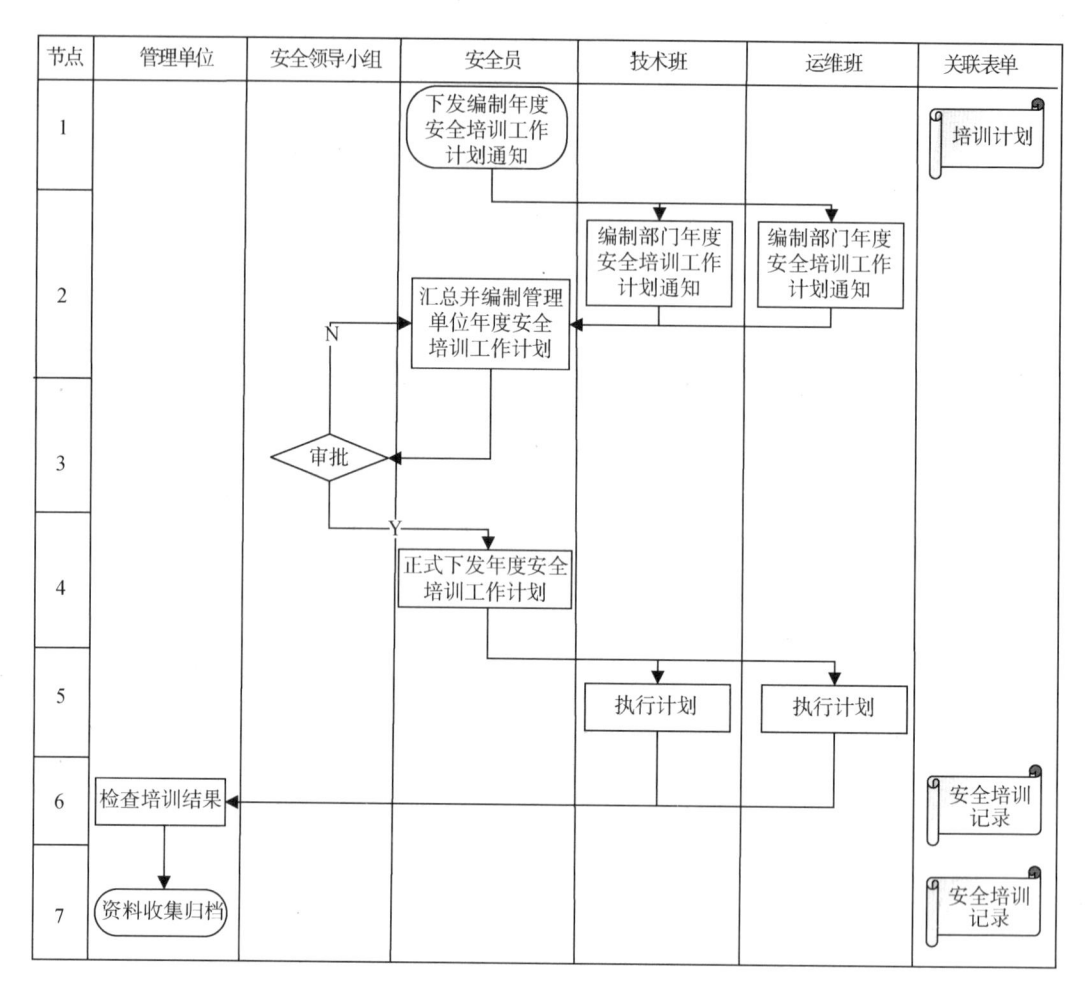

图 F.3 安全生产教育培训管理流程

表 F.3 安全生产教育培训管理流程说明

	流程节点	责任人	工作说明
1	下发编制年度安全培训工作计划通知	安全员	每年12月,由管理单位安全员下发编制下年度安全培训工作计划的通知。安全培训工作计划内容包括: (1) 安全技术教育包括生产技术知识、安全技术知识和专业安全技术知识,涵盖政治思想、职业道德、劳动纪律、安全法规、法律意识、敬业精神、事故案例等方面。 (2) 培训人员包括正式员工、特种作业人员等。新入职人员、转岗人员必须经过三级教育培训合格后才可上岗。合同制工人和临时用工人员也需接受岗前安全教育培训。所有人员考核不通过不允许上岗。 (3) 确定安全教育的培训、地点、内容及考核方式等信息。
2	编制年度安全培训工作计划	技术班	按培训需求编制本部门年度安全培训工作计划。
		运维班	按培训需求编制本部门年度安全培训工作计划。
		安全员	汇总各部门年度安全培训工作计划,并编制管理单位安全培训工作计划。
3	审批年度安全培训工作计划	安全领导小组	审核年度安全培训工作计划并批复。
4	下发年度安全培训工作计划通知	安全员	正式行文,下发年度安全培训工作计划的通知。
5	执行计划并考核	技术班	按计划认真执行培训计划,并做好考核工作。
		运维班	按计划认真执行培训计划,并做好考核工作。
6	检查培训效果	管理单位	通过各种考核形式,对培训效果进行检查,考核形式包含并不限于闭卷考试、问题解答、实际操作、模拟演练等。
7	收集培训资料并归档	管理单位	公布考核结果,通知未考核通过的员工继续参加安全教育培训,直至合格;未合格前,禁止上岗工作。收集培训和考核相关资料,并整理归档。

F.4 安全检查流程可按图F.4执行,表F.4给出了该流程执行工作说明。

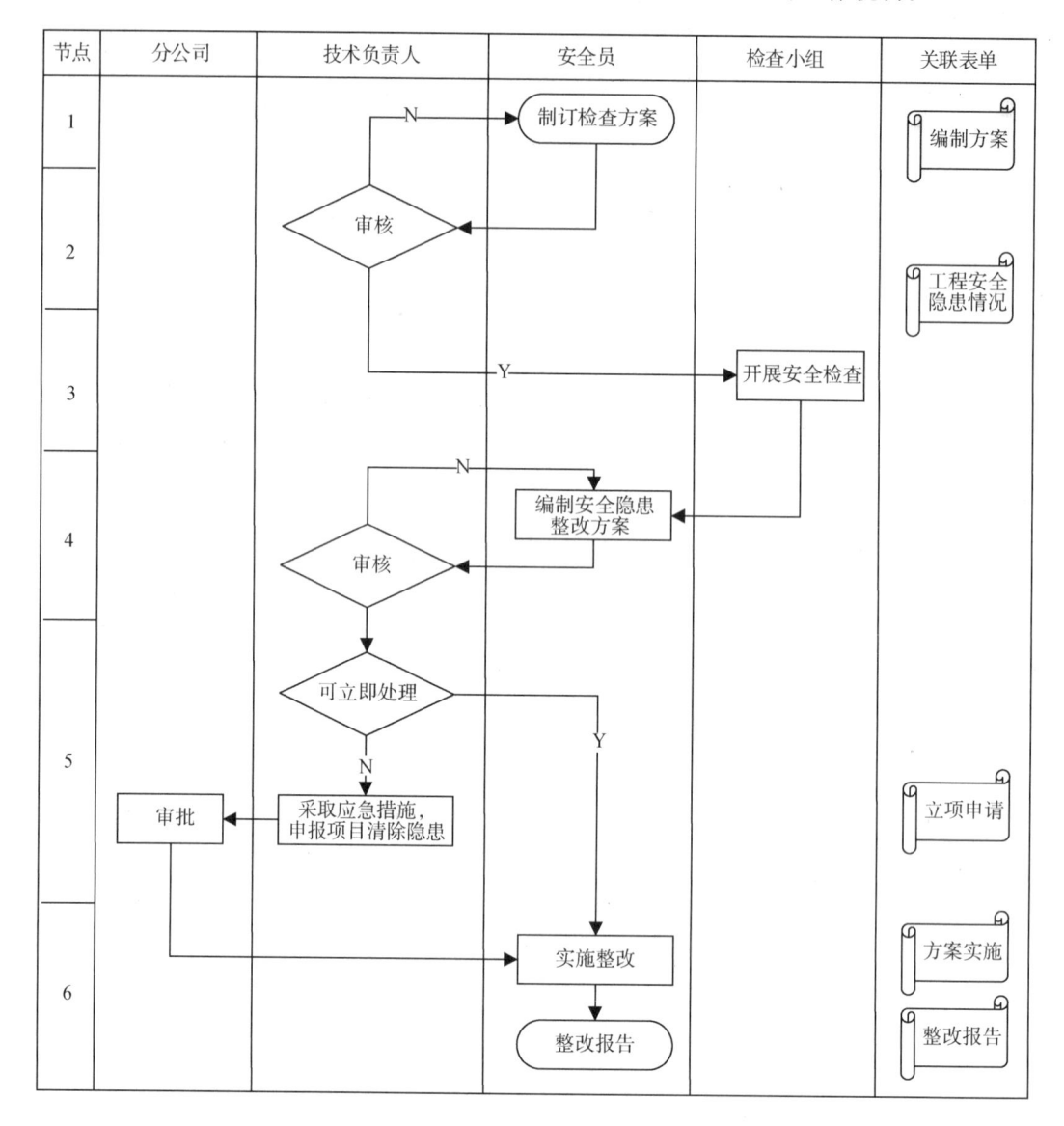

图 F.4 安全检查流程

表 F.4 安全检查流程说明

	流程节点	责任人	工作说明
1	组织编制检查方案	安全员	根据检查计划和内容,制定检查方案内容: (1)"两票三制"等各项安全操作规程的执行情况及上级有关安全生产工作会议、布置和要求的贯彻落实情况。 (2)安全生产责任制签订、年度安全生产工作目标及落实情况,安全生产制度和操作规程的制定、完善和落实情况。 (3)安全生产组织架构建设及兼职安全生产管理人员配备情况。 (4)劳动防护用品配备、使用情况。 (5)安全生产主要单位负责人、安全员、特种作业人员及职工培训教育、持证上岗情况。 (6)安全生产事故应急救援预案的制订和演练情况。 (7)安全投入落实情况、安全设备维护落实情况。 (8)安全台账记录情况。
2	方案审核	技术负责人	对编制的检查方案进行审核。
3	实施安全检查	检查小组	根据检查方案,合理分工开展检查。检查发现的隐患及时进行记录、定级、出具检查报告。
4	编制整改方案	安全员	编制安全隐患整改方案,包括费用、实施单位、内容、时间、预期效果等。
		技术负责人	安全隐患整改方案审核。
5	项目立项申请、批复	技术负责人	(1)可立即整改的,由管理单位及时自行组织整改解决。 (2)不可立即整改,需立项申请资金的项目,由管理单位编制项目立项申请和整改方案。
		分公司	分公司审核、批复整改方案和项目立项申请。
6	实施整改	安全员	实施整改,加强安全管理、进度管理、质量管理,形成整改报告。

F.5 消防器材管理流程可按图 F.5 执行,表 F.5 给出了该流程执行工作说明。

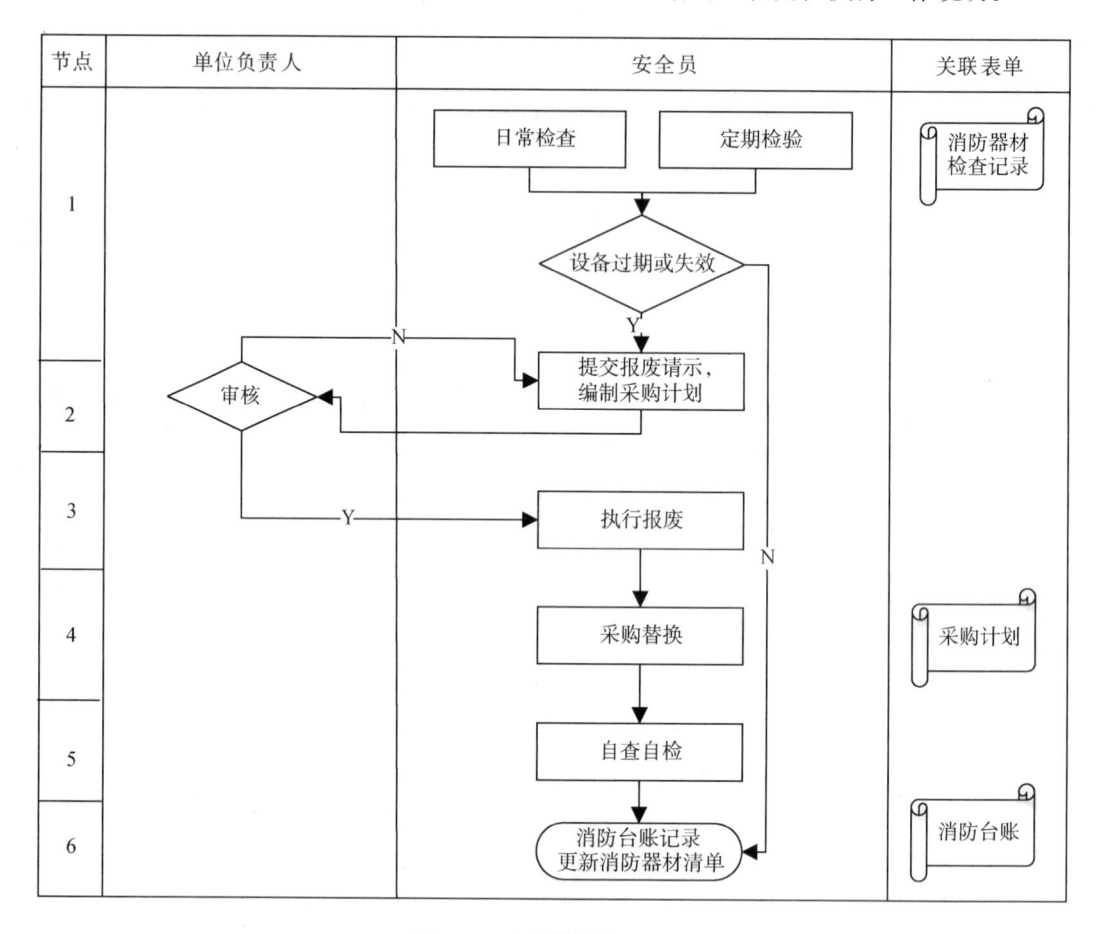

节点	单位负责人	安全员	关联表单
1		日常检查 / 定期检验 → 设备过期或失效	消防器材检查记录
2	审核	←N— 提交报废请示,编制采购计划	
3	—Y→	执行报废	
4		采购替换	采购计划
5		自查自检	
6		消防台账记录 更新消防器材清单	消防台账

图 F.5 消防器材管理流程

表 F.5 消防器材管理流程说明

	流程节点	责任人	工作说明
1	日常检查	安全员	(1) 每月进行1次检查,检查罐体是否破损,压力是否正常,铅封和保险销是否完好;消防栓是否完好,有无生锈、漏水现象;接口垫圈、卷盘、水枪、水带是否损坏,阀门、卷盘转动是否灵活。 (2) 消防器材按规范合理布置,不得随意动用、移动。 (3) 不得故意损坏消防器材,否则按相关法律条款处理,并照价赔偿。
	定期检验	安全员	每年进行消防栓放水检查,以确保火灾发生时能及时打开放水。
2	采购计划的制订、批复和报废请示	安全员	(1) 根据所需更换的消防器材类别、数量、规格等要求,制订详尽的采购计划和经费预算,筛选有资质的商家。 (2) 提交消防器材报废请示,详细介绍更换原因和更换的消防器材类别、数量等情况,并制订详细的报废方案。
		单位负责人	审核、批复采购计划和报废请示(具体见项目管理流程)。
3	执行报废	安全员	按报废方案及时对过期或失效的消防器材进行报废,报废方式需科学、安全、合理。
4	采购替换	安全员	按采购计划从有资质的商家购买消防器材,到位后立即更换报废的消防器材。
5	自查自验	安全员	更换完成后,及时组织对更换的消防器材进行自检。
6	更新消防器材管理清单	安全员	检查合格后,做好管理台账记录,及时更新消防器材清单。

F.6 突发事件应急处理流程可按图 F.6 执行,表 F.6 给出了该流程执行工作说明。

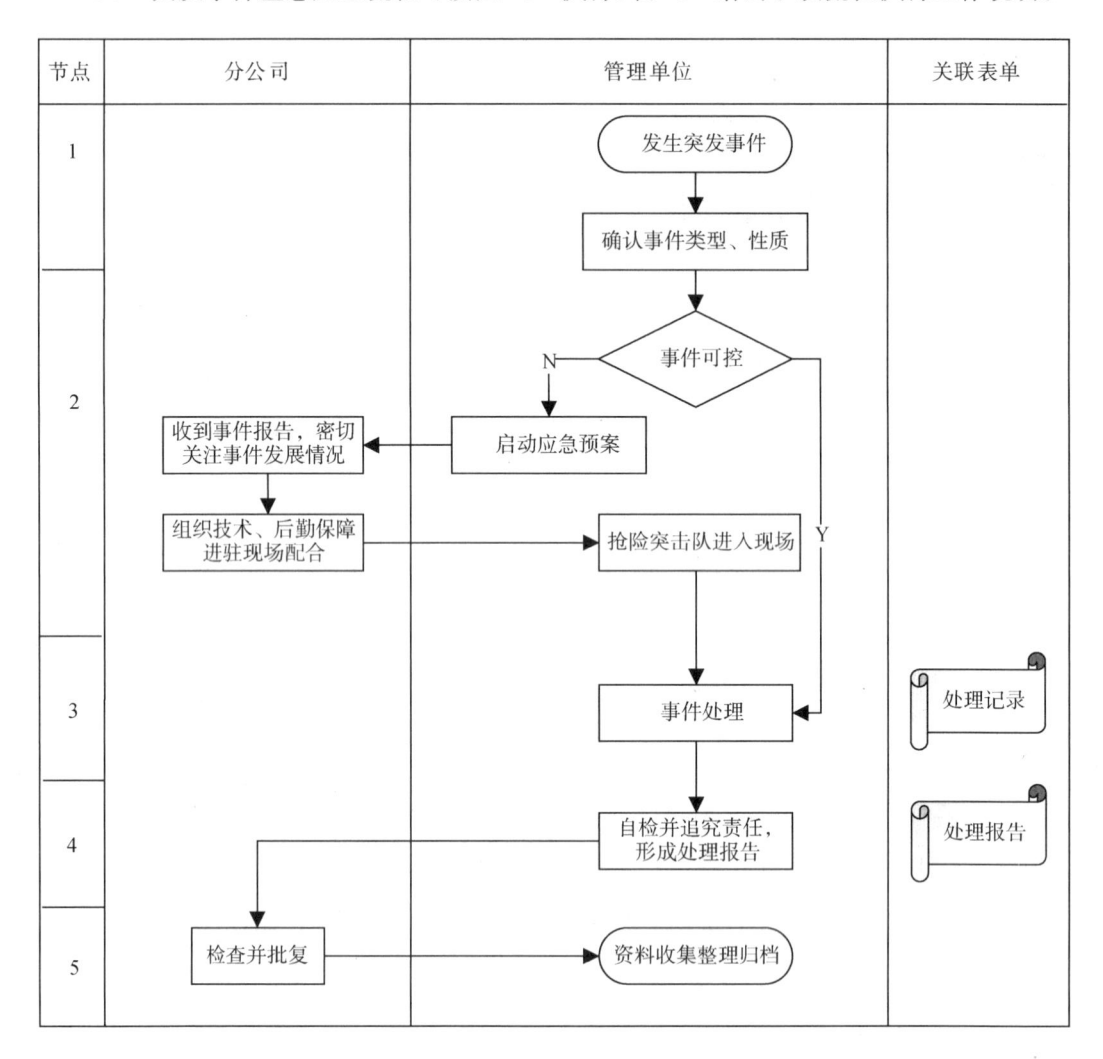

图 F.6 突发事件应急处理流程

表 F.6　突发事件应急处理流程说明

	流程节点	责任人	工作说明
1	判定事件类型、性质	管理单位	（1）发现突发事件后,巡视人员立即确认事件类型,做好第一现场影像、监测数据、记录等收集;并立即向单位负责人汇报情况。 （2）单位负责人收到消息后,立即赶至现场进行处理,并及时向分公司汇报处理情况。
2	判定事件可控性,抢险人员进场	管理单位	由单位负责人现场了解情况后,确认事件是否在管理单位可控范围内,如可控,立即组织人员处理;如不可控,立即向分公司汇报情况,启动应急预案,派遣抢险突击队现场采取措施,限制事故发展、扩大。
		分公司	接到突发事件不可控的报告后,安全领导小组立即组织技术支持和后勤保障,并派员进入现场,配合抢险突击队工作。
3	处理突发事件	管理单位	根据应急预案和现场实际情况,抢险人员采取正确、及时的措施将突发事件处理完善。
4	事后追责	管理单位	事件处理完成后,现场管理单位及时对事件发生原因、应急处理过程进行详细的调查,形成处理报告。
5	组织验收	分公司	收到管理单位处理报告后,有需要的情况下,及时组织专家、人员成立检查小组进行检查。
		管理单位	突发事件应急处理相关资料及时收集整理归档。

F.7 防汛、反事故预案演练流程可按图 F.7 执行,表 F.7 给出了该流程执行工作说明。

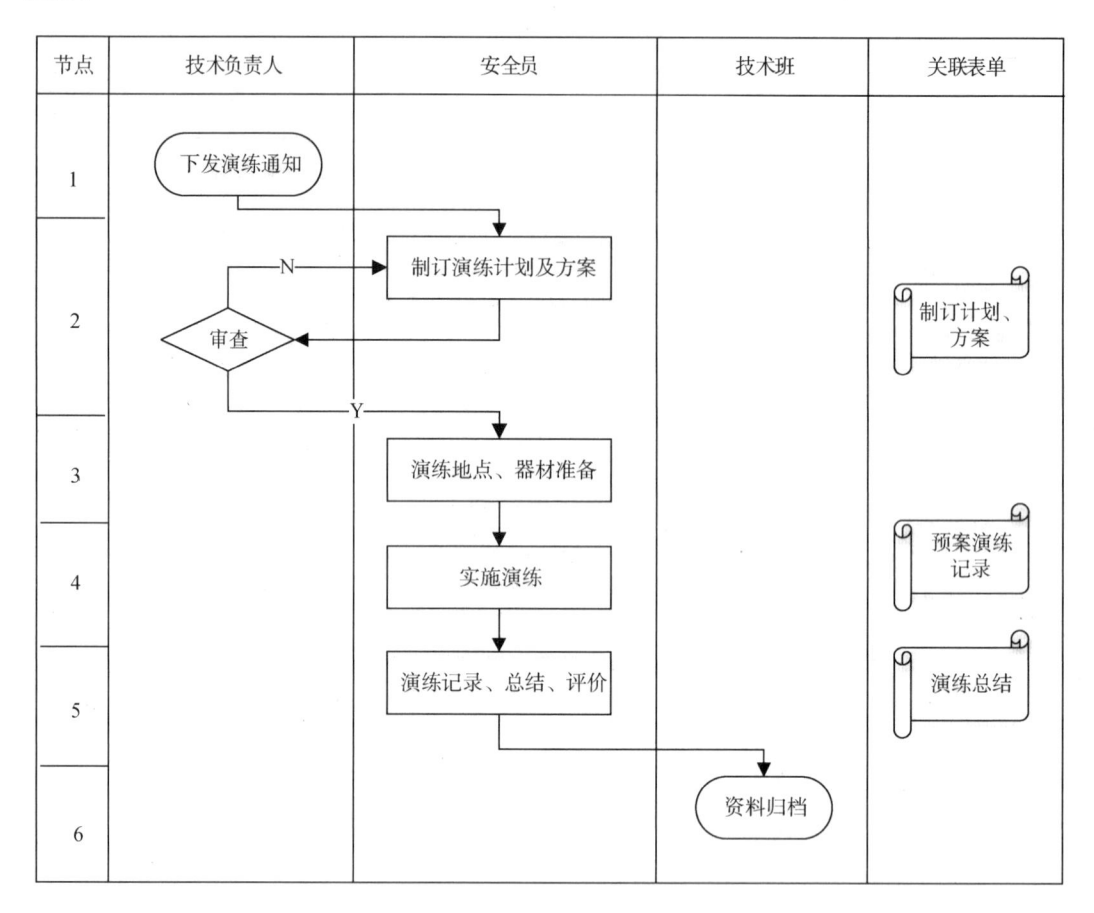

节点	技术负责人	安全员	技术班	关联表单
1		下发演练通知		
2	审查（N/Y）	制订演练计划及方案		制订计划、方案
3		演练地点、器材准备		
4		实施演练		预案演练记录
5		演练记录、总结、评价		演练总结
6			资料归档	

图 F.7 防汛、反事故预案演练流程

表 F.7 防汛、反事故预案演练流程

	流程节点	责任人	工作说明
1	下发演练通知	技术负责人	根据年度工作计划,下发演练通知。
2	编制演练计划及方案	安全员	(1) 编制年度防汛、反事故预案演练计划:防汛演练每年不少于1次,在汛前完成;反事故演练每年不少于1次。 (2) 根据演练计划和要求,根据方案内容制订演练方案,内容包括演练人员、事件、地点、项目等。
		技术负责人	对安全演练方案进行审查。
3	演练准备	安全员	按演练方案内容,为演练挑选合适地点和相关工器具。
4	实施演练	安全员	按演练方案及时进行演练,情景假设要求合理、完整,对参与人员严格要求。
5	演练记录、总结	安全员	及时做好对演练过程的文字和影像记录,并编写预案演练总结,填写演练评价表。
6	资料归档	技术班	年度防汛、反事故预案演练资料及时收集整理归档。

附录 G 物资管理流程

G.1 物资采购及入库流程可按图 G.1 执行,表 G.1 给出了该流程执行工作说明。

节点	技术负责人	技术班	仓库保管员	关联表单
1			制订物资采购计划	采购计划
2	审核同意 —N→	制定物资采购方案		
3	—Y→	根据价值大小,确定采购方式		
4	审核同意 —N→			
5	—Y→	采购物资		
6		组织验收小组验收		
7			填写入库管理台账,办理入库手续	入库管理台账

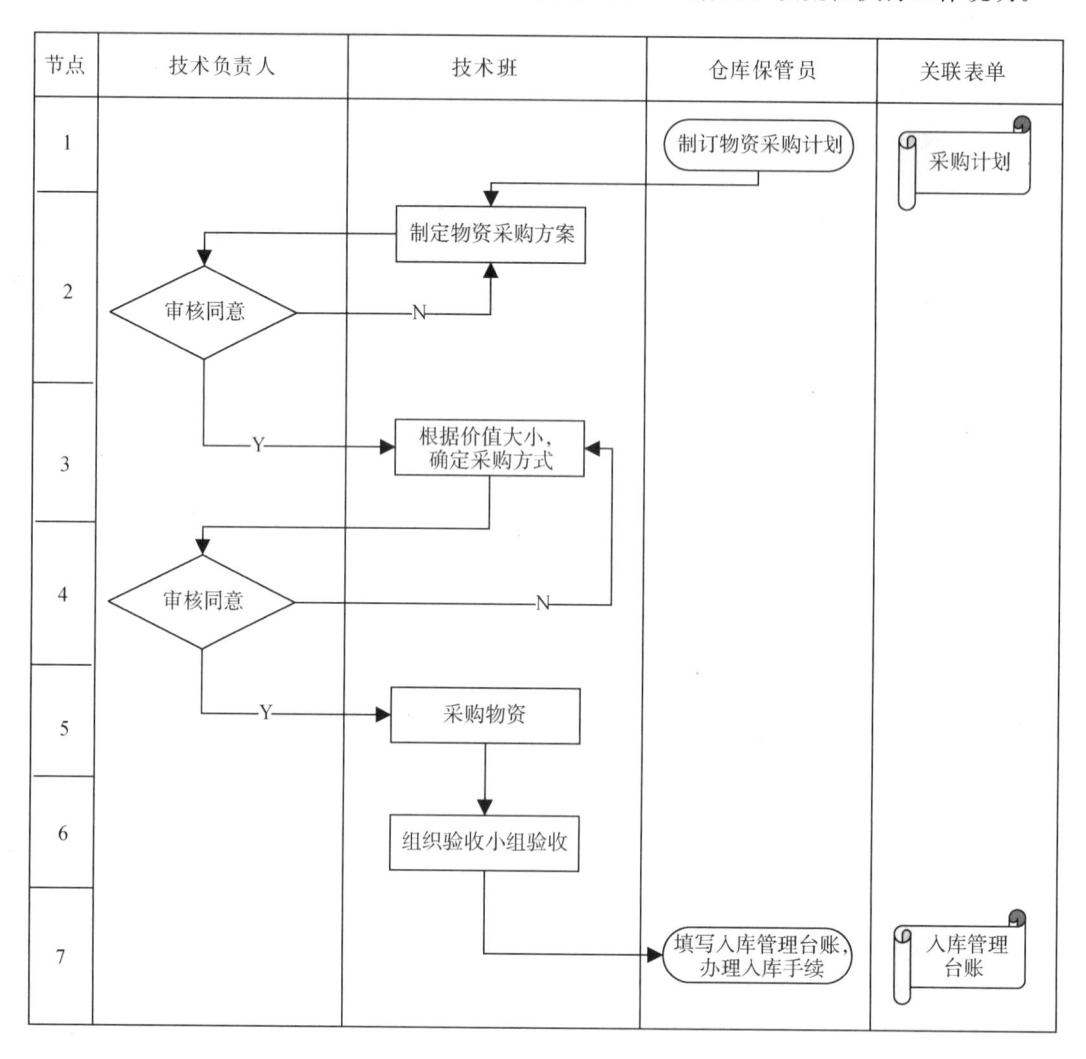

图 G.1 物资采购及入库流程

表 G.1 物资采购及入库流程说明

	流程节点	责任人	工作说明
1	制定采购计划	仓库保管员	根据管理单位需求及时制订物资采购计划,报技术班。
2	采购计划审核	技术班	(1)根据管理单位需求及时制定物资采购方案,并上报分公司批复。 (2)物资包括防汛物资、备品件、工器具、劳动保护用品以及低值易耗品、周转材料等,内容包括:预算金额、品牌、名称、规格、型号、质量要求、数量、采购时间等。
		技术负责人	审核采购计划。
3	组织采购	技术班	根据审核同意的物资采购计划,筛选有资质的商家进行询价,对比质量、价格等条件后,确认购买商家。
4	审核采购方式	技术负责人	审核采购方式。
5	按计划采购	技术班	派遣专人按采购计划和方式开始采购。
6	物资验收	技术班	采购物资到场后,组织验收小组对其进行质量、数量进行检验,检查其质保书、合格证、说明书、装箱单等资料,验收完成后一并留存。
7	清点入库	仓库保管员	清点完名称、规格、型号、数量后,及时存入物资仓库,并入账、上卡,存放整齐并做好防护保管工作,需做到账、卡、物相符。

G.2 物资领用流程可按图 G.2 执行,表 G.2 给出了该流程执行工作说明。

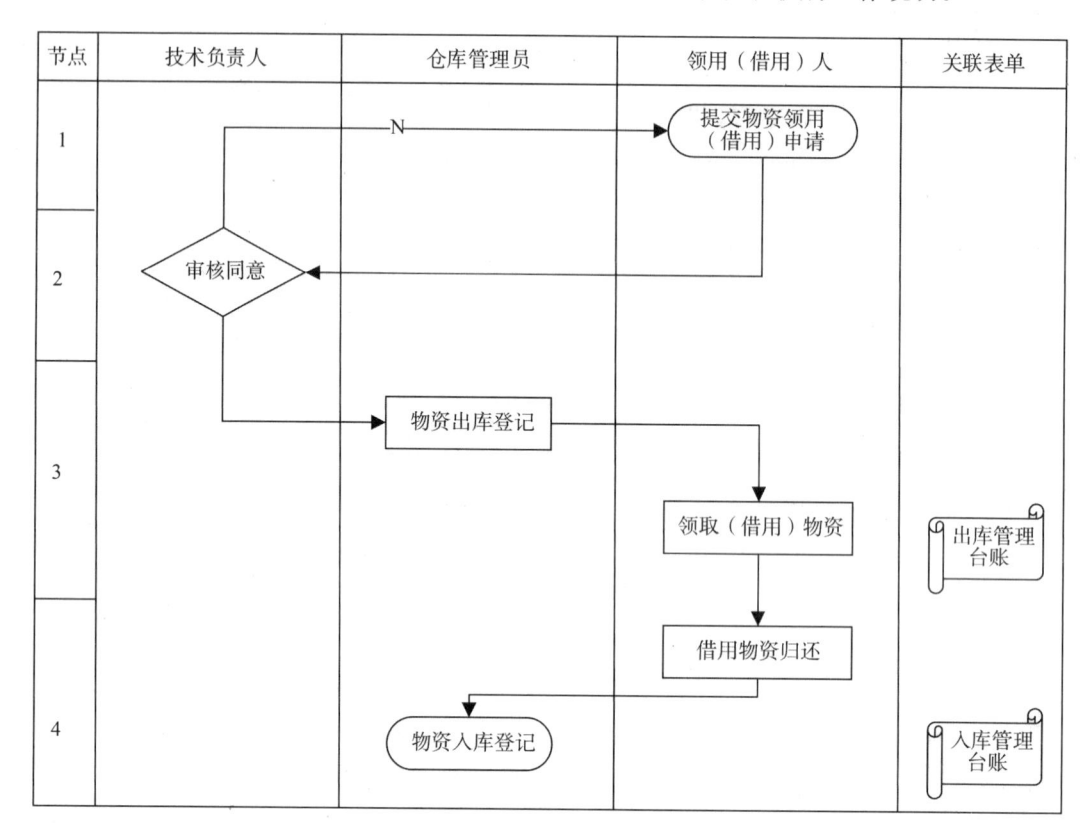

节点	技术负责人	仓库管理员	领用（借用）人	关联表单
1			提交物资领用（借用）申请	
2	审核同意			
3		物资出库登记	领取（借用）物资	出库管理台账
4		物资入库登记	借用物资归还	入库管理台账

图 G.2 物资领用流程

表 G.2 物资领用流程说明

	流程节点	责任人	工作说明
1	提交申请	领用(借用)人	填写领料单或借用单。
2	审核	技术负责人	详细了解领用或借用缘由、时间、数量后,作出批复。
3	仓库领取	仓库管理员	(1)根据领料单审批同意的物资品名、数量、规格型号办理物资出库登记,做好物资领用账册。 (2)借出物资在借用前对其进行全面检查,记录借出时状态。
		领用(借用)人	对照领料单或借用单内容领用(借用)物资。
4	退库或收回	领用(借用)人	对照领料单或借用单内容将借用物资归还;易耗品领用如有多余应及时退库,不得有私自存储。
		仓库管理员	(1)检查多余物资是否及时退库,不得有私自存储现象。及时做好清点入库工作,更新出入库记录。 (2)借出物资收回后,及时对物资进行检查,对比借出前状态,如存在不合理使用等原因造成的物资损坏现象,应追究借用人责任。

G.3 物资盘点管理流程可按图 G.3 执行，表 G.3 给出了该流程执行工作说明。

节点	技术负责人	仓库管理员	盘点小组	关联表单
1		编制盘点计划		
2	组织盘点小组			
3		物资台账准备		
4	账物相符		实地盘点	
5		查明原因并处理		
6	Y	编制盘点管理台账		盘点管理台账
7	审核			

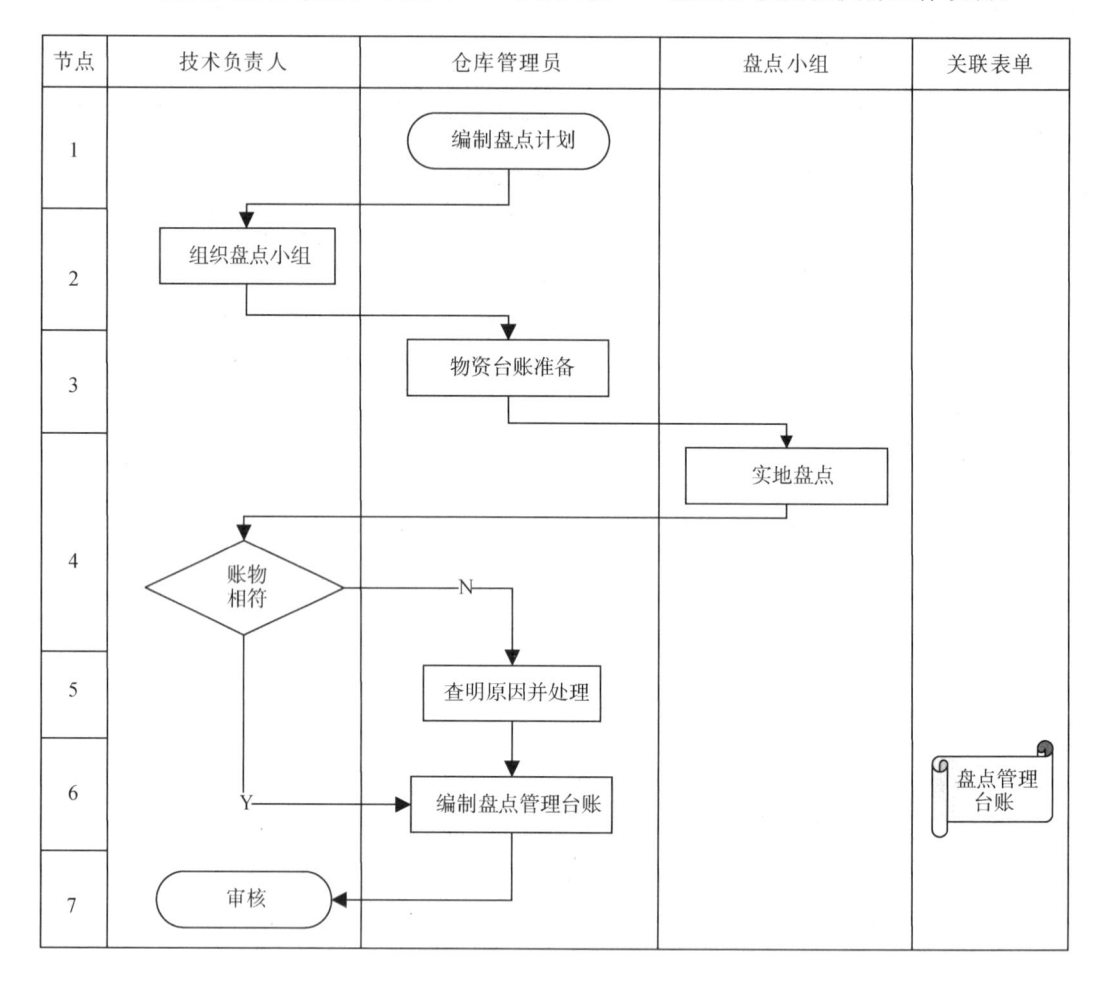

图 G.3　物资盘点管理流程

表 G.3　物资盘点管理流程说明

	流程节点	责任人	工作说明
1	编制盘点计划	仓库管理员	物资仓库每月组织1次盘点。制订盘点计划,包括时间、人员、盘点内容等。
2	组织盘点	技术负责人	审核盘点计划,组织盘点小组。
3	物资台账准备	仓库管理员	盘点前,运维班准备好物资台账、出入库记录等资料。
4	实地盘点	盘点小组	盘点小组根据盘点计划,对照物资台账、出入库记录等检查仓库物资名称、规格、数量等详细情况。
		技术负责人	根据盘点结果,确认账、卡、物是否相符。
5	问题处理	仓库管理员	如账、卡、物不相符,查找其原因,查明后完善不符实际情况的部分资料,并追求相关人员责任。
6	编制盘点报告	仓库管理员	根据最终检查和处理结果,编制盘点管理台账。
7	审核盘点报告	技术负责人	对盘点管理台账进行审核。

G.4 防汛物资代储管理流程可按图 G.4 执行,表 G.4 给出了该流程执行工作说明。

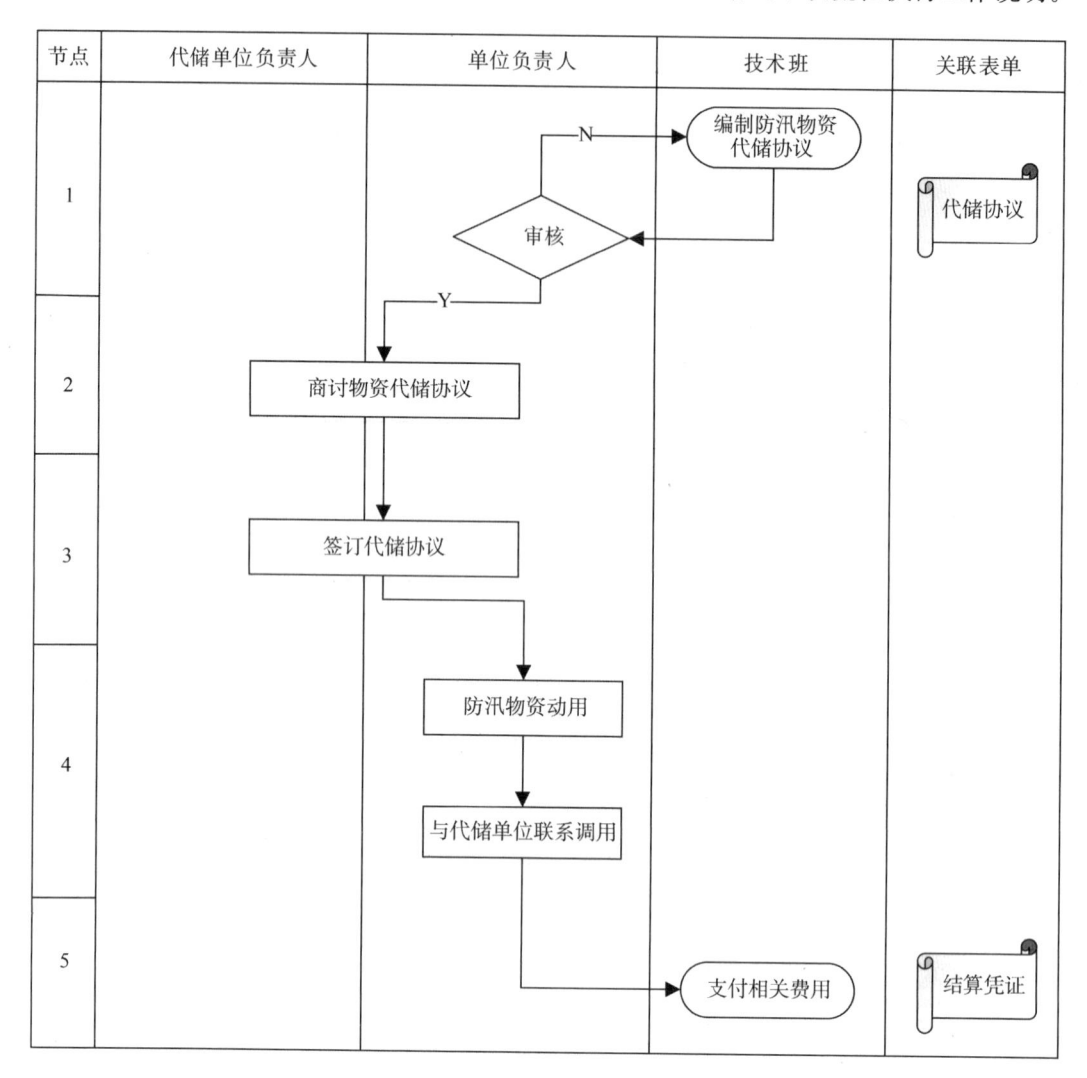

节点	代储单位负责人	单位负责人	技术班	关联表单
1		审核	编制防汛物资代储协议	代储协议
2		商讨物资代储协议		
3		签订代储协议		
4		防汛物资动用 与代储单位联系调用		
5			支付相关费用	结算凭证

图 G.4 防汛物资代储管理流程

表 G.4　防汛物资代储管理流程说明

	流程节点	责任人	工作说明
1	编制代储协议	技术班	编制代储物资协议,包括物资种类、数量、规格,运输方式、代储费用等。
		单位负责人	审核代储物资协议。
2	商讨代储物资协议	代储单位负责人、单位负责人	按照代储物资协议进行商讨。
3	签订代储物资协议	代储单位负责人、单位负责人	双方签订代储物资协议。
4	防汛物资调用	单位负责人	发生险情时,与代储单位联系调用物资。
5	费用支付	技术班	根据代储物资协议支付相关费用。

附录 H 软件资料流程

H.1 技术档案归档流程可按图 H.1 执行,表 H.1 给出了该流程执行工作说明。

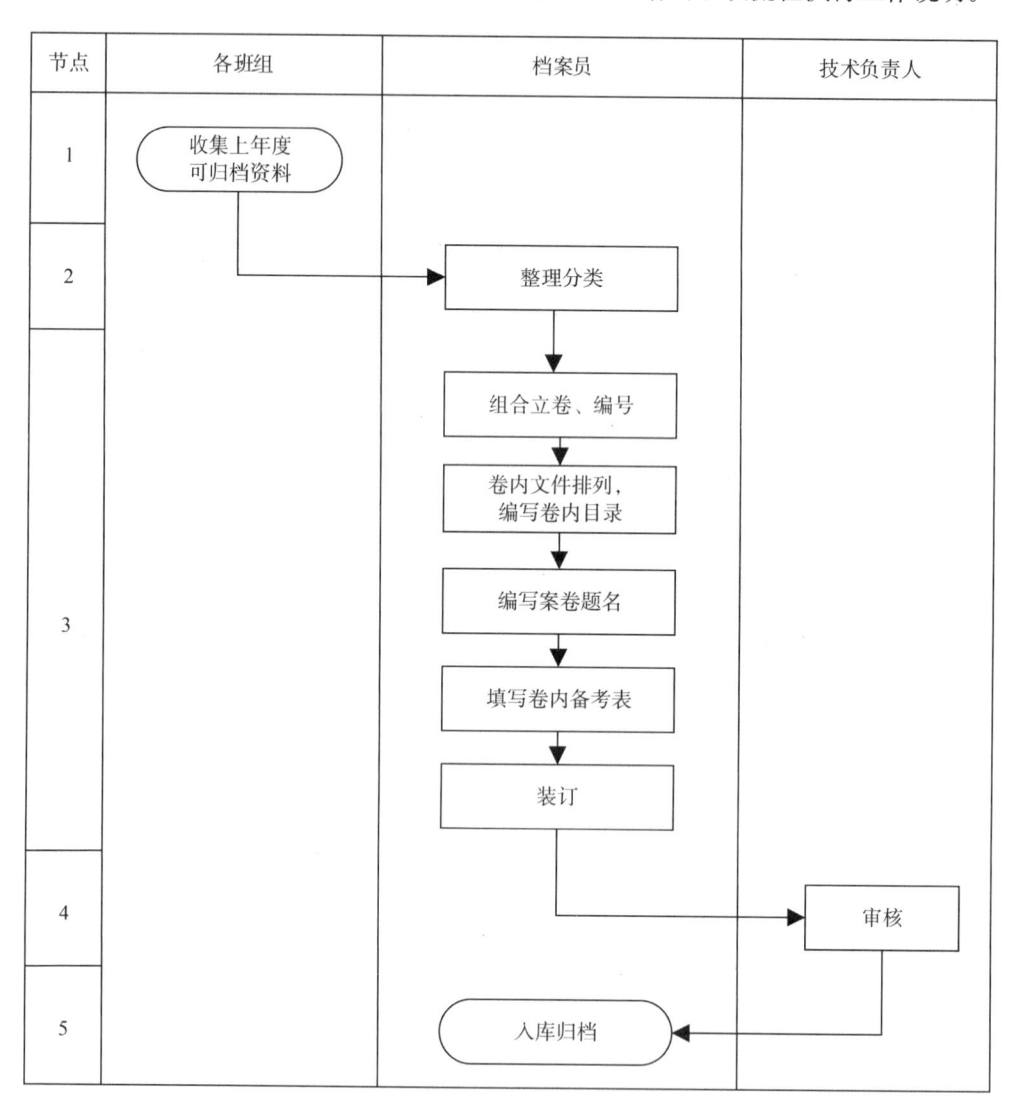

节点	各班组	档案员	技术负责人
1	收集上年度可归档资料		
2		整理分类	
3		组合立卷、编号 卷内文件排列,编写卷内目录 编写案卷题名 填写卷内备考表 装订	
4			审核
5		入库归档	

图 H.1 科技档案归档流程

表 H.1 技术档案归档流程说明

	流程节点	责任人	工作说明
1	收集文件资料	管理单位各班组	每年1月份根据归档范围收集上年度可归档文件资料。
2	整理分类	档案员	根据文件分类方案对文件资料进行整理分类。
3	立卷	档案员	参照档案管理办法对分类好的档案进行立卷:包括页码编号、卷内目录、备考表、装订成册、案卷编号、编制案卷目录等。
4	审核	技术负责人	技术负责人对立卷档案进行审核。
5	入库	档案员	已审核的档案按分类进行入库。

H.2　技术档案借阅流程可按图 H.1 执行,表 H.1 给出了该流程执行工作说明。

节点	档案员	技术负责人	借阅人	关联表单
1		审核（Y→，N→填写借阅档案申请表）	填写借阅档案申请表	
2	查找提供相关档案			
3			填写档案借阅登记	档案借阅登记
4			归还档案	
5	档案重新归档		填写档案借阅登记	档案借阅登记

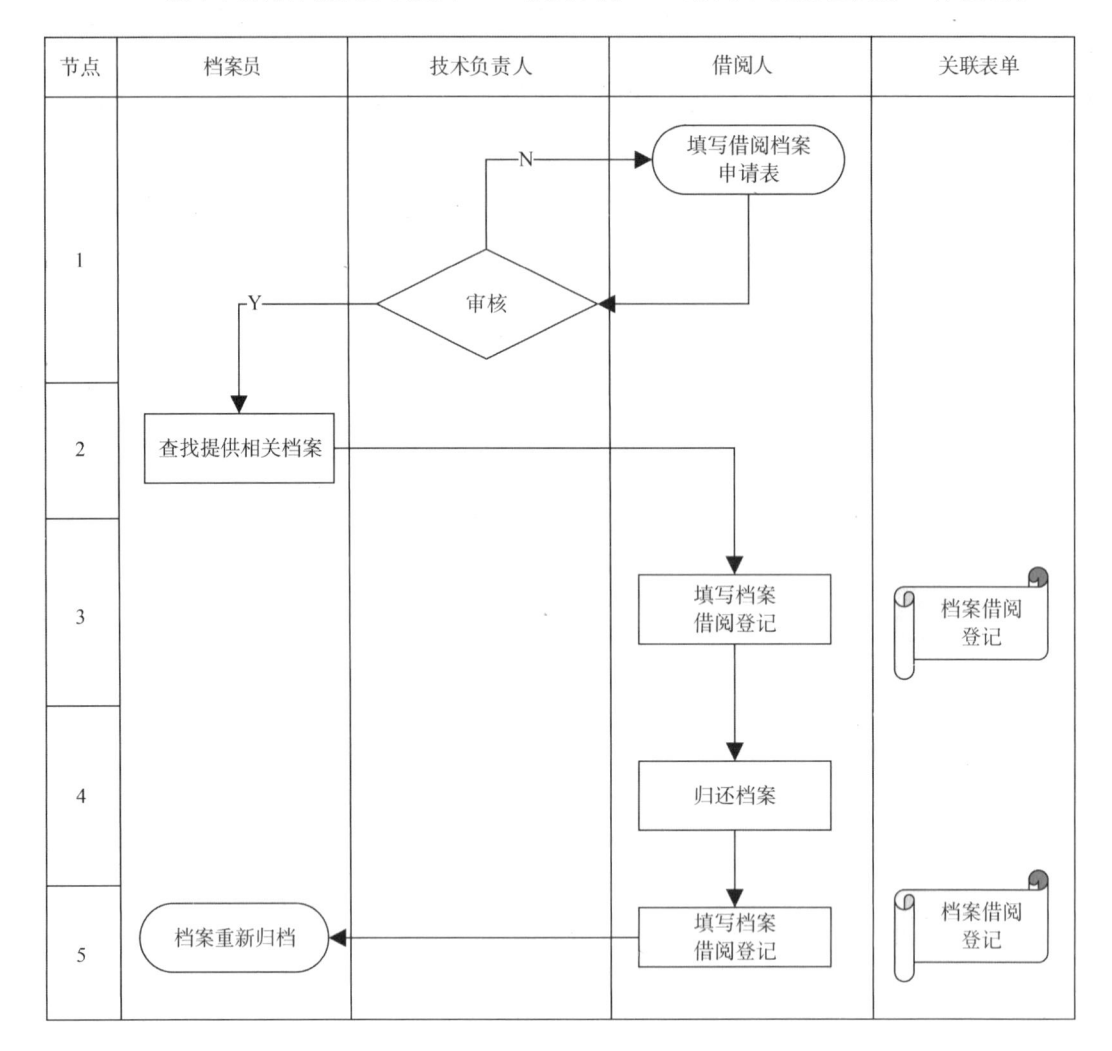

图 H.2　科技档案借阅流程

表 H.2 技术档案借阅流程说明

	流程节点	责任人	工作说明
1	借阅申请	借阅人	填写借阅档案申请表。
		技术负责人	对借阅申请进行审核批准。
2	查找提供相关档案	档案员	查找相应档案。
3	借阅	借阅人	填写档案借阅登记。
4	归还	借阅人	按期归还档案。
5	记录	借阅人	填写档案借阅登记。
		档案员	档案重新归档。

H.3 技术档案销毁流程可按图 H.3 执行,表 H.3 给出了该流程执行工作说明。

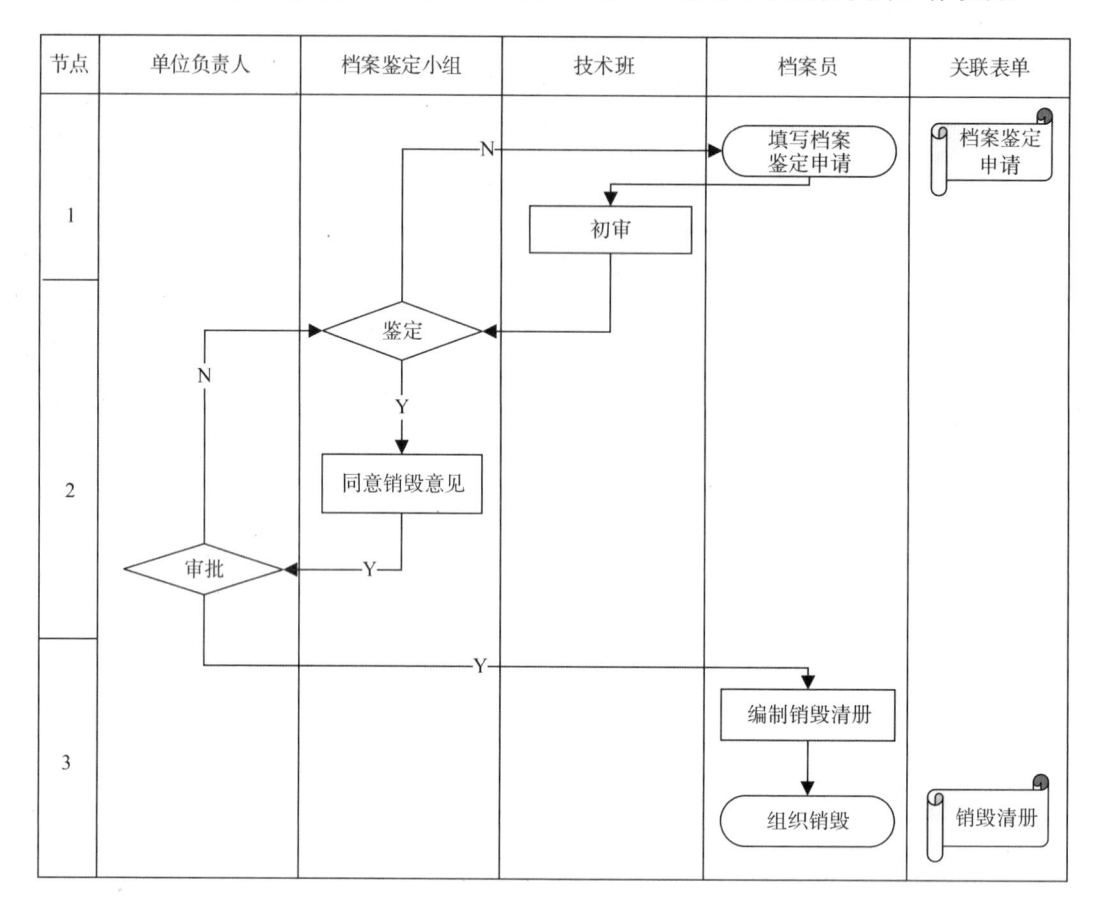

节点	单位负责人	档案鉴定小组	技术班	档案员	关联表单
1		鉴定(N→)	初审	填写档案鉴定申请	档案鉴定申请
2	审批(N)	同意销毁意见(Y)			
3		(Y→)		编制销毁清册 → 组织销毁	销毁清册

图 H.3 科技档案销毁流程

表 H.3 技术档案销毁流程说明

	流程节点	责任人	工作说明
1	鉴定申请	档案员	鉴定销毁档案范围： (1) 保管期限已满的档案。 (2) 无保存利用价值档案。
		技术班	对档案鉴定申请进行初审。
2	档案鉴定	档案鉴定小组	档案鉴定小组对于符合鉴定销毁条件的档案进行鉴定，得出鉴定销毁意见。
		单位负责人	单位负责人对鉴定销毁意见进行审批。
3	销毁	档案员	2人以上监销，确认销毁后，监销人在销毁清册上注明"已销毁"字样及销毁日期，并签字。

管理表单

1 范围

本部分规定了南水北调东线江苏水源有限责任公司辖管水闸(船闸)工程的管理表单，主要包括综合管理、工程管理、工程观测、安全管理等。

本部分适用于南水北调东线江苏水源有限责任公司辖管水闸(船闸)工程，类似工程可参照执行。

2 规范性引用文件

下列文件对于本标准的应用是必不可少的。凡是注日期的引用文件，仅注日期的版本适用于本标准。凡是未注日期或版本号的引用文件(包括所有的修改单)其最新版本适用于本标准。

GB/T 12897—2006 国家一、二等水准测量规范

SL 75 水闸技术管理规程

DB32/T 3259 水闸工程管理规程

DB32T 1713—2011 水利工程观测规程

水利水电工程(水库、水闸)运行危险源辨识与风险评价导则

3 综合管理

综合管理填表说明

(1) 本章表格适用于南水北调水闸(船闸)工程管理单位综合管理[水闸(船闸)为泵站配套工程的，由泵站工程管理单位统一制定综合管理相关表单，不单独制定水闸工程综合管理表单]，主要包括考勤管理、工程大事记、工程管理月报、教育培训台账、防汛物资管理台账、备品备件管理台账、会议记录、劳保用品领用记录。

(2) 需要存档的表单在存档前应由档案管理员检查其是否完整。

3.1 考勤管理

3.1.1 基本要求

(1) 南水北调江苏境内工程考勤形式共有：出勤、出差、加班、值班、休假、事假、病假、婚(丧、产)假、旷工、迟到、早退11种形式。

(2) 根据江苏境内工程运行特点，南水北调江苏境内考勤分非运行期与运行期考勤，非运行期与运行期出勤形式有所区别。

(3) 非运行期遵照国家双休日、年休假及法定节假日制度，工作日上下班各考勤一次，根据考勤的形式在相应的日期处填写。

(4) 运行期人员考勤根据各工程排定的人员运行值班表，分三班考勤(A班：8:00—16:00；B班：16:00—24:00；C班：0:00—8:00)，出勤形式主要以A班、B班、C班形式，在相应的日期填写班次的英文字母，根据考勤的形式在相应的日期处填写。

3.1.2 考勤项目

(1) 出勤:员工在规定工作时间、规定地点按时参加工作,非运行期以"√"标注,运行期以"A、B、C"标注。

(2) 出差:员工临时被派遣到常驻工作地以外的地区办理公事,以"△"标注。

(3) 加班:员工在规定的工作时间外,延长工作时间,以"◆"标注。

(4) 值班:员工在正常工作日之外,担负一定非生产性责任,节假日值班,以"▲"标注,夜班、值班、测流以"◎"标注。

(5) 休假:员工按照规定个人提出申请,经过批准后,停止一段时间的工作,以"●"标注。

(6) 事假:员工因私事或其他个人原因申请离开工作岗位,以"○"标注。

(7) 病假:员工因患病或非因工负伤,需要停止工作,申请离开工作岗位,以"☆"标注。

(8) 婚(丧、产)假:员工因结婚、直系亲属死亡、分娩原因,申请离开工作岗位,以"⊙"标注。

(9) 旷工:员工在正常工作日不请假或请假未批准的缺勤,以"×"标注。

(10) 迟到:员工在规定的上班时间没有到达指定的工作地点,以"※"标注。

(11) 早退:员工未到规定下班时间而提早退离工作岗位,以"◇"标注。

3.1.3 填表说明

本考勤表由填表人按照实际考勤情况填写并签字,报部门负责人审核后,单位负责人签字确认,综合部留存。

表 3.1 考勤表　20××年×月份××××考勤表

部门（单位）：　　　　　　　　　　　考勤人：　　　　　　　　　　　　审核人：

姓名	出勤情况																															出勤天数	出差天数	加班天数	节假日值班天数	夜班值班测流天数	休假天数	事假天数	病假天数	婚(丧、产)假天数	旷工天数	迟到天数	早退天数
时间	1	2	3	4	5	6	7	8	9	10	11	12	13	14	15	16	17	18	19	20	21	22	23	24	25	26	27	28	29	30											
星期	二	三	四	五	六	日	一	二	三	四	五	六	日	一	二	三	四	五	六	日	一	二	三	四	五	六	日	一	二	三											

注：√出勤　△出差　◆加班　▲节假日值班　◎夜班、值班、测流　●休假　○事假　☆病假　◉婚(丧、产)假　×旷工　※迟到　◇早退

3.2 工程大事记

3.2.1 基本要求

(1) 大事记记录内容为:水闸工程重大事件及管理单位重大活动。

(2) 工程大事以时间为线索,按时间顺序记录,排序归档。

(3) 事件的描述要简明扼要,表达准确。

3.2.2 记录项目

(1) 工程的调度运行情况。

(2) 开展或参与的技能比武、知识竞赛等相关活动。

(3) 专项工程项目的申报、批复、开工、关键阶段验收、审计、完工验收、试运行等。

(4) 工程项目的招标、开标、评标、中标发布、合同签订等活动。

(5) 组织开展的安全日常检查、定期检查和专项检查等相关情况。

(6) 上级部门发布的关于工程生产、管理的重要指示、规定、通知、公告等。

(7) 开展的防汛抢险、人员训练、员工培训等相关活动。

(8) 开展工程观测、水文水质监测、资料整编等相关活动。

(9) 管理范围内的日常巡查等相关活动。

(10) 生产管理、技术改造方面新技术、新材料、新工艺的应用情况。

(11) 发生的重大安全生产事故。

(12) 其他需要记载的重大事件及活动。

3.2.3 填表说明

(1) 大事名称主要为事件主题,要简练,突出重点。

(2) 事件记事的描述要包括时间、地点、人物、活动等要素。

(3) 照片要能清晰、真实地反映事件内容,粘贴位置居中。

表 3.2 工程大事记

大事名称	
时　间	年　　　月　　　日
记　事	
照　片		

3.3 工程管理月报

3.3.1 基本要求

（1）为准确了解管理动态，更好地开展工程管理工作，督促开展工程检查、观测、运行、维修、降本增效、管理创新等管理工作，及时汇总向分公司领导汇报，特编制工程管理月报。

（2）工程管理月报各板块内容应按实填写，若缺项应在相应的地方填"无"，不要删除标题内容。

（3）工程管理月报由分公司统计汇总后统一上报公司。

（4）管理单位应于每月25日前上报本月的工程管理情况。

（5）工程管理月报的编辑质量、报送时间等列入管理单位年度考核工程管理部分的指标内容。

3.2.2 上报项目

（1）工程管理单位的调度运行情况。

（2）开展或参与的技能比武、知识竞赛等相关活动。

（3）专项工程项目的申报、批复、开工、关键阶段验收、审计、完工验收、试运行等。

（4）工程项目的招标、开标、评标、中标发布、合同签订等活动。

（5）组织开展的安全日常检查、定期检查和专项检查等相关情况。

（6）上级部门发布的关于工程生产、管理的重要指示、规定、通知、公告等。

（7）开展的防汛抢险、人员训练、员工培训等相关活动。

（8）开展工程观测、水文水质监测、资料整编等相关活动。

（9）管理范围内的日常巡查等相关活动。

（10）生产管理、技术改造方面新技术、新材料、新工艺的应用情况。

（11）发生的重大安全生产事故。

（12）其他需要记载的重大事件及活动。

表 3.3　工程管理月报表

单位(部门)：　　　　　　　　　　　　　　　　　　　　　填表时间：

类别	本月工作完成情况	下月主要工作计划
工程控制运用		
主要问题处理		
维修项目管理		
检查及考核		
达标创建		
日常管理		
安全管理		
安全监测		
其他		

审核：　　　　　　　　　　　　　　　　　　　　　　　　编制：

3.4 教育培训台账

3.4.1 基本要求
（1）教育培训台账主要包括：业务技能培训、政治理论教育、实践操作培训。
（2）培训内容要描述培训主题、具体课程、操作项目等。

3.4.2 记录项目
（1）教育类：思想政治教育、普法教育、职业道德教育。
（2）培训类：安全培训、预备制培训、适应性岗位培训、职业技能培训、转岗培训。
（3）实践类：电工操作、钳工操作、电焊等实践操作。
（4）其他需要记载的培训及教育相关活动。

3.4.3 填表说明
（1）培训组织填写到具体的部门，培训对象具体到班组、个人。
（2）培训内容主要包括主题＋事件，要简练，突出重点。

表 3.4 教育培训台账

单位(部门):　　　　　　　　　　　编号:

培训主题			主讲人	
培训地点		培训时间		培训课时	
参加人员	详见签到表(若参与人员较少,可直接填写,但必须手填)			
培训内容	记录人:			
培训评估方式	□考试　□实际操作　□事后检查　□课堂评价			
培训效果评估	评估人:　　　　　　　　　　　　　　　　　年　月　日			
持续改进				

填写人:　　　　　　　　　　　　　　　　　　　　　　　　　日期:

3.5 防汛物资管理台账

3.5.1 基本要求

（1）防汛物资主要包括袋类、土工布、砂石料、铅丝、木桩、钢管、救生衣、发电机组、便携式工作灯、投光灯、电缆等。

（2）防汛物资管理台账、防汛物资入库管理台账和防汛物资出库管理台账应由统计人、经办人签字，仓库责任人审核。

3.5.2 记录的项目

（1）袋类，单位：条；

（2）土工布，单位：平方；

（3）砂石料，单位：立方；

（4）铅丝，单位：千克；

（5）木桩，单位：立方；

（6）钢管，单位：千克；

（7）救生衣，单位：件；

（8）发电机组，单位：千瓦；

（9）便携工作灯，单位：只；

（10）投光灯，单位：只；

（11）电缆，单位：米；

（12）其他防汛物资。

3.5.3 填表说明

（1）名称包括品牌和名称，依据购物清单及产品包装中内容，填写相应型号。

（2）用途需言简意赅，说明情况。

（3）防汛物资管理台账表每月盘点、检查一次，过期、损坏的物品由管理员按照制度及时申请采购，年度防汛物资表要及时进行统计更新。

表 3.5 防汛物资管理台账

日期：

序号	名称	规格/型号	单位	数量	用途	出厂日期	储备年限
1							
2							
3							
4							
5							
6							
7							
8							
9							
10							
11							
12							
13							
14							
15							

统计人： 审核人：

表 3.6 防汛物资入库管理台账

序号	物品名称	规格/型号	单位	数量	备注
1					
2					
3					
4					
5					
6					
7					
8					
9					
10					
11					
12					
13					
14					
15					

经办人： 仓库管理员：

表 3.7　防汛物资出库管理台账

序号	物品名称	单位	数量	用途	借用人	借用时间	归还时间	同意借用人
1								
2								
3								
4								
5								
6								
7								
8								
9								
10								
11								
12								
13								
14								
15								

3.6 备品备件管理台账

3.6.1 基本要求

（1）备品备件需根据现场维修养护工作情况，科学采购备件，在设备出现故障时及时取用，修复设备。

（2）管理台账需要注明统计时间，统计人需要签字。

3.6.2 填表说明

（1）名称包括品牌和名称，依据购物清单及产品包装中内容，填写相应型号。

（2）领用缘由需言简意赅，说明情况。

（3）备品备件盘点管理台账分为季度盘点、年度盘点。

表3.8 备品备件入库管理台账

序号	名称	规格/型号	单位	数量	入库时间	入库人	备注
1							
2							
3							
4							
5							
6							
7							
8							
9							
10							
11							
12							
13							
14							
15							

表 3.9 备品备件出库管理台账

序号	名称	规格/型号	单位	数量	出库时间	出库人	备注
1							
2							
3							
4							
5							
6							
7							
8							
9							
10							
11							
12							
13							
14							
15							

表 3.10　备品备件季度盘点管理台账

序号	名称	规格/型号	单位	上季库存数量	当季复核盘点数量	当季耗用数量	误差	入库时间	备注

初盘人：　　　　　　复盘人：　　　　　　监盘人：　　　　　　日期：

表 3.11 备品备件年度盘点管理台账

序号	名称	规格/型号	单位	上年存数量	当年复核盘点数量	当年耗用数量	误差	入库时间	备注

初盘人：　　　　　　复盘人：　　　　　　监盘人：　　　　　　日期：

3.7 会议记录

3.7.1 基本要求

(1) 会议记录应包含会议的主题、时间、地点、参会人员等情况。

(2) 会议记录要具备,纪实性、概括性、条理性。

3.7.2 填表说明

(1) 会议内容应言简意赅,提出会议的主题,描述会议开展情况。

(2) 照片应清晰,可以真实反映事件内容,粘贴位置居中。

表 3.12　会 议 记 录

会议名称			
会议时间		会议地点	
主要议题			
组织单位		记录人	
主要参会人员			
会议主要内容			
会议照片			

3.8 劳保用品领用记录

3.8.1 基本要求
劳保用品领用记录应包含领用的物品名称、时间、发放人、领用人等情况。

3.8.2 填表说明
物品名称依据购物清单及产品包装中内容，填写相应型号。

表 3.13　劳保用品领用记录表

序号	名称	单位	数量	发放时间	发放人	领用人
1						
2						
3						
4						
5						
6						
7						
8						
9						
10						
11						
12						
13						
14						
15						

4　工程管理

工程管理填表说明

（1）工程管理相关检查调试原则上由技术负责人牵头负责,技术和运维人员参加。

（2）工程管理表单主要分为日常检查、定期检查和专项检查表单,各类表单应在工程相关操作运行后及时填写记录。

（3）日常检查包括日常巡视和经常检查。日常巡视每日1次;经常检查每月1次。

（4）定期检查包括汛前检查、汛后检查和水下检查。汛前检查、汛后检查每年汛前、汛后各一次,时间节点应分别为6月1日前、10月1日后;水下检查每2年1次。

（5）专项检查指发生强烈地震、台风、特大暴雨及重大工程事故等之后的各类检查,按实做好检查记录,明确所发现问题的整改时限,发现问题及时处理。

（6）设备的评定级,一般每2年1次,应当在汛前开展。设备发生重大故障、事故经修理后投入运行的次年应进行评级。

（7）设备检查调试应严格按照设备规定周期进行,具体调试周期视现场设备完好情况做具体调整。

（8）各单位应严格按照有关技术规范要求,开展全面细致的各项检查调试,按实做好检查记录,发现问题及时处理。

4.1　工程运用

4.1.1　基本要求

（1）水闸运用应按上级主管部门的调度指令或批准的控制运用方案进行,不得接受其他任何单位和个人的指令。指令应详细记录、复核,执行完毕后及时上报,留存水闸启闭操作记录。

（2）柴油发电机组每月试运转1次,每次15~30 min,试运转期间每5 min记录一次相关参数。

4.1.2　控制运用分类

工程运用主要包括调度记录、水闸值班记录、闸门启闭记录、柴油发电机运转记录。

4.1.3　填表说明

（1）各类表格必须用黑色签字笔填写,字体端正,字迹清晰,不得乱涂乱画,不得有损毁。

（2）相关人员应在表单底部签名,签名应手签,不得简称及代签,字迹应工整。

表 4.1　工程调度指令汇总表

时间	指令接收			
	指令编号	发令人	指令内容	接收人

表4.2 值班记录表

开始时间	年 月 日 时 分	结束时间	年 月 日 时 分
温度(℃)		湿度(%)	
值班长		值班员	

工程状况	工况		运行孔数		流量(m^3/s)	
	上游水位(m)			下游水位(m)		

运行情况	

调度指令执行情况		两票执行情况	1. 第一种工作票编号_____；
			2. 第二种工作票编号_____；
			3. 操作票编号_____。

操作记录	

设备故障、异常及维护情况	

交接班情况		交班人	
		接班人	

表 4.3 闸门启闭记录表

工程名称:		时间	年　月　日	天气	
	项目	执行内容			执行情况
闸门启闭准备	确定开闸孔数和开度	根据"始流时闸下安全水位～流量关系曲线""闸门开高～水位～流量关系曲线"确定下列数值： 开闸孔数：　　孔　　闸门开度：　　m 相应流量：　　m³/s			
	开闸预警	预警方式(拉警报、电话联系、现场喊话)、预警时间			
	上下游	上下游有无漂浮物或影响闸门启闭的障碍物			
	电源及机电设备	电源是否正常,机电设备是否正常			
闸门启闭情况	启闭时间	时　　分起～　　时　　分止			
	闸孔编号				
	启闭顺序				
	闸门开高(m)	启闭前			
		启闭后			
水位(m)	启闭前	上游		下游	
	时　　分				
	启闭后	上游		下游	
	时　　分				
流态、闸门振动等情况					
发现问题及处理情况					
监护人：			操作人：		

表4.4 船闸启闭记录表

年　月　日					天气：			
开闸记录					本闸次过船情况			
序号	开关	启闭时间	电流（I_{max}）	电压（V_{max}）	单船	船队	危船	危队
1								
2								
3								
4								
5								
6								
7								
8								
9								
10								
操作人：								

表 4.5 柴油发电机组运转记录表

工程名称			时间		年　月　日	
起止时间	日　时　分起			日　时　分止		
用途	□试运行　　□带负载试运行　　□供电					
时间	冷却温度	机油压力	交流电压	交流电流	输出功率	频率或转速
时　分						
时　分						
时　分						
时　分						
时　分						
本次运转时间	时　分					

开机前检查	柴油		停机后检查	柴油	
	机油			机油	
	冷却水			冷却水	
	蓄电池			蓄电池	

发现问题及处理意见	

记录：　　　　　　　　　　　　　　　　　　　　　　　校核：

4.2 日常检查

4.2.1 日常检查分类

日常检查包括日常巡视和经常检查。日常巡视主要对水闸管理范围内的建筑物、设备、设施、工程环境进行巡视、查看；经常检查主要对建筑物、闸门、启闭机、机电设备、观测设施、通信设施、管理设施及管理范围内的河道、堤防、拦河坝和水流形态等进行检查。

4.2.2 基本要求

（1）日常巡视每日1次。

（2）经常检查应符合下列要求：

① 每月1次。

② 当水闸处于泄水运行状态或遭受不利因素影响时，对容易发生问题的部位应加强检查观察。

4.2.3 日常巡视项目

（1）建筑物、设备、设施是否完好；

（2）工程运行状态是否正常；

（3）是否有影响水闸安全运行的障碍物；

（4）管理范围内有无违章建筑和危害工程安全的活动；

（5）工程环境是否整洁；

（6）水体是否受到污染。

4.2.4 经常检查项目

（1）闸室混凝土有无损坏和裂缝，房屋是否完好，伸缩缝填料有无流失，工作桥、交通桥面排水是否通畅；

（2）堤防、护坡是否完好，排水是否畅通，有无雨淋沟、塌陷、缺损等现象；

（3）翼墙有无损坏、倾斜和裂缝，伸缩缝填料有无流失；

（4）启闭机有无渗油，外观及罩壳是否完好，钢丝绳排列是否正常，有无明显的变形等不正常情况；

（5）闸门有无振动、漏水现象，闸下流态、水跃形式是否正常；

（6）电气设备运行状况是否正常，电线、电缆有无破损，开关、按钮、仪表、安全保护装置等动作是否灵活、准确可靠，备用电源是否可靠；

（7）观测设施、管理设施是否完好，使用是否正常；

（8）通信设施运行状况是否正常；

（9）拦河设施是否完好，是否有影响水闸安全运行的障碍物；

（10）管理范围内有无违章建筑和危害工程安全的活动；

（11）工程环境是否整洁；

（12）水体是否受到污染等。

4.2.5 填表说明

（1）如未发现异常，巡视情况填写"正常"；如发现异常，应写明异常情况。

（2）检查表必须用黑色签字笔填写，字体端正，字迹清晰，不得乱涂乱画，不得有损毁。

（3）技术负责人、检查人员应在表单底部签名，签名应手签，不得简称及代签，字迹应工整。

表 4.6 日常巡视检查记录表

工程名称		巡视时间	年　月　日	天　气	

巡视检查内容	巡视情况
管理范围内有无违章建筑	
管理范围内有无危害工程安全的活动	
有无影响水闸安全运行的障碍物	
建筑物、设备、设施是否受损	
工程运行状态是否正常	
工程环境是否整洁	
水体是否受到污染	
其他	

注:1. 日常巡视检查每日 1 次;
2. 巡视结果为正常或者完好,则在巡视情况栏内打"√";
3. 若在巡视过程中发现有异常情况或险情,应在巡视情况栏中写明异常情况,并及时向负责人汇报。

巡视人:　　　　　　　　　　　　　技术负责人:

表4.7 经常检查记录表

工程名称		时间	年 月 日	天气	
检查项目	检查内容				检查情况
上游左岸堤防	堤岸顶面有无塌陷、裂缝;背水坡及堤脚有无渗漏、破坏等				
上游左岸护坡	块石护坡完好,排水畅通,无雨淋沟、塌陷等损坏现象				
上游左翼墙	砼无损坏和裂缝,伸缩缝完好				
闸室结构	砼无损坏和裂缝,伸缩缝完好,栏杆柱头完好,桥面排水孔正常				
上游河面	拦河设施完好,无威胁工程的漂浮物				
上游右岸堤防	岸顶面有无塌陷、裂缝;背水坡及堤脚有无渗漏、破坏等				
上游右岸护坡	块石护坡完好,排水畅通,无雨淋沟、塌陷等损坏现象				
上游右翼墙	砼无损坏和裂缝,伸缩缝完好				
下游右翼墙	砼无损坏和裂缝,伸缩缝完好				
下游右岸护坡	块石护坡完好,排水畅通,无雨淋沟、塌陷等损坏现象				
下游右岸堤防	岸顶面有无塌陷、裂缝;背水坡及堤脚有无渗漏、破坏等				
下游河面	拦河设施完好,无威胁工程的漂浮物				
下游左翼墙	砼无损坏和裂缝,伸缩缝完好				
下游左岸护坡	块石护坡完好,排水畅通,无雨淋沟、塌陷等损坏现象				
下游左岸堤防	岸顶面有无塌陷、裂缝;背水坡及堤脚有无渗漏、破坏等				
闸门状态	开/关				
闸门	闸门无振动、无漏水,闸下流态、水跃形式正常				
启闭机	启闭机无漏油,罩壳盖好,钢丝绳排列正常,无明显的变形等不正常情况				
电气设备	电气设备运行状况正常,电线、电缆无破损,开关、按钮、仪表、安全保护装置等动作灵活、准确可靠,备用电源完好可靠;照明设施及警报系统完好,运行状况正常				
安全监测设施及管理设施	设施完好、使用正常,无损坏、缺失等现象;桥头堡、启闭机房等房屋建筑无破损、渗漏现象				
通信设施	通信设施运行状况正常				
其他	管理范围内有无违章建筑和危害工程安全的活动,是否有影响水闸安全运行的障碍物,工程环境是否整洁等				
技术负责人:			检查人:		

注:1. 经常检查每月1次;
2. 当水闸处于泄水运行状态或遭受不利因素影响时,对容易发生问题的部位应加强检查观察;
3. 闸门状态按实际情况填写闸门"开启"或是"关闭",其余检查情况正常时打"√";
4. 若在巡视过程中发现有异常情况或险情,应在检查情况栏中写明异常情况,并及时向负责人汇报。

4.3 定期检查

4.3.1 基本要求

（1）汛前检查应在 6 月 1 日前完成，汛后检查应在 10 月底前完成。水下检查每 2 年 1 次；

（2）汛前应对建筑物、设备和设施进行详细检查，并对闸门、启闭机、备用电源、监控系统等进行检查和试运行；

（3）水下检查主要检查闸室、伸缩缝、底板、护坦、消力池及水下护坡；

（4）应对汛前、汛后及水下检查中发现的问题提出处理意见并及时进行处理，对影响安全度汛而又无法在汛前解决的问题，应制订相应的度汛应急预案；

（5）汛后检查发现的问题应落实处理措施，编制下年度维修计划。

4.3.2 基本内容

（1）闸室结构垂直位移和水平位移情况；永久缝的开合和止水工作状况；闸室混凝土及砌石结构有无破损；混凝土裂缝、剥蚀和碳化情况；门槽埋件有无破损；工作桥、交通桥结构有无破损等。

（2）混凝土铺盖是否完整；黏土铺盖有无沉陷、塌坑、裂缝；排水孔是否淤堵；排水量、浑浊度有无变化。

（3）消能设施有无磨损冲蚀；过闸水流是否平顺，水跃是否发生在消力池内，有无折冲水流、回流、漩涡等不良流态。

（4）河床及岸坡是否有冲刷或淤积；引河水质有无污染。

（5）岸墙及上下游翼墙分缝是否错动，止水是否失效；翼墙排水管有无堵塞，排水量及浑浊度有无变化；岸坡有无坍滑、错动、开裂迹象。

（6）堤岸顶面有无塌陷、裂缝；背水坡及堤脚有无渗漏、破坏；道路是否完好等。

（7）安全监测设施是否完好，监测数据是否正常。

（8）闸门外表是否整洁，有无表面涂层剥落、门体变形、锈蚀、焊缝开裂；螺栓、铆钉有无松动或缺失；支承行走机构各部件是否完好，运转是否灵活；止水装置是否完好；闸门运行时有无偏斜、卡阻现象，局部开启时振动区有无变化或异常；门叶有无泥沙、杂物淤积；闸门防冰冻系统是否完好，运行是否正常等。

（9）启闭机械是否运转灵活、制动可靠，有无腐蚀和异常声响；外表是否整洁，有无涂层脱落、锈蚀；机架有无损伤、焊缝开裂、螺栓松动；钢丝绳有无断丝、卡阻、磨损、锈蚀、接头不牢、变形；零部件有无缺损、裂纹、凹陷、磨损；螺杆有无弯曲变形；油路是否通畅，有无泄漏，油量、油质是否符合要求等。

（10）电气设备运行状况是否正常；外表是否整洁，有无涂层脱落、锈蚀；安装是否稳固可靠；电线、电缆绝缘有无破损，接头是否牢固；开关、按钮是否动作灵活、准确可靠；指示仪表是否指示正确；接地是否可靠，绝缘电阻值是否满足规定要求；安全保护装置是否动作准确可靠；防雷设施是否安全可靠；备用电源是否完好可靠。

（11）自动化控制与视频监视系统、预警系统、调度管理系统、办公自动化系统等是否正常；照明、通讯、安全防护设施及信号、标志是否完好。

4.3.3 填表说明

（1）检查表必须用黑色签字笔填写，字体端正，字迹清晰，不得乱涂乱画，不得有损毁；

（2）技术负责人、检查人员应在表单底部签名，签名应手签，不得简称及代签，字迹应工整。

表 4.8　定期检查汇总表

单元工程	检查结果

单位负责人：　　　　　　　　　　技术负责人：

表4.9 闸门定期检查记录表

名称			规格型号		
天气		温度(℃)		湿度(%)	
单位工程	检查部位	检 查 项 目			检查结果
闸门启闭机系统	闸门	闸门及吊耳(门铰)、门槽结构完整			
		焊缝无裂纹、脱焊			
		吊耳、吊杆及锁定装置的轴销裂纹或磨损、腐蚀量不大于原直径的10%			
		受力拉板或撑板腐蚀量不大于原厚度的10%			
		门体和门槽平整、无变形			
		闸门埋件无局部变形、脱落,埋件破损面积≤30%			
		闸门表面无铁锈、氧化皮,涂装涂层满足要求			
		止水装置完好,止水严密,门后水流散射或设计水头下渗漏量≤0.2 L/(s·m)			
		锁定装置、缓冲装置工作可靠			
		启闭无卡阻,整体行走平稳,无振动			
		闸门编号齐全			
		闸门侧滑滚轮或侧阻尼滑块完好、闸门配重块无缺失			
		图纸、工程等资料齐全			
结论、整改建议					

技术负责人: 　　　　检查人员: 　　　　检查日期:

表 4.10 卷扬式启闭机定期检查记录表

名称		规格型号		
天气		温度(℃)	湿度(%)	
单位工程	检查部位	检查标准		检查结果
闸门启闭机系统	一	电气部分		
	线路	布线合理,无漏电、短路、断路、虚连等现象		
		线路接头连接良好、无锈蚀无氧化		
		绝缘性能良好,一次回路、二次回路及导线间的绝缘电阻值均不小于 0.5 MΩ,接地可靠		
	操作箱	箱内整洁,干净		
		各种开关、继电保护装置应保持干净,触点良好,接头牢固、无锈蚀		
		限位装置应保持定位准确可靠、触点无烧毛现象		
		指示仪表及避雷设施等均应按有关规定定期校验		
	电动机	外观清洁完整,无锈蚀		
		接线盒应防潮,压线螺栓应旋紧,并确保接地牢固可靠		
		转子电动机碳刷无断裂、脱辫现象,在刷盒内上、下移动正常		
		绕组的绝缘电阻值应符合要求(不小于 0.5 MΩ)		
	二	机械部分		
	外观	机架、底部隔护装置、防护罩、机体表面应操持清洁,除转动部位的那一面外,均应定期采用涂料保护,保持机体外观协调美观、整洁干净		
	减速器	观察孔应保持清洁,油量充足、油位正常、油质合格		
		齿轮正好啮合,无严重磨损和锈蚀		
	传动轴与联轴器	弹性圈无老化、破损,与销轴装配密实,同轴度在允许偏差范围内		
		联接紧固,无松动现象,运转平稳,无张裂现象和异常声音		

续表

名称			规格型号		
天气		温度(℃)		湿度(%)	
单位工程	检查部位	检查标准			检查结果
	制动器	动作灵活、制动可靠,各部件无破损、裂纹、砂眼等缺陷			
		制动轮、闸瓦表面清洁,制动器无渗漏油,表面无油污、油漆、水分等			
		制动轮和闸瓦之间的间隙在 0.5~1.0 mm			
		制动带与制动轮的实际接触面积不小于总面积的75%			
		制动带与制动闸瓦贴合紧密,边缘整齐,固定铆钉头部埋入制动带1/3厚度以上			
		主弹簧弹性正常,无变形			
		电磁线圈(电磁式制动器)、液压装置(液压式制动器)工作正常			
	轴承	无损伤、变形、裂纹、斑坑及锈蚀现象,磨损的直线度不超过标准规定值			
		转动灵活,无噪音			
		轴承内的润滑脂应保持填满空腔容积的1/3~1/2,有油杯的应旋紧油杯,油质合格			
	大小传动齿轮	工作正常,无损坏			
	三	起吊部分			
	钢丝绳	涂抹防水油脂,清洗保养,油质良好			
		钢丝绳无断丝、断股和锈蚀现象			
		钢丝绳在卷筒上的预绕圈数应符合设计规定,无规定时应大于4圈			
		钢丝绳不得接长使用			
	闸门开度指示	运转灵活、指示准确			
	其他	编号、标识、标牌齐全、规范,荷重仪器检查校验正常			
结论、整改建议					

技术负责人: 　　　　　　　检查人员: 　　　　　　　检查日期:

表 4.11 液压式启闭机定期检查记录表

名称			规格型号		
天气		温度(℃)		湿度(%)	
单位工程	检查部位	检查项目			检查结果
闸门启闭机系统	电机及油泵	外观清洁、完整,无渗油,无锈蚀			
		接地牢固、可靠			
		电机绝缘电阻值不应低于 0.5 MΩ			
		电源引入线无松动、碰伤和灼伤,电机接线盒接线紧固			
		工作压力平稳,运行无异声、无异常振动			
	油箱	箱体清洁、完整,无锈蚀,无渗漏油			
		油位正常,压力油定期过滤,油质化验合格			
		呼吸器完好、吸湿剂干燥			
		过滤器无阻塞或变形			
		表计完好,指示正确,传感器数据采集正确,接线规范			
	阀组、管路	外观清洁、完整,无渗漏油,无锈蚀,橡胶油管无龟裂			
		插装阀进、排油无堵塞现象			
		闸门调差机构工作正常			
		阀动作灵活,控制可靠			
	控制部分	柜体封堵良好,接地牢固可靠			
		闸门启闭控制可靠,运行无卡阻,活塞杆无锈蚀,渗漏现象			
		泄压阀动作可靠,与启闭机联动良好			
		限位装置动作可靠			
		系统通信可靠,显示屏显示正确,无不正常报警			
		按钮、指示灯、仪表指示正确,与实际工况一致			
		柜内线缆布置整齐,接线紧固、规范			
		端子及电缆标牌清晰			
		电磁阀直流电源工作正常、可靠			
	其他	编号、标识、标牌齐全、规范			
结论、整改建议					

技术负责人: 　　　　　　　检查人员: 　　　　　　　检查日期:

表 4.12 混凝土工程定期检查记录表

天气		温度(℃)		湿度(%)	
分部名称	\multicolumn{4}{c	}{检查标准}	检查结果
公路桥面	表面平整,无破损、不均匀沉陷,碳化检测正常				
公路桥大梁	无裂缝、腐蚀、破损、剥蚀、露筋(网)及钢筋锈蚀等,碳化检测正常				
工作桥面	表面平整、无破损,碳化检测正常				
工作桥大梁	无裂缝、腐蚀、破损、剥蚀、露筋(网)及钢筋锈蚀等,碳化检测正常				
便桥大梁	无裂缝、腐蚀、破损、剥蚀、露筋(网)及钢筋锈蚀等,碳化检测正常				
胸墙	无裂缝、腐蚀、破损、剥蚀、露筋(网)及钢筋锈蚀等,碳化检测正常				
闸墩	无裂缝、腐蚀、破损、剥蚀、露筋(网)及钢筋锈蚀等,碳化检测正常				
岸墙	无裂缝、腐蚀、破损、剥蚀、露筋(网)及钢筋锈蚀等,碳化检测正常				
翼墙	无裂缝、腐蚀、破损、剥蚀、露筋(网)及钢筋锈蚀等,碳化检测正常				
挡土墙	无裂缝、腐蚀、破损、剥蚀、露筋(网)及钢筋锈蚀等,碳化检测正常				
闸门支座	牢固,未变形				
伸缩缝	填料完好,无损坏、漏水及填充物流失等				
结论、整改建议					

技术负责人:　　　　　　检查人员:　　　　　　检查日期:

表 4.13　堤岸及引河、砌石工程定期检查记录表

天气		温度(℃)		湿度(%)	
分部名称		检查标准			检查结果
堤顶		坚实平整			
		堤肩线顺直			
		无凹陷、裂缝、残缺			
		硬化堤顶未与垫层脱离			
堤坡与戗台		平顺			
		无雨淋沟、滑坡、浪窝、裂缝、塌坑			
		无害堤动物洞穴			
		无杂物、垃圾、杂草			
		无渗水			
		排水沟完好顺畅			
护坡	混凝土护坡	无剥蚀、冻害、裂缝、破损			
		排水孔通畅			
	砌石护坡	无松动、塌陷、脱落、风化、架空			
		排水孔通畅			
	草皮护坡	无缺损、塌陷、干枯坏死			
		无荆棘、杂草、灌木			
堤脚		无隆起、下沉			
		无冲刷、残缺、洞穴			
		基础未淘空			
堤岸防护工程		砌体无松动、塌陷、脱落、架空、垫层淘刷现象			
		无垃圾杂物、杂草杂树			
		变形缝和止水正常			
		坡面无剥蚀、裂缝、破碎			
		排水孔通畅			
		护脚表面无凹陷、坍塌			
		护脚平台及坡面平顺			
		护脚无冲动、淘空、冒水、渗漏			

续表

天气		温度(℃)		湿度(%)	
分部名称	检查标准				检查结果
其他	交通道路的路面平整坚实				
	上堤道路连接平顺				
	安全标志、交通卡口等管护设施完好				
	里程碑、界桩、警示牌、标志牌、护路杆等完好				
	无放牧、种植、取土、开挖施工与爆破等违法违章涉水项目				
	无危害工程安全的行为				
结论、整改建议					

技术负责人：　　　　　　检查人员：　　　　　　检查日期：

表 4.14　变压器(油浸式)定期检查记录表

名称			规格型号			
天气		温度(℃)		湿度(%)		
单位工程	检查部位		检查标准			检查结果
变配电系统	设备	一	管理条件、设备外观			
			设备标识、标牌规范、齐全			
			变压器外观清洁,无锈蚀			
			套管、散热器、支架等无锈蚀、损伤			
			进出线电缆绝缘层无老化现象			
	变压器	二	设备情况			
			变压器表面清洁、无积尘,接地连接可靠,100 kVA 以下的变压器接地点接地电阻不大于 10 Ω,100 kVA 以上的变压器接地点接地电阻不大于 4 Ω,无锈蚀			
			各电气连接部位紧固、无松动,无发热现象			
			呼吸器无损伤,硅胶无变色,油杯油位正常			
			套管及本体油色、油位正常,油温指示正确			
			运行中变压器无异常气味,无异响、异常振动			
			温控仪显示正常,手动测试风机运行无异常			
			带电显示装置工作正常			
			电气预防性试验合格、无异常			
	其他		杆上电气元器件如塔杆、跌落式熔丝、柱上开关、避雷器、引线、绝缘子等正常、无损坏			
			支撑机架无锈蚀,无树木植物、爬藤、鸟窝等影响安全			
结论、整改建议						

技术负责人:　　　　　　　　检查人员:　　　　　　　　检查日期:

表 4.15 变压器(干式)定期检查记录表

名称		规格型号		
天气		温度(℃)		湿度(%)	
单位工程	检查部位		检查标准	检查结果
变配电系统	一		管理条件、设备外观	
	变压器柜		柜内整洁,上墙图表布置齐全、规范	
			柜内照明设施工作正常,通风设备控制可靠,运转正常	
			电磁锁工作正常	
			灭火器材齐全、有效	
	设备		设备标识标牌规范、齐全	
			变压器外观清洁,无锈蚀	
			套管、散热器、支架等无锈蚀、损伤	
	二		设备情况	
	变压器		变压器表面清洁、无积尘,接地连接可靠,100 kVA 以下的变压器接地点接地电阻不大于 10 Ω,100 kVA 以上的变压器接地点接地电阻不大于 4 Ω,无锈蚀	
			各电气连接部位紧固,无松动和发热现象	
			示温贴齐全、无变色、无异常	
			运行中变压器无异常气味,无异响、异常振动	
			温控仪显示正常,手动测试风机运行无异常	
			带电显示装置工作正常	
			电气预防性试验合格、无异常	
	其他		高压环网柜工作正常、无损坏	
结论、整改建议				

技术负责人： 检查人员： 检查日期：

表 4.16 电容补偿柜定期检查记录表

名称		规格型号			
天气		温度(℃)		湿度(%)	
单位工程	检查部位	检查标准			检查结果
配电系统	柜体	柜体外观清洁、无锈蚀,柜内无积尘			
		柜内清洁、无积尘,电缆引线孔洞封堵完好			
		设备标识、编号规范、齐全			
	设备	触头接触紧密,无过热、变色等现象			
		各电气连接部位紧固,无松和发热现象			
		指示灯、按钮、仪表等设备齐全、完整,显示与实际工况相符			
		柜内各开关、熔断器、继电器、接线端子排等连接可靠,工作正常			
		电容器自动投切装置动作可靠,运行正常			
		指示仪表及避雷设施等均开展定期校验			
		电力电容器应在额定电压±5%波动范围内运行,在额定电流30%工况下运行			
		电容器外壳无过度膨胀现象			
		电容器外壳和套管无渗漏油现象			
		电容器套管清洁,无裂痕、破损,无放电现象,接线连接完好			
		外壳接地可靠			
		电力变容器运行室温度不允许超过40℃,外壳温度不允许超过50℃			
结论、整改建议					

技术负责人:　　　　　　检查人员:　　　　　　检查日期:

表 4.17 低压开关柜定期检查记录表

名称			规格型号		
天气		温度(℃)		湿度(%)	
单位工程	检查部位	检查标准			检查结果
配电系统	柜体	柜体外观清洁、无锈蚀,柜内无积尘			
		柜内清洁,无积尘,电缆引线孔洞封堵完好			
		设备标识、编号规范,齐全			
	设备	触头接触紧密,无过热、变色等现象			
		各电气连接部位紧固、无松动,无发热现象			
		二次系统各开关、熔断器、继电器、线路接插件、接线端子排等连接可靠,工作正常,编号齐全、清晰			
		指示灯、按钮、仪表等设备齐全、完整,显示与实际工况相符			
		操作机构分合闸正常,机构无卡涩、变形现象,活动部位无异常磨损,润滑良好			
		断路器的分合控制可靠,位置指示正确			
		接触器、继电器运行声音正常			
		母线开关闭锁装置可靠			
结论、整改建议					

技术负责人: 检查人员: 检查日期:

表 4.18　电缆定期检查记录表

天气		温度(℃)		湿度(％)	
单位工程	检查部位	检查标准			检查结果
配电系统	一般	电缆应排列整齐、固定可靠；电缆标牌应注明电缆线路的走向、编号、型号等			
		电缆外观应无损伤,无过热现象			
		电力电缆室内外终端头分支要有与母线一致的黄、绿、红三色相序标志			
		引入室内的电缆穿墙套管、预留的管洞应封堵严密			
		接地方式正确,绝缘良好,各项试验数据合格			
	电缆桥架	分层分开敷设、布线平顺			
	电缆沟	沟道内电缆支架牢固、无锈蚀,沟道内无积水、无杂物、无易燃物,封堵完好			
	直埋电缆	直埋电缆线路附近地面应无挖掘痕迹；电缆沿线未堆放重物、腐蚀性物品及临时建筑			
		直埋电缆线路在拐弯点、中间接头等处有埋设的标示桩或标志牌,室外露出地面上的电缆的保护钢管或角钢无锈蚀、位移或脱落,标示桩完好无损			
	电气预防性试验	试验合格、无异常			
结论、整改建议					

技术负责人：　　　　　　检查人员：　　　　　　检查日期：

表4.19 柴油发电机组定期检查记录表

名称			规格型号		
天气		温度(℃)		湿度(%)	
单位工程	检查部位	检查标准			检查结果
备用电系统	柴油机	机油油位应正常,机油滤清器完好、不阻塞,油质良好			
		油水分离器、空气滤清器完好			
		气缸盖无变形,气缸垫密封良好			
		正时齿轮磨损、活塞磨损在规定范围内			
		盘车时无卡阻,额定转速时声音正常			
		油温指示表、油压力表指示正常			
		水箱无渗漏水情况,防冻液添加正常			
		表面清洁、无锈蚀情况			
	发电机	发电机绝缘良好			
		接线桩头紧固			
		碳刷磨损在合理范围内			
		盘车时无碰擦声响			
	启动蓄电池	蓄电池外表无变形、破损,桩头紧固无氧化			
		蓄电池电压在规定范围内,容量符合要求			
	操作箱	仪表指示准确,信号灯无损坏、松动,指示正确			
		断路器分合可靠,无电磁噪声,接线桩头紧固			
	其他	排风扇紧固,运转正常			
		柴油机消音器完好,工作正常			
		充电机运作正常			
		编号、标识、标牌齐全、规范			
		排风口和烟道通畅			
结论、整改建议					

技术负责人: 　　　　　　　检查人员: 　　　　　　　检查日期:

表 4.20　电动葫芦定期检查记录表

名称			规格型号		
天气		温度(℃)		湿度(%)	
单位工程	检查部位	检查标准			检查结果
金结系统	电动葫芦	控制可靠,控制行走平稳			
		保护设施、设备运行可靠			
		升降限位能够保证可靠动作,起到保护作用			
		电气器件、线路完好,端子接线无松动和发热现象			
		电机绝缘性能良好,绝缘电阻值均不小于 0.5 MΩ,接地可靠			
		电动动作可靠、运行平稳			
		各操作按钮操作灵活、可靠			
		轨道保养良好,表面平整,平行度符合要求			
		车轮轴承无杂音,轴承润滑良好,无发热			
		吊梁无裂焊、变形			
		刹车制动平稳可靠,不溜钩			
		钢丝绳保养良好,无断丝、断股现象,固定牢固,润滑良好			
		吊钩固定牢固,无裂纹,磨损正常,防脱钩装置完好,无变形,动作灵活可靠			
		变速机构能够保证可靠变速			
		润滑良好,油量油质符合规定			
		防雨设施完备,能够起到保护作用			
		设备编号、标识、标牌齐全、规范			
结论、整改建议					

技术负责人：　　　　　检查人员：　　　　　检查日期：

表 4.21 计算机监控系统定期检查记录表

名称	计算机监控系统		规格型号		
天气		温度(℃)		湿度(%)	
单位工程	检查部位	检查标准			检查结果
自动化监测系统	计算机监控设备	柜内清洁、无积尘,电缆引线孔洞封堵完好			
		操作台、显示器、交换机、光端机等设备外观清洁,无损坏			
		触头接触紧密,无过热和变色等现象			
		指示灯、按钮、仪表等设备齐全、完整,显示与实际工况相符			
		监控计算机工作正常,显示正常			
		网络交换机、光纤收发器等工作正常,网络通畅			
		监控设备采用不间断或逆变供电电源正常			
		上位机软件运行正常			
		上位机监控数据与现地数据显示一致			
		系统报警信息能及时弹出,语音报警提示准确			
结论、整改建议					

技术负责人:　　　　　　检查人员:　　　　　　检查日期:

表 4.22 视频监视系统定期检查记录表

名称			规格型号		
天气		温度(℃)		湿度(%)	
单位工程	检查部位	检查标准			检查结果
自动化监测系统	视频监视设备	视频摄像机图像质量较好、色彩清晰、无干扰			
		摄像机控制云台转动灵活,无明显卡阻现象			
		摄像机焦距调节灵活可靠			
		摄像机防护罩清洁,无破损和老化现象			
		固定摄像机的支架或杆塔无锈蚀损坏			
		硬盘录像机硬盘容量符合要求(可存储10天以上图像)			
		已设置录像状态,可在客户端远程调用历史录像查询			
		视频管理计算机安装客户端软件且工作正常			
		系统内装有杀毒软件,且随时保持更新			
		视频监视器(电视、大屏幕投影机等)外观清洁、图像清晰、色彩还原正常,无干扰			
		视频监视系统防雷设施完好,接地牢固、可靠,接地电阻不大于1Ω			
		机柜清洁,网络交换机、光纤收发机等工作正常,网络通畅			
		根据用户角色设置不同的访问权限			
结论、整改建议					

技术负责人:　　　　　　检查人员:　　　　　　检查日期:

表 4.23 UPS 电源定期检查记录表

名称			规格型号			
天气		温度(℃)		湿度(%)		
单位工程	检查部位	检查标准				检查结果
备用电系统	柜体	柜体外观清洁、无锈蚀,柜内无积尘				
		柜内清洁,无积尘,电缆引线孔洞封堵完好				
		设备标识、编号规范、齐全				
		各电气连接部位紧固、无松动和发热现象				
	蓄电池	电池充满电时在浮充电方式下运行				
		电池柜内无污物、积尘,电池编号齐全				
		电池接线牢固,连接处无锈蚀				
		电池外壳无发热起鼓、无破损现象				
		电池在规定时间内进行了均衡充电和核对性充放电,容量保持在额定容量的 80% 以上				
		各单体电池电压正常				
		蓄电池运行环境温度在 15℃~30℃,湿度应低于 70%RH,无凝露				
	逆变屏(UPS)	柜内各开关、熔断器、继电器、线路接插件、接线端子排等连接可靠,工作正常,编号齐全、清晰				
		外观清洁,散热良好,设备运行无异常声响				
		电源输入、输出电压、电流、频率正常				
		UPS 防雷措施可靠,装置接地完好				
		UPS 启动、自检状况良好,无不正常报警				
结论、整改建议						

技术负责人:　　　　　　检查人员:　　　　　　检查日期:

表 4.24 建筑物定期检查记录表

天气		温度(℃)		湿度(%)	
分部名称	检查标准				检查结果
建筑物主体	建筑物、构筑物经常进行维护,无变形、开裂、露筋、下沉、倾斜和超负荷情况				
墙体	无变形、开裂、露筋、下沉和超负荷情况,装饰层无剥落、皲裂,表面整洁、无污物				
门窗	无缺失、损坏、渗漏,表面整洁、锁具、窗帘完好				
防火涂料	钢结构防火涂料完好,无锈蚀				
避雷设施	无断裂、锈蚀,焊接点保持良好、接地良好,定期检测接地电阻不应大于 10 Ω				
屋面防水	屋面防水层无损坏、开裂、渗漏,落水管道无破损、堵塞				
防护设施	高层厂房、建筑物爬梯、围栏、平台牢固可靠并符合安全要求;防护设施无明显缺陷、腐蚀				
安全通道	安全出口布置合理,安全疏散标志指示明确,通道内通畅无杂物				
通风	房内通风良好,通风设备完好,符合职业卫生防护和防火防爆要求				
室内地面	地面干净整洁,无杂物、破裂、水渍				
照明设备	日常及应急照明齐全、完好,无缺损				
指示标识	指示明确、无遗漏、损坏				
消防设施	设施齐全、配备充足、摆放合理,定期检查、检测结果良好				
电缆沟	电缆沟等电缆敷设途径内无积水,无杂物、易燃物				
其他	设施完好、无损坏				
结论、整改建议					

技术负责人: 　　　　检查人员: 　　　　检查日期:

表 4.25　拦河设施定期检查记录表

天气		温度(℃)		湿度(%)	
分部名称		检查标准			检查结果
上游	基础	无裂缝、剥蚀、露筋、不均匀沉陷;回填土密实,无塌陷			
	浮桶	防腐措施得当,无锈蚀、裂纹、倾斜,沉浮适中,底部固定锤连接牢固			
	钢丝绳	无断丝、断股、锈蚀,油脂防护良好,长度适中			
	连接件	连接牢固,无缺失、损坏			
	警示标识	标识明显,无缺失、损坏			
结论、整改建议					

技术负责人：　　　　　检查人员：　　　　　检查日期：

表 4.26　消防设施定期检查记录表

名称			规格型号		
天气		温度(℃)		湿度(%)	
单位工程	检查部位	检查标准		检查结果	
	消防设备	灭火器放置位置、数量配置合理			
		灭火器定期专人保养到位			
		消防通道指示牌工作正常			
		标识齐全、规范			
		消防砂箱及配备工器具齐全、合理			
		消防警示标语、标识布置完好			
		消防箱内设备齐全、完好			
结论、整改建议					

技术负责人：　　　　　　检查人员：　　　　　　检查日期：

表 4.27 安全监测设施定期检查记录表

天气		温度(℃)		湿度(%)	
单位工程	检查部位	检查标准			检查结果
安全监测设施	一	内外观测设施			
	观测设施	变形测点、断面桩等监测设施无破坏,表面整洁、标识清晰、防护完好			
	监测电缆	内观仪器的电缆无破坏			
	观测站房	观测站房无破坏			
	观测仪器	观测仪器无损坏,按要求定期效验,工作正常			
	二	自动化监测设施			
	监测设施	监测自动化设备、传输线缆、通信设施、防雷和保护设施、供电系统正常工作			
结论、整改建议					

技术负责人:　　　　　　　检查人员:　　　　　　　检查日期:

表 4.28　水文设施定期检查记录表

天气		温度(℃)		湿度(%)	
单位工程	检查部位	检查标准			检查结果
水文设施	一	观测设施			
	基本水尺	牢固、清洁、无锈蚀、无损坏现象			
	水位、雨量计	记录准确、运行可靠、无堵塞,误差小于规定			
	外观	整洁、完好			
	二	流量测验设施			
	水文绞车	外观整洁、连接可靠、运行无异常、变速箱油位正常			
	主索循环索	表面油层均匀、保护良好,无断丝、断股			
	缆道支架	无风化、无变形			
	拉线地锚	稳固可靠、防腐良好			
	控制系统	操作灵活、保护可靠			
	避雷设施	无断裂、锈蚀,焊接点保持良好,接地完好,定期检测接地电阻不应大于 10 Ω			
	流速仪	定期养护、性能可靠			
	信号系统	信号收发可靠、准确			
	三	遥测设备			
	传感器、RTU	运行可靠、显示正确、工作正常			
	电源	线路可靠、电瓶定期保养、工作正常			
	发射天线	连接可靠、防腐良好、无异常现象			
	四	水位传感器			
	传感器	显示准确、运行正常			
	传输电缆	连接可靠、传输正常			
	五	比测记录			
	比测记录	记录完整,字迹工整、清洁			
结论、整改建议					

技术负责人：　　　　　　　　　检查人员：　　　　　　　　　检查日期：

表 4.29 安全用具定期检查记录表

天气		温度(℃)		湿度(%)		
单位工程	检查部位	检查标准				检查结果
高低压系统	验电器	定期试验数据合格,试验报告完整				
		存放环境干燥、通风,无腐蚀气体				
		外观无裂纹、变形、损坏				
		各节连接牢固、无缺失,长度符合要求				
		发声器自检完好,声光正常				
	接地线	接地线数量齐全、无缺失				
		定期试验合格,试验报告完整				
		存放环境干燥、通风,无腐蚀气体				
		外观无裂纹、变形、损坏				
		各连接点牢固,接地线无断股				
	绝缘操作杆	接地线数量齐全、无缺失				
		定期试验合格,试验报告完整				
		存放环境干燥、通风,无腐蚀气体				
		绝缘棒、钩环无裂纹、变形、损坏				
		各节连接牢固、无缺少,长度符合要求				
	安全带(绳)	定期试验合格,试验报告完整				
		存放环境干燥、通风,无腐蚀气体				
		无断线、断股现象,绳带无变质				
		金属部件无锈蚀、变形				
		保险功能完好				
		安全绳带保护套完好,安全绳无打结现象				
	安全帽	应在有效期内				
		存放环境干燥、通风,无腐蚀气体				
		外观清洁、完整,无变形				
		帽壳、帽衬、下颌带、锁紧卡、插接完好				
	绝缘手套	定期试验合格,试验报告完整				
		存放环境干燥、通风,无腐蚀气体				
		表面平滑,无裂纹、划伤、磨损、破漏等损伤				
		无针眼、砂孔				
		无黏结、老化现象				

续表

天气		温度(℃)		湿度(%)	
单位工程	检查部位	检查标准			检查结果
高低压系统	绝缘靴	定期试验合格,试验报告完整			
^	^	存放环境干燥、通风,无腐蚀气体			
^	^	靴底无扎痕			
^	^	靴内无受潮			
^	^	无黏结、老化现象			
^	防毒面具	存放环境干燥、通风良好			
^	^	滤毒罐在有效期内			
^	^	面具、导气软管、呼气阀片、头带、滤毒罐无裂缝、变形、破裂,外观完整			
^	^	面具气密性检查正常			
^	标识标牌	外观完整无破损			
^	^	标识内容清晰			
^	^	标牌颜色、尺寸符合标准			
结论、整改建议						

技术负责人：　　　　　　检查人员：　　　　　　检查日期：

表 4.30 水下检查记录表

检查部位		检查要求	检查情况及存在问题
上游	铺盖、闸墩、翼墙、底板	检查混凝土有无裂缝、异常磨损、剥落、露筋等,水平面上有无淤积、杂物,如有杂物应清除	
	伸缩缝	检查缝口有无破损、填料有无流失,水平、垂直止水有无损坏	
	检修门槽、门前	检查有无块石、树根等杂物,杂物应清除	
	防冲槽	检查块石有无松动、塌陷	
下游	护坦、消力池、消力槛、底板、滚水堰、闸墩、翼墙	检查混凝土有无裂缝、异常磨损、剥落、露筋等,消力池内有无块石,如有块石应清除	
	门槽、门底	检查预埋件损坏情况	
	伸缩缝	检查缝口有无破损、填料有无流失,水平、垂直止水有无损坏	
	防冲槽、护底	检查块石有无松动、塌陷	
检查目的			
对今后工程管理的建议			

续表

建筑物工作状态及水文、气候情况	上游水位		下游水位		气温	
	风向		风级		水温	
作业时间	上游		下游		累计	
作业人员	信号员		记录员		潜水员	
	潜水班负责人		其他有关人员			
存在问题						
原因分析						
建议措施						

4.4 专项检查

4.4.1 基本要求

(1) 专项检查主要为发生地震、风暴潮、台风或其他自然灾害、水闸超过设计标准运行后,或发生重大工程事故后进行的特别检查,应着重检查建筑物、设备和设施的变化和损坏情况,明确安全风险点。

(2) 专项检查应在发生特殊情况后按照检查内容开展检查。

4.4.2 专项检查项目

(1) 本表中"雨情"主要用于填写工程所在地的降雨情况,按照降水量的大小分类:划分为小雨、中雨、大雨、暴雨、大暴雨和特大暴雨6个等级。小雨:0.1~9.9 mm/d;中雨:10~24.9 mm/d;大雨:25~49.9 mm/d;暴雨:50~99.9 mm/d;大暴雨:100~249.9 mm/d;特大暴雨:大于250 mm/d。本表中"地震信息"应填写地震时间、震源、裂度等信息。"台风信息"主要用于填写台风名称、级数、风速以及移动路径情况。"暴雪信息"主要用于填写暴雪名称、级数等情况。"重大工程事故情况"主要用于填写重大工程事故发生的情况。以上均可通过工程所在地的情况据实填写。

(2) 重大工程事故是指由于自然灾害等不可避免的因素或者人员管理原因造成的大事故,造成10人以上30人以下死亡,或者50人以上100人以下重伤,或者5 000万元以上1亿元以下直接经济损失的事故。

(3) 本表中"闸门运行数量"主要填写工程设计投入运行的闸门数量,"河道流量"则根据调水流量情况填写,单位 m^3/s。

(4) 本表中"上游水位"与"下游水位"主要填写水闸上下游水位数据,单位 m。

(5) 本表中"检查结果"项目主要用于记录水闸设施设备情况,"检查结果"填写要详细,如符合检查标准,则填写"正常";如存在问题,则写明具体问题情况。

(6) "存在问题及原因分析"应针对存在问题采取定性结合定量的方式进行描述,特殊情况应附文、附图说明。

(7) "维修方案及计划"应针对水闸工程设施设备存在问题制订专项维修方案与实施计划。

4.2.3 填表说明

单位负责人、技术负责人、检查人员应在表单底部签名,签名应手签,不得简称及代签,字迹应工整。

表4.31 专项检查记录表

年　　月　　日

检查类别	□强烈地震	□台风、暴雨	□暴雪、冰雹	□重大工程事故	□超设计标准运行
上游水位		下游水位		雨情	
闸门运行数量		河道流量		地震信息	
台风信息		暴雪信息		重大工程事故情况	

序号	检查内容	检查结果
1	上下游禁区标志,挡船设施、警示标牌或信号是否完好	
2	土工建筑物有无塌陷、裂缝、渗漏、滑坡;导渗及减压设施有无损坏、堵塞、失效;堤闸连接段有无渗漏等	
3	河道边坡是否因暴雨冲刷出现雨淋沟;绿化植被是否出现大面积倒落、死亡现象;河床有无冲刷、淤积	
4	墩、墙有无倾斜、滑动、勾缝脱落;砼建筑物有无裂缝、露筋等情况;伸缩缝止水有无损坏、漏水及填充物流失等情况	
5	石工建筑物、砼建筑物及块石护坡有无塌陷、松动、隆起;排水设施有无堵塞、损坏等现象	
6	建筑物门窗是否出现碎裂、损坏现象	
7	启闭机械运转是否灵活,制动是否可靠,有无异常声响;钢丝绳有无影响安全的断丝、接头不牢、变形	
8	闸门门体有无影响安全的变形、焊缝开裂或螺栓、铆钉松动;支承行走机构运转是否灵活;止水装置是否完好,门槽、门坎有无损坏	
9	过闸水流是否平顺,水跃是否发生在消力池内,有无折冲水流、回流、漩涡等不良流态	

续表

序号	检查内容	检查结果
10	架空线路的导线接头是否牢固,杆塔是否有倾斜、裂缝现象;绝缘子表面有无损伤情况;拉线、扳桩和线路周围有无障碍物;线路通道是否安全	
11	垂直位移、伸缩缝等安全监测设施是否完好,工程有无明显异常沉陷、偏移、变化、冲淤等现象	
12	上下游水尺有无损坏;测压管是否堵塞;流量测验设施、水位计、传感器等设备是否完好	
存在问题及原因分析		
维修方案及计划		

单位负责人： 技术负责人： 检查人员：

4.5 设备参数

4.5.1 基本要求

（1）设备出厂后应有一块防腐铭牌，铭牌上应注明产品生产厂家、产品目录或者型号、产品序列号和生产日期等。

（2）设备正常投运后应及时将在基建调试阶段的原始信息导入正规设备台账，在建立完善纸质设备台账的同时，还应根据检修管理需要在信息平台上同步建立电子设备台账。

4.5.2 设备参数项目

（1）本表适用于水闸工程主要设备、主要辅助设备和其他设备，其他生产设备可根据情况建立台账或卡片。

（2）本表填写各单位应按照水闸工程设备分类，填写设备名称、型号、生产厂家、生产日期、投运时间、安装位置等参数。

（3）设备投运时间：设备安装完成后投入运行的时间。

（4）安装位置：明确设备安装的位置、方向、主要参照物坐标。

（5）其他主要参数：填写其他主要设备参数。

4.5.3 填表说明

本表用来规定设备主要技术参数。

（1）本记录表用电子版按照填表总则规范填写。

（2）日期填写按照填表总则规范填写。

（3）设备名称应按照说明书填写完整。

（4）生产厂家应填写公司全称。

（5）设备型号不得简写，要写明全称。

表 4.32 设备参数

设备名称				
主要参数	型　号		生产日期	
	额定电压		额定电流	
	额定频率		防护等级	
	……		……	
	……		……	
	生产厂家			
安装位置				
安装单位				
投运时间				
其他主要参数				

4.6 设备评级

4.6.1 设备等级评定汇总表

（1）基本要求

本表主要用于记录各单元工程设备等级评定级汇总的情况。

（2）检查项目

本表中"评定等级"项目主要用于记录各单元工程设备评定情况，"评定等级"需按照评定设备划分的"一类""二类""三类"进行填写。

（3）填表说明

① 本表用来记录设备评级汇总，两年记录一次，并形成台账。

② 检查人员、记录人员、责任人应在表单底部签名，签名应手签，不得简称及代签，字迹应工整。

③ 检查人员应将检查汇总表收集集中管理，并按照档案管理规定妥善保存。

表 4.33 设备等级评定汇总表

编号	设备名称	评定等级
1		
2		
3		
4		
5		
6		
7		
8		
9		
10		
11		
12		
13		
14		
15		
16		
17		
18		
19		
20		
21		
22		

检查人员： 记录人员： 责任人：

4.6.2 设备等级评定表

(1) 管理单位应定期对闸门、启闭机等进行设备评级,设备评级时间应符合下列要求:

① 设备评级周期为每 2 年 1 次,可结合定期检查进行;

② 设备更新后,应及时进行评级;

③ 设备发生重大故障、事故经修理投入运行的次年应进行评级;

④ 投入运行不满 3 年或正在进行更新改造的工程,不进行设备评级。

⑤ 评级工作按照评级单元、单项设备、单位工程逐级评定。

(2) 评级单元为具有一定功能的结构或设备中自成系统的独立项目,如闸门的门叶、启闭机的电机、技术资料等,按下列标准评定一类、二类、三类:

① 一类单元:主要项目 80%(含 80%)以上符合评级单元标准规定,其余项目基本符合规定;

② 二类单元:主要项目 70%(含 70%)以上符合评级单元标准规定,其余项目基本符合规定;

③ 三类单元:达不到二类单元者。

(3) 单项设备为由独立部件组成并且有一定功能的结构或设备,如闸门、启闭机,按下列标准评定一类、二类、三类:

① 一类设备:结构完整,技术状态良好,能保证安全运行,所有评级单元均为一类单元;

② 二类设备:结构基本完整,局部有轻度缺陷,可在短期内修复,技术状态基本完好,不影响安全运行,所有评级单元均为一类、二类单元;

③ 三类设备:达不到二类设备者。

(4) 单位工程为以单元建筑物划分的结构和设备,如节制闸闸门或启闭机,按下列标准评定一类、二类、三类:

① 一类单位工程:单位工程中的单项设备 70%(含 70%)以上评为一类设备,其余均为二类设备;

② 二类单位工程:单位工程中的单项设备 70%(含 70%)以上评为一类、二类设备;

③ 三类单位工程:达不到二类单位工程者。

④ 单位工程被评为三类的应及时申请安全鉴定,并落实处置措施。

(5) 设备评定报告主要内容包括:

① 工程概况;

② 评定范围;

③ 评定工作开展情况;

④ 评定结果;

⑤ 存在问题与措施;

⑥ 设备评级表。

表 4.34 卷扬式启闭机等级评定表

设备名称		制造厂家		评定日期	
设备型号		安装地点		投运时间	

评级单元	检查项目	检查结果 合格	检查结果 不合格	单元等级	备注
电气及显示仪表	有可靠的供电电源和备用电源				
	设备的电气线路布线及绝缘情况				
	各种电器开关及继电器元件				
	电气设备中的保护装置可靠				
	开度仪及其他表计工作正常				
	各种信号指示正确				
润滑要求	润滑部位按规定注入或更换润滑油				
	润滑的油质、油量正常				
	密封性良好,不漏油				
	润滑设备及其零件齐全、完好				
	油路系统畅通无阻				
电动机	能达到铭牌功率,能随时投入运行				
	电机绕组的绝缘电阻合格				
	电机外壳接地应牢固可靠				
制动器	制动器应工作可靠、动作灵活				
	制动轮表面无裂纹、无划痕				
	制动器的闸瓦及制动带正常				
	制动器闸瓦退程间隙正常				
	制动器上的主弹簧及轴销螺钉完好				
	电磁铁在通电时无杂音				
	液压装置工作正常,无渗漏油				
传动系统	减速器齿轮啮合良好,无磨损				
	减速机油位在规定范围				
	轴和轴承完好				
	联轴节完好				
	开式齿轮完好				

续表

评级单元	检查项目	检查结果 合格	检查结果 不合格	单元等级	备注
启闭机构	卷筒装置完好				
	钢丝绳完好				
	排绳器完好				
吊具	吊环、悬挂吊板、心轴等				
	滑轮组零件及滑轮完好				
	花篮螺栓完好				
机架	机架结构(变形、裂缝)				
	钢架结构件的连接、高强螺栓的紧固				
防腐蚀要求	机械的金属结构表面防腐蚀处理完好				
	涂层均匀,整机涂料颜色协调美观				
安全防护	无易燃易爆品堆放,室内设有消防器具				
	电气设施外壳按要求接地				
	启闭机室或启闭工作平台与外界隔离				
工作场所	整齐、清洁、无油污、无废弃物				
	照明可靠等				
设备运行状况	启闭机达到的规定的额定能力				
	启闭机的状态完好				
	按指令操作				
技术资料	设备图纸及产品说明书齐全				
	运行资料齐全、记录完整				
	检修资料齐全、检修记录完整				
评级结果	等级类别	数量	百分比	单项设备等级	
	一类单元				
	二类单元				
	三类单元				

表 4.35　液压式启闭机启闭系统等级评定表

设备名称		制造厂家		评定日期	
设备型号		安装地点		投运时间	

评级单元	检查项目	检查结果 合格	检查结果 不合格	单元等级	备注
电气及显示仪表	有可靠的供电电源和备用电源				
	控制设备中的电气线路布线及绝缘情况				
	各种电器开关及继电器元件完好				
	电气设备中的保护装置可靠				
	开度仪及其他表计工作正常				
	各种信号指示正确				
输油系统	输油管良好,无漏油、渗油				
	输油管道无锈蚀,按规范着色				
液压机构	控制阀组工作正常,动作可靠				
	控制阀组密封完好,无明显渗油、漏油				
	油缸、活塞工作正常				
	油缸无磨损、拉毛、锈蚀				
	活塞无磨损、拉毛、锈蚀				
	油缸无明显漏油、渗油				
	缸体及活塞杆密封完好				
导向、锁定装置	导向装置完好,活塞顶升无明显偏斜				
	导向轨道无锈蚀、变形、变位				
	锁定装置灵活、可靠				
	金属结构表面防腐涂层均匀、完整,无锈蚀				
机架	油管支架无锈蚀、变形、裂缝				
	钢架结构件连接可靠、高强螺栓紧固				
防腐蚀要求	金属结构表面防腐蚀处理完好				
	涂层均匀,整机涂料颜色协调美观				
安全防护	操作室内严禁堆放易燃易爆品,并设置消防器具及设施				
	电气设施外壳按要求接地				
	控制柜前放置绝缘垫				
	操作室与外界隔离				

续表

评级单元	检查项目	检查结果 合格	检查结果 不合格	单元等级	备注
工作场所	整齐、清洁、无油污、无废弃物				
	照明可靠				
设备运行状况	达到额定的启闭能力				
	启闭机的状态完好				
	按指令操作				
技术资料	设备图纸及产品说明书齐全				
	检修资料齐全、检修记录完整				
评级结果	等级类别	数量	百分比	单项设备等级	
	一类单元				
	二类单元				
	三类单元				

表 4.36 液压式启闭机压力油系统等级评定表

设备名称		制造厂家		评定日期		
设备型号		安装地点		投运时间		

评级单元	检查项目	检查结果 合格	检查结果 不合格	单元等级	备注
电气及显示仪表	有可靠的供电电源和备用电源				
	设备中的电气线路布线及绝缘情况				
	各种电器开关及启动设备				
	电气设备中的保护装置可靠				
	各类表计工作正常				
	各种信号指示正确				
储油系统	油箱箱体完好,无变形				
	油箱焊缝无裂纹				
	油箱密封性良好,无漏油、渗油				
	油箱无锈蚀				
	供、回油阀操作灵活,密封良好,无漏油、渗油现象				
	油质合格,油量满足所有油缸启闭要求				
电机	能达到铭牌功率,能随时投入运行				
	电机绕组的绝缘电阻合格				
	电机外壳接地应牢固可靠				
油泵	油泵工作正常				
	油泵的出油量及压力				
	溢流阀组工作正常,动作可靠				
	油泵密封,无明显渗漏油现象				
	进、出油管按规范要求着色				
机架	油箱、油管支架无变形、裂缝				
	钢架结构件连接可靠、高强螺栓紧固				
防腐蚀要求	金属结构表面防腐蚀处理				
	涂层均匀,整机涂料颜色协调美观				
安全防护	油泵室严禁堆放易燃易爆品,并设置消防器具及设施				
	电气设施外壳按要求接地				
	控制柜前放置绝缘垫				
	油泵室与外界隔离				

续表

评级单元	检查项目	检查结果 合格	检查结果 不合格	单元等级	备注
工作场所	整齐、清洁、无油污、无废弃物				
	照明可靠				
设备运行状况	油泵达到规定的额定能力				
	压力油系统完好				
	按指令操作				
技术资料	设备图纸及产品说明书齐全				
	检修资料齐全、检修记录完整				
评级结果	等级类别	数量	百分比	单项设备等级	
	一类单元				
	二类单元				
	三类单元				

表 4.37 闸门等级评定表

设备名称		制造厂家		评定日期		
设备型号		安装地点		投运时间		

评级单元	检查项目	检查结果 合格	检查结果 不合格	单元等级	备注
门叶	面板结构无明显局部变形				
	梁系结构无明显局部变形				
	一、二类焊缝无裂纹				
	吊耳板无任何裂缝和其他缺陷				
	紧固件无松动或缺件现象				
	上下节连接牢靠				
防腐蚀要求	防腐蚀涂层外观				
	锈蚀坑情况				
	防腐措施				
	门体附件及隐蔽部位防腐蚀				
润滑系统	润滑部位加油及灵活程度				
	油脂选用合理,油质合格				
	润滑设备及零件齐全、完好				
	润滑系统畅通无阻				
行走支承装置	主滚轮圆度偏差				
	主滚轮与轨道接触良好				
	侧滚轮转动灵活可靠				
止水	止水密封性及漏水量				
	止水橡皮、止水座完好				
门槽及埋设件	活动门槽固定螺丝无松动、脱落				
	主轨无啃轨及气蚀、无脱落				
	导向轨道表面清洁平整、无脱落				
	门槽混凝土部分完整				
安全设施	扶梯、栏杆、门槽盖板完好				
工作场所	闸门、门槽及附件整洁、无油污				
设备运行情况	闸门操作运行安全可靠、灵活				
	闸门无异常震动及响声				

续表

评级单元	检查项目	检查结果		单元等级	备注
		合格	不合格		
技术资料	图纸资料齐全				
	检修资料齐全、检修记录完整				
评级结果	等级类别	数量	百分比	单项设备等级	
	一类单元				
	二类单元				
	三类单元				

表 4.38 油浸式变压器等级评定表

设备名称		制造厂家		评定日期		
设备型号		安装地点		投运时间		

评级单元	检查项目	检查结果 合格	检查结果 不合格	单元等级	备注
变压器本体	表面清洁、无渗漏油现象				
	绝缘良好,试验数据合格				
	高低压绕组无变形,绝缘完好,无放电痕迹,引线轴头、垫块、绑扎紧固				
变压器油	油位符合要求				
	油质试验数据合格				
分接开关	调节灵活可靠,接触良好				
	运行挡位正确,指示准确				
高低压桩头	接线牢固,示温片未熔化				
	高低压桩头清洁,瓷柱无裂纹、破损				
	高低压相序标识清晰正确				
杆上设备	杆塔、跌落式熔丝、柱上开关、避雷器、引线、绝缘子等工作正常				
接地	接地电阻符合要求				
防腐蚀要求	金属表面无锈蚀、防腐良好				
	涂层均匀,整机涂料颜色协调美观				
安全防护	有安全设施、警示标牌				
工作场所	整齐、清洁、无废弃物				
运行状况	运行无异常振动、声响				
	运行温度符合要求				
技术资料	图纸资料齐全				
	操作记录齐全,符合要求				
	检修资料、检修记录齐全				
	试验资料齐全				
评级结果	等级类别	数量		百分比	单项设备等级
	一类单元				
	二类单元				
	三类单元				

表 4.39 干式变压器等级评定表

设备名称		制造厂家		评定日期	
设备型号		安装地点		投运时间	

评级单元	检查项目	检查结果 合格	检查结果 不合格	单元等级	备注
变压器本体	表面清洁				
	绝缘良好,试验数据合格				
	高低压绕组无变形、绝缘完好、无放电痕迹,引线轴头、垫块、绑扎紧固				
分接开关	调节灵活可靠,接触良好				
	运行挡位正确,指示准确				
冷却风机	接线可靠,温度指示准确,工作正常				
	风机开停机温度设置正确,自动启停正常				
高低压桩头	接线牢固、示温片未熔化				
	高低压桩头清洁,瓷柱无裂纹、破损				
	高低压相序标识清晰正确				
高压环网柜	工作正常,无异常				
接地	接地电阻符合要求				
防腐蚀要求	金属表面无锈蚀、防腐良好				
	涂层均匀,整机涂料颜色协调美观				
安全防护	有安全设施、警示标牌				
工作场所	整齐、清洁、无废弃物				
运行状况	运行无异常振动、声响				
	运行温度符合要求				
技术资料	图纸资料齐全				
	操作记录齐全,符合要求				
	检修资料、检修记录齐全				
	试验资料齐全				
评级结果	等级类别	数量		百分比	单项设备等级
	一类单元				
	二类单元				
	三类单元				

表 4.40 柴油发电机组等级评定表

设备名称		制造厂家		评定日期	
设备型号		安装地点		投运时间	

评级单元	检查项目	检查结果 合格	检查结果 不合格	单元等级	备注
电气及显示仪表	各种电器开关及继电器元件				
	表计工作正常、信号指示正确				
柴油机	缸体、附件完整、完好				
	空气滤清器、涡轮增压及配气机构工作正常				
	润滑油供油系统工作正常,油位、油压符合运行要求				
	冷却系统工作正常,水温符合运行要求				
	轴承、起动齿轮无异常声响				
	起动电机、充电发电机工作正常				
蓄电池	电解液液位及电解液比重(电量)				
	电缆接线桩头紧固及氧化防护				
发电机	能达到铭牌技术参数要求				
	发电机绕组的绝缘电阻合格				
	发电机励磁调节机构工作正常				
	联轴器连接牢固可靠				
	发电机外壳接地应牢固可靠				
防腐蚀要求	金属表面无锈蚀、防腐良好				
	涂层均匀,整机涂料颜色协调美观				
安全防护	安全护罩完好				
	严禁堆放易燃易爆品,设有消防器具及黄沙箱				
工作场所	整齐、清洁、无油污、无废弃物				
	照明等				
设备运行状况	达到规定的额定电压、频率、功率				
	运行状态完好				
	操作符合规程				
技术资料	设备图纸及产品说明书齐全				
	检修资料齐全、检修记录完整				

续表

评级单元	检查项目		检查结果		单元等级	备注
			合格	不合格		
评级结果	等级类别	数量	百分比		单项设备等级	
	一类单元					
	二类单元					
	三类单元					

表 4.41 低压配电柜设备评定表

设备名称		制造厂家		评定日期	
设备型号		安装地点		投运时间	

评级单元	检查项目	检查结果 合格	检查结果 不合格	单元等级	备注
柜体	柜体结构牢固,油漆保护完整,无锈蚀				
	铭牌标志正确清晰完整				
	表面清洁,无灰尘污垢,无变形				
	柜内整洁,无积垢				
	封闭严密,无小动物痕迹,电缆进出孔封板完整				
断路器	开关容量满足实际运行要求				
	过流脱扣装置按要求整定				
	欠压脱扣装置按要求整定				
	进出线桩头连接紧固,无过热现象				
	辅助触点接触良好,动作可靠				
互感器	变比选择合适				
	进出线桩头连接紧固,无过热现象				
熔断器	熔断器外观无损伤、开裂、变形,绝缘部分无闪烁放电痕迹				
	熔断器各接触点完好、接触紧密,无过热现象				
	进出线桩头连接紧固,无过热现象				
	熔断器熔断信号指示器指示正常				
	熔断器和熔体的额定值与被保护设备相配合				
抽屉结构及插件	抽屉轨道无变形、无卡阻				
	一次插件接触良好,无过热现象				
	二次插件接触良好				
仪表及指示灯	仪表误差符合规程规定				
	回零位好,可动部件转动灵活				
	外壳、玻璃、端子、刻度盘、指针、零位调整器完整,封闭严密				
	仪表机械部分零件无松动或焊接不良现象				
	数字表显示正确				
	指示灯完好,显示正确				

续表

评级单元	检查项目	检查结果 合格	检查结果 不合格	单元等级	备注
二次线路	套管标号完整、清晰				
	二次接线正确,绝缘良好,排列整齐、规范				
安全防护	柜体与四壁安全距离应符合规范规定				
	外壳接地可靠,接地电阻符合规范要求				
	按要求配备绝缘垫				
工作场所	整齐、清洁、无油污、无废弃物				
	照明光照度符合要求				
	严禁堆放易燃易爆品,并设有消防器具				
设备运行情况	操作灵活,运行可靠				
	运行时无异常温升及响声				
技术资料	图纸资料齐全				
	检修资料齐全、检修记录完整				
	试验资料齐全				
评级结果	等级类别	数量	百分比	单项设备等级	
	一类单元				
	二类单元				
	三类单元				

表 4.42 低压控制柜设备评定表

设备名称		制造厂家		评定日期	
设备型号		安装地点		投运时间	

评级单元	检查项目	检查结果 合格	检查结果 不合格	单元等级	备注
柜体	柜体结构牢固,油漆保护完整,无锈蚀				
	铭牌标志正确清晰完整				
	表面清洁,无灰尘污垢,无变形				
	柜内整洁,无积垢				
	封闭严密,无小动物痕迹,电缆进出孔封板完整				
断路器	开关容量满足实际运行要求				
	过流脱扣装置按要求整定(如有)				
	欠压脱扣装置按要求整定(如有)				
	进出线桩头连接紧固,无过热现象				
	辅助触点接触良好,动作可靠				
启动设备	软启动器整体结构完整,风扇运行正常				
	软启动器设置运行方式正确,符合被控设备要求				
	软启动器继电保护功能正常,反应灵敏				
	交流接触器主触点接触良好,无烧灼现象				
	交流接触器辅助触点接触良好				
	进出线桩头连接紧固,无过热现象				
互感器	变比选择合适				
	进出线桩头连接紧固,无过热现象				
热继电器	热元件性能稳定,触点动作可靠				
	试验数据合格,整定数值正确				
	整体结构完整,无破损				
仪表及指示灯	仪表误差符合规程规定				
	回零位好,可动部件转动灵活				
	外壳、玻璃、端子、刻度盘、指针、零位调整器完整,封闭严密				
	仪表机械部分零件无松动或焊接不良现象				
	数字表显示正确				
	指示灯完好,显示正确				

续表

评级单元	检查项目	检查结果 合格	检查结果 不合格	单元等级	备注
二次线路	套管标号完整、清晰				
	二次接线正确,绝缘良好,排列整齐、规范				
安全防护	柜体与四壁安全距离应符合规范规定				
	外壳接地可靠,接地电阻符合规范要求				
	按要求配备绝缘垫				
工作场所	整齐、清洁、无油污、无废弃物				
	照明光照度符合要求				
	严禁堆放易燃易爆品,并设有消防器具				
设备运行情况	操作灵活,运行可靠				
	运行时无异常温升及响声				
技术资料	图纸资料齐全				
	检修资料齐全、检修记录完整				
	试验资料齐全				
评级结果	等级类别	数量	百分比	单项设备等级	
	一类单元				
	二类单元				
	三类单元				

表 4.43 电容补偿柜设备评定表

设备名称		制造厂家		评定日期	
设备型号		安装地点		投运时间	

评级单元	检查项目	检查结果 合格	检查结果 不合格	单元等级	备注
柜体	柜体结构牢固,油漆保护完整,无锈蚀				
	铭牌标志正确清晰完整				
	表面清洁,无灰尘污垢,无变形				
	柜内整洁,无积垢				
	封闭严密,无小动物痕迹,电缆进出孔封板完整				
隔离刀闸	隔离刀闸容量满足实际运行要求				
	进出线桩头连接紧固,无过热现象				
开关	开关容量满足实际运行要求				
	过流脱扣装置按要求整定(如有)				
	欠压脱扣装置按要求整定(如有)				
	进出线桩头连接紧固,无过热现象				
	辅助触点接触良好,动作可靠				
互感器	变比选择合适				
	进出线桩头连接紧固,无过热现象				
热继电器	热元件性能稳定,触点动作可靠				
	试验数据合格,整定数值正确				
	整体结构完整,无破损				
仪表及指示灯	仪表误差符合规程规定				
	回零位好,可动部件转动灵活				
	外壳、玻璃、端子、刻度盘、指针、零位调整器完整,封闭严密				
	仪表机械部分零件无松动或焊接不良现象				
	数字表显示正确				
	指示灯完好,显示正确				
自动补偿装置	补偿装置运行正常,工作可靠				
电容	电容器表面清洁,无膨胀、渗漏液等现象				
	电容器组连接紧固,接头无松动、过热等现象				
	电容器各路容量平衡,符合要求				

续表

评级单元	检查项目	检查结果 合格	检查结果 不合格	单元等级	备注
二次线路	套管标号完整、清晰				
	二次接线正确，绝缘良好，排列整齐、规范				
安全防护	柜体与四壁安全距离应符合规范规定				
	外壳接地可靠，接地电阻符合规范要求				
	按要求配备绝缘垫				
工作场所	整齐、清洁、无油污、无废弃物				
	照明光照度符合要求				
	严禁堆放易燃易爆品，并设有消防器具				
设备运行情况	操作灵活，运行可靠				
	运行时无异常温升及响声				
技术资料	图纸资料齐全				
	检修资料齐全、检修记录完整				
	试验资料齐全				
评级结果	等级类别	数量	百分比	单项设备等级	
	一类单元				
	二类单元				
	三类单元				

表 4.44 计算机监控及视频监视系统设备评定表

设备名称		制造厂家		评定日期	
设备型号		安装地点		投运时间	

评级单元	检查项目	检查结果 合格	检查结果 不合格	单元等级	备注
计算机监控系统	硬件配置满足系统要求				
	运行速度达到相关要求				
	与现场监控单元,保护装置等通讯良好				
	表面整洁,各部位接线正确,排列整齐,图纸说明书等齐全				
	控制准确、可靠;预告、报警、位置等信号、各电气量准确、可靠				
	音响、显示报警系统正常				
	监控系统安装防病毒软件,定期进行防病毒软件升级和系统程序漏洞修补				
	监控系统软件已进行备份并做好记录				
	历史数据已定期转录并存档				
	监控系统装置不间断电源工作正常				
视频监视系统	视频摄像头工作良好,球形摄像头能灵活调节				
	视频监控主机工作良好,能根据需要记录监控信息				
	视频控制器能准确完成所有摄像头的调节				
	各摄像头表面整洁,室外摄像头定期擦拭				
	接线正确,接头紧固				
评级结果	等级类别	数量	百分比	单项设备等级	
	一类单元				
	二类单元				
	三类单元				

表 4.45　UPS 电源评定表

设备名称		制造厂家		评定日期	
设备型号		安装地点		投运时间	

评级单元	检查项目	检查结果		单元等级	备注
^	^	合格	不合格	^	^
蓄电池组	表面清洁,无灰尘积垢,无漏液爬酸现象				
^	蓄电池体无膨胀变形、发热现象				
^	绝缘良好,无严重沉淀物				
^	定期检查容量电压应在正常范围,无过充、欠充现象				
^	引线接头连接牢固				
UPS	无异响异味				
^	指示正常,无故障报警				
^	输出电压正常				
评级结果	等级类别	数量		百分比	单项设备等级
^	一类单元				
^	二类单元				
^	三类单元				

表 4.46 电动葫芦设备评定表

设备名称		制造厂家		评定日期	
设备型号		安装地点		投运时间	

评级单元	检查项目	检查结果 合格	检查结果 不合格	单元等级	备注
电动葫芦	手电门上下、左右、前后动作灵敏可靠,电动葫芦空载运行无异常响声				
	制动器灵活可靠				
	吊钩在圆周和垂直方向转动灵活				
	吊钩组的滑轮转动灵活				
	吊钩止动螺母防松无异常现象				
	钢丝绳未脱开滑轮轮槽				
	钢丝绳正确缠绕在卷筒绳槽内				
	钢丝绳润滑良好				
	吊具和限位装置正常、可靠				
评级结果	等级类别	数量	百分比	单项设备等级	
	一类单元				
	二类单元				
	三类单元				

4.7 设备检修

4.7.1 基本要求

（1）水闸工程根据设备的使用情况和技术状态，编报年度检修计划。

（2）对运行中发生的设备缺陷，应及时处理。对易磨易损部件进行清洗检查、维护修理、更换调试等应适时进行。

（3）设备的检修能提高设备健康水平、提高可用系数，也是充分发挥设备潜力的重要措施。

（4）设备检修工作要贯彻挖潜、革新、改造的方针，不断提高检修质量，改进设备、改进工艺，努力做到质量好、工效高、用料省、安全可靠。

4.7.2 设备检修项目

（1）检修类别：包括定期性检修、改进性检修、诊断检修，应明确是哪一类。

（2）检修日期：计划和实际检修起始日期。

（3）修前状况：明确设备检修前运行情况和存在的主要问题。

（4）检修内容：检修过程中进行的特殊项目、消除的主要缺陷。

（5）检修部位：明确设备位置、设备部位，精确到方向、零件。

（6）检修过程：填写检修中发现的主要问题及处理情况和处理的方法。

（7）更换主要零配件：包括名称、规格型号、数量、制造厂家、制造日期、保质期、安装地点等内容。

（8）修后状况：填写设备检修后主要试验数据和检修后遗留问题及对策。

（9）检修结束时间：设备实际检修停止时间。

（10）验收记录：有关负责人填写验收意见，对设备检修的总体评价用优、良、合格、不合格表示。

4.7.3 填表说明

（1）本表用来反应设备检修过程及记录。

（2）日期填写按照填表总则规范填写。

（3）记录表必须用黑色水笔填写，按照填表总则规范填写。

（4）原则上设备检修记录表由检修人员填写，部门负责人、技术负责人负责检修质量验收、确认。

表 4.47 设备检修记录

检修类别			检修日期	
修前状况				
检修记录	检修部位			
	检修内容			
	检修过程（处理方法）			
	更换主要零配件			
	检修负责人		检修人	检修结束时间
修后状况				
验收记录	验收意见： 部门负责人：		验收意见： 技术负责人：	
备注				

5 工程观测

工程观测填表说明

（1）本章表格适用于水闸工程管理单位工程观测的成果编制。

（2）各工程观测数据应在满足误差允许范围后填写。

（3）工程观测表格按下列程序进行校核：①表格编制人员对已制成的表格按《江苏省水利工程观测规程》等规范进行自检，并在自检无误后签字；②自检合格后，交于一校检查；③一校收到表格后，及时进行检查，检查无误后，签字并将表格交于二校；④二校收到表格后，及时检查，检查无误后，签字并将表格存档。

（4）一校、二校检查包括下列内容：①检查工程观测资料是否真实、齐全；②检查工程观测资料是否满足《江苏省水利工程观测规程》等规范的规定，检查无误后，一校、二校履行相应签认手续。

5.1 观测任务书

表 5.1 观测任务书

工程概况						
序号	观测项目		观测方法	观测精度	限差要求	观测成果要求
1	垂直位移	工作基点考证				
		标点观测				
2	水平位移	工作基点考证				
		标点观测				
3	河道/引河断面观测	过水断面观测				
		断面桩桩顶高程考证				
4	测压管	管口高程考证				
		灵敏度试验				
		水位观测				
5	伸缩缝					

5.2 垂直位移工作基点高程考证

5.2.1 基本要求

本表适用于每次工作基点高程考证时填写。

5.2.2 定义和术语

（1）基点编号：工作基点以 BMn 表示，n 为同一工程工作基点序号。

（2）原始观测：工作基点埋设稳定后，第一次工作基点考证得到的工作基点高程。

（3）上次观测：距离本次考证时间最近的一次工作基点考证得到的工作基点高程。

（4）本次观测：本次工作基点考证得到的工作基点高程。

5.2.3 填表说明

（1）编制、一校、二校应于表单尾部签名。签名时要写全名，不能仅写一个姓或连写，字迹要工整，能被所有人认清。

（2）高程数据保留 4 位小数，单位为 m。

表 5.2　垂直位移工作基点高程考证

基点编号	原始观测		上次观测		本次观测		备 注
	观测日期	高程(m)	观测日期	高程(m)	观测日期	高程(m)	

5.3 垂直位移观测标点考证

5.3.1 基本要求

本表适用于每次垂直位移观测标点考证时填写。

5.3.2 术语与定义

(1) 标点编号:观测标点应自上游至下游、从左到右顺时针方向编号,底板部位以 X－X 表示,其中前一个 X 表示底板号,后一个 X 表示标点号;左右岸墙以□□X 表示,□□注明左岸或右岸,X 表示标点编号;翼墙的垂直位移标点以□□□X－X 表示,□□□注明上(下)左(右)翼,前一个 X 是上(下)翼墙的底板号,后一个 X 表示标点号。部位填写标点所在部位,编号填写标点编号。

(2) 埋设日期:新标点埋设的时间。

(3) 原标点高程:旧标点最后一次测量的高程。

(4) 原标点间隔位移量:旧标点倒数第二次测量的高程值减最后一次高程值得到结果乘以 1 000。

(5) 原标点累计位移量:旧标点首次测量的原始高程值减最后一次高程得到结果乘以 1 000。

(6) 新标点高程:本次观测的新标点的高程值。

(7) 推算新标点上次高程:本次新标点高程加上间隔位移量乘以 1 000。

(8) 推算新标点原始高程:本次新标点高程加上累计位移量乘以 1 000。

5.3.3 填表说明

(1) 编制、一校、二校应于表单尾部签名。签名时要写全名,不能仅写一个姓或连写,字迹要工整,能被所有人认清。

(2) 高程数据保留 4 位小数,单位 m。

表 5.3 垂直位移观测标点考证

标点		埋设日期	原标点(末次)				新标点				备注
部位	编号		观测日期	高程(m)	间隔位移量(mm)	累计位移量(mm)	考证日期	高程(m)	推算新标点上次高程(m)	推算新标点原始高程(m)	

5.4 垂直位移变化统计

5.4.1 基本要求

本表适用于每次垂直位移量统计时填写。

5.4.2 术语与定义

(1) 标点编号:观测标点应自上游至下游、从左到右顺时针方向编号,底板部位以 X－X 表示,其中前一个 X 表示底板号,后一个 X 表示标点号;左右岸墙以□□X 表示,□□注明左岸或右岸,X 表示标点编号;翼墙的垂直位移标点以□□□X－X 表示,□□□注明上(下)左(右)翼,前一个 X 是上(下)翼墙的底板号,后一个 X 表示标点号。部位填写标点所在部位,编号填写标点编号。

(2) 累计位移量:历次观测后上次观测的标点高程值减本次观测的标点高程值。

(3) 最大累计位移量:历次累计位移量中绝对值最大的累计位移量值。

(4) 最大累计位移量测点编号:最大累计位移量出现的标点编号。

(5) 最大累计位移量观测时间:最大累计位移量值出现的时间。

(6) 最大累计位移量历时:为首次观测时间减最大累计位移量出现的时间。

(7) 相邻最大不均匀量:相邻两点累计位移量相减得到的绝对值最大的值。

(8) 相邻最大不均匀量标点编号:相邻两点累计位移量相减得到的绝对值最大的值出现的标点编号。

(9) 相邻最大不均匀量观测时间:相邻两点累计位移量相减得到的绝对值最大的值出现的时间。

(10) 相邻最大不均匀量历时:首次观测时间减相邻两点累计位移量相减得到的绝对值最大值出现的时间。

5.4.3 填表说明

(1) 编制、一校、二校应于表单尾部签名。签名时要写全名,不能仅写一个姓或连写,字迹要工整,能被所有人认清。

(2) 位移量保留 1 位小数,单位 mm。

表 5.4　垂直位移量变化统计

测点部位	编号	累计位移量（mm）							
		（2011年08月01日）	（2011年11月05日）	…					
统计	部位	最大累计位移量（mm）	最大累计位移量测点编号	最大累积位移量观测日期	最大累积位移量历时(年)	相邻最大不均匀量（mm）	相邻最大不均匀量点部位、编号	相邻最大不均匀量观测日期	相邻最大不均匀量历时(年)

5.5 垂直位移观测成果

5.5.1 基本要求

本表适用于每次编制垂直位移观测成果时填写。

5.5.2 术语与定义

(1) 始测日期:埋设后首次观测的时间。

(2) 上次观测日期:上次垂直位移观测的时间。

(3) 本次观测日期:本次垂直位移观测的时间。

(4) 间隔天数:上次观测日期到本次观测日期的天数。

(5) 测点部位、编号:观测标点应自上游至下游、从左到右顺时针方向编号,底板部位以 X—X 表示,其中前一个 X 表示底板号,后一个 X 表示标点号;左右岸墙以□□X 表示,□□注明左岸或右岸,X 表示标点编号;翼墙的垂直位移标点以□□□X—X 表示,□□□注明上(下)左(右)翼,前一个 X 是上(下)翼墙的底板号,后一个 X 表示标点号。部位填写标点所在部位,编号填写标点编号。

(6) 始测高程:埋设后首次观测的测点的高程。

(7) 上次观测高程:上次垂直位移观测的测点高程。

(8) 本次观测往测高程:本次垂直位移观测往测的测点高程。

(9) 本次观测返测高程:本次垂直位移观测返测的测点高程。

(10) 本次观测高程差值:本次垂直位移观测往测的测点高程减本次垂直位移观测返测的测点高程。

(11) 本次观测平均高程:本次垂直位移观测往测的测点高程和本次垂直位移观测返测的测点高程的平均值。

(12) 间隔位移量:上次垂直位移观测的测点高程减本次观测平均高程乘以 1 000。

(13) 累计位移量:始测高程减本次观测平均高程乘以 1 000。

5.5.3 填表说明

(1) 编制、一校、二校应于表单尾部签名。签名时要写全名,不能仅写一个姓或连写,字迹要工整,能被所有人认清。

(2) 高程数据保留 4 位小数,单位 m。

(3) 位移量数据保留 1 位小数,单位 mm。

表 5.5　垂直位移观测成果

始测日期		上　次 观测日期		本　次 观测日期				间隔 天数		
测点		始测 高程 (m)	上次观 测高程 (m)	本次观测				间隔 位移量 (mm)	累计 位移量 (mm)	备注
部位	编号			往测高程 (m)	返测高程 (m)	高程差值 (mm)	平均高程 (m)			

5.6 测压管管口高程考证

5.6.1 基本要求
本表适用于每次管口高程考证时填写。

5.6.2 术语与定义
（1）编号：水闸、闸室底板部位用三位阿拉伯数码编写，前二位表示所在底板（底板编号不足两位时，第一位为0），第三位数字为同一组测压管自上游至下游的排列顺序号；岸、翼墙的测压管分别按□□□XX型式编写，□□□注明左(右)岸或上(下)左(右)翼，第一位数字表示分段，第二位数字表示该管号。

（2）埋设日期：埋设测压管的日期。

（3）始测日期：埋设测压管后首次观测测压管管口高程的日期。

（4）始测高程：埋设测压管后首次观测测压管管口高程得到的高程值。

（5）考证日期：本次观测测压管管口高程的日期。

（6）考证高程：本次观测测压管管口高程得到的高程值。

5.6.3 填表说明
（1）编制、一校、二校应于表单最后签名。签名时要写全名，不能仅写一个姓或连写，字迹要工整，能被所有人认清。

（2）高程数据保留2位小数，单位m。

表 5.6　测压管管口高程考证

编号	埋设日期	始测日期	始测高程	考证日期	考证高程	备 注

5.7 测压管水位统计

5.7.1 基本要求
本表适用于测压管水位统计时填写。

5.7.2 术语与定义
（1）观测时间：本年度历次测压管观测时间。
（2）上游水位：每次观测时间对应的上游水位。
（3）下游水位：每次观测时间对应的下游水位。
（4）测压管水位：第一行为测压管编号，水闸、闸室底板部位用三位阿拉伯数码编写，前二位表示所在底板（底板编号不足两位时，第一位为0），第三位数字为同一组测压管自上游至下游的排列顺序号，岸、翼墙的测压管分别按□□XX 型式编写，□□注明左（右）岸或上（下）左（右）翼，第一位数字表示分段，第二位数字表示该管号。第二行开始为历次测压管观测时间对应的测压管水位。

5.7.3 填表说明
（1）编制、一校、二校应于表单尾部签名。签名时要写全名，不能仅写一个姓或连写，字迹要工整，能被所有人认清。
（2）水位数据保留2位小数，单位 m。

表5.7 测压管水位统计

观测时间				水位(m)		测 压 管 水 位（m）			
月	日	时	分	上游	下游	（底板011）	（底板012）	…	

5.8 测压管淤积观测成果

5.8.1 基本要求
本表适用于编制测压管淤积观测成果时填写。

5.8.2 术语与定义
（1）上次观测时间：上次观测测压管淤积时间。

（2）本次观测时间：本次观测测压管淤积时间。

（3）间隔天数：上次测压管淤积观测时间减本次测压管淤积观测时间得到的天数。

（4）部位、编号：水闸、闸室底板部位用三位阿拉伯数码编写，前二位表示所在底板（底板编号不足两位时，第一位为 0），第三位数字为同一组测压管自上游至下游的排列顺序号，岸、翼墙的测压管分别按□□□XX 型式编写，□□□注明左（右）岸或上（下）左（右）翼，第一位数字表示分段，第二位数字表示该管号。"部位"栏填写部位，"编号"栏填写编号。

（5）管口高程：对应测压管最近一次管口高程考证的高程数据。

（6）管底高程：工程交付时施工单位交付的管底高程数据。

（7）上次观测淤积厚度：上次测压管淤积观测得到的淤积厚度。

（8）本次观测淤积厚度：本次测压管淤积观测得到的淤积厚度。

5.8.3 填表说明
（1）编制、一校、二校应于表单尾部签名。签名时要写全名，不能仅写一个姓或连写，字迹要工整，能被所有人认清。

（2）测压管管口高程、管底高程数据保留 2 位小数，单位 m。

（3）淤积厚度数据保留 2 位小数，单位 cm。

表 5.8 测压管淤积观测成果

上次观测时间		本次观测时间		间隔天数	
测压管		管口高程（m）	管底高程（m）	淤积厚度(cm)		备 注
部位	编号			上次观测	本次观测	

5.9 测压管灵敏度试验

5.9.1 基本要求
本表适用于测压管灵敏度试验时填写。

5.9.2 术语与定义
（1）部位：闸室底板部位用三位阿拉伯数码编写，前二位表示所在底板（底板编号不足两位时，第一位为 0），第三位数字为同一组测压管自上游至下游的排列顺序号，岸、翼墙的测压管分别按□□□XX 形式编写，□□□注明左（右）岸或上（下）左（右）翼，第一位数字表示分段，第二位数字表示该管号。"部位"栏填写部位，"测压管编号"栏填写编号。

（2）日期：本次测压管灵敏度试验日期。

（3）注（放）水开始时间：注（放）水开始的时间。

（4）注（放）水结束时间：注（放）水结束的时间。

（5）注（放）水前管中水位：注（放）水前管口至水面距离，填写在"管口至水面距离"栏，管口高程减去管口至水面距离得到的数据填写在"测压管水位"栏。

（6）注（放）水后管中水位：注（放）水后管口至水面距离，填写在"管口至水面距离"栏，管口高程减去管口至水面距离得到的数据填写在"测压管水位"栏。

（7）注（放）水后各时段管中水位：注（放）水后各时段管口至水面距离，填写在"管口至水面距离"栏，管口高程减去管口至水面距离得到的数据填写在"测压管水位"栏。

（8）测压管水位：管口高程减去管口至水面距离得到的数据。

（9）平均水头落（涨）差速度：水头落（涨）差除以注（放）水后恢复至原水位所需时间得到的速度。

（10）注（放）水后恢复时间：注（放）水后恢复至原水位所需时间。

（11）最大水头落（涨）差速度：从开始至结束每个小时内水头落（涨）差值的最大值。

5.9.3 填表说明
（1）表单要用蓝色或黑色签字笔填写或打印。

（2）表单填写字迹要工整，易识别。

（3）表单填写内容要真实准确，不得弄虚作假。

（4）表单填写不得有漏填或空项，不得随意涂改。

（5）编制、一校、二校应于表单尾部签名。签名时要写全名，不能仅写一个姓或连写，字迹要工整，能被所有人认清。

（6）管口至水面距离、测压管水位数据保留 2 位小数，单位 m。

（7）平均水头落（涨）差速度、最大水头落（涨）差速度不保留小数位。

表5.9 测压管灵敏度试验成果

部位		测压管编号		注(放)水开始时间	
日期		注(放)水量		注(放)水结束时间	
资料名称		累计时间	管口至水面距离(m)	测压管水位(m)	备注
注(放)水前管中水位					进水管段在土料中,其渗透系数为　　m/昼夜
注(放)水后管中水位					
注(放)水后各时段管中水位		5分钟			
		10分钟			
		15分钟			
		…			
平均水头落(涨)差(cm/h)		注放水后水位恢复时间(h)			
最大水头落(涨)差(cm/h)		测压管灵敏度		优/劣	

5.10 河床断面桩顶高程考证

5.10.1 基本要求

本表适用于每次河床断面桩顶高程考证时填写。

5.10.2 术语与定义

(1) 断面编号:建筑物引河断面编号按上、下游分别编列,以 C.S.n 上(下)X+XXX 表示,n 表示断面的顺序,X+XXX 表示引河断面至建筑物中心线距离。

(2) 里程桩号:引河断面至建筑物中心线距离。

(3) 位置:断面桩所在闸(闸室)上(下)游。

(4) 埋设日期:断面桩埋设的日期。

(5) 观测日期:本次桩顶高程考证的日期。

(6) 桩顶高程:本次河床断面高程考证的左(右)岸桩顶高程数据。

(7) 断面宽:断面上左右岸桩顶之间的距离。

5.10.3 填表说明

(1) 编制、一校、二校应于表单尾部签名。签名时要写全名,不能仅写一个姓或连写,字迹要工整,能被所有人认清。

(2) 高程数据保留 4 位小数,单位 m。

(3) 断面宽保留 1 位小数,单位 m。

表 5.10　河床断面桩顶高程考证

断面编号	里程桩号	位置	埋设日期	观测日期	桩顶高程(m) 左岸	桩顶高程(m) 右岸	断面宽(m)	备注

5.11 河床断面观测成果

5.11.1 基本要求
本表适用于每次编制河床断面观测成果时填写。

5.11.2 术语与定义
(1) 断面编号:建筑物引河断面编号按上、下游分别编列,以 C.S.n 上(下)X+XXX 表示,n 表示断面的顺序,X+XXX 表示引河断面至建筑物中心线距离。

(2) 里程桩号:引河断面至建筑物中心线距离。

(3) 观测日期:本次河床断面观测的日期。

(4) 点号:从左岸断面桩开始所测数据的顺序。

(5) 起点距:对应点号所在位置到左岸断面桩的距离。

(6) 高程:对应点号所在位置的高程。

5.11.3 填表说明
(1) 编制、一校、二校应于表单尾部签名。签名时要写全名,不能仅写一个姓或连写,字迹要工整,能被所有人认清。

(2) 里程桩号书写方式为:X+XXX。

(3) 高程数据保留 2 位小数,单位 m。

(4) 起点距保留 1 位小数,单位 m。

表 5.11　河床断面观测成果

断面编号			里程桩号			观测日期		
点号	起点距（m）	高程（m）	点号	起点距（m）	高程（m）	点号	起点距（m）	高程（m）

5.12 河床断面冲淤量

5.12.1 基本要求
本表适用于编制河床断面冲淤量比较表时填写。

5.12.2 术语与定义
(1) 工程竣工日期：工程竣工的日期。

(2) 上次观测日期：上次河床断面观测日期。

(3) 本次观测日期：本次河床断面观测日期。

(4) 计算水位：计算水位为设定的计算断面的水位。

(5) 断面编号：建筑物引河断面编号按上、下游分别编列，以 C.S.n 上(下)X+XXX 表示，n 表示断面的顺序，X+XXX 表示引河断面至建筑物中心线距离。

(6) 计算水位断面宽：在计算水位下通过计算得到的标准断面宽、上次观测断面宽和本次观测断面宽，单位 m。

(7) 深泓高程：断面上的最低高程，分别填写标准断面深泓高程、上次观测断面深泓高程和本次观测断面深泓高程，单位 m。

(8) 断面间距：相邻两断面之间的距离，单位 m。

(9) 河床容积：在计算水位下相邻两断面之间的容积，计算方法为相邻两断面间距乘以相邻两断面宽之和除以 2，分别填写标准断面河床容积、上次观测断面河床容积和本次观测断面河床容积，单位 m^3。

(10) 间隔冲淤量：本次观测断面河床容积减上次观测断面河床容积得到的值，单位 m^3。

(11) 累计冲淤量：本次观测断面河床容积减标准断面河床容积得到的值，单位 m^3。

5.13.3 填表说明
(1) 编制、一校、二校应于表单尾部签名。签名时要写全名，不能仅写一个姓或连写，字迹要工整，能被所有人认清。

(2) 里程桩号书写方式为：X+XXX。

(3) 高程数据保留 2 位小数，单位 m。

(4) 断面宽保留 1 位小数，单位 m。

(5) 断面积、断面间距、河床容积、间隔冲淤量、累计冲淤量不保留小数。

表 5.12　河床断面冲淤量比较

工程竣工日期					上次观测日期						本次观测日期							计算水位					
断面编号	里程桩号	计算水位断面宽(m)			深泓高程(m)			断面积(m²)			断面间距(m)	河床容积(m³)			间隔冲淤量(m³)	累计冲淤量(m³)
		标准断面	上次观测	本次观测	标准断面	上次观测	本次观测	标准断面	上次观测	本次观测		标准断面	上次观测	本次观测		

5.13 伸缩缝观测成果

5.13.1 基本要求
本表适用于编制伸缩缝观测成果时填写。

5.13.2 术语与定义
(1) 始测日期:首次观测伸缩缝的时间。

(2) 上次观测日期:上次伸缩缝观测的时间。

(3) 本次观测日期:本次伸缩缝观测的时间。

(4) 间隔天数:上次观测日期减本次伸缩缝观测日期。

(5) 编号、位置:水闸、闸室相邻底板用三位阿拉伯数字编写,前二位表示所在相邻底板(底板编号不足两位时,第一位为0),第三位数字为同一组测压管自上游至下游的排列顺序号。

(6) 始测数据:首次观测伸缩缝的数据。

(7) 上次观测数据:上次观测伸缩缝的数据。

(8) 本次观测数据:本次观测伸缩缝的数据。

(9) 间隔变化量:上次观测数据减本次观测数据。

(10) 累计变化量:首次观测数据减本次观测数据。

(11) 气温:本次观测伸缩缝时的温度。

(12) 水位:本次观测伸缩缝时的上下游水位。

5.13.3 填表说明
(1) 编制、一校、二校应于表单尾部签名。签名时要写全名,不能仅写一个姓或连写,字迹要工整,能被所有人认清。

(2) 始测、上次观测、本次观测、间隔变化量、累计变化量保留1位小数,单位mm。

(3) 气温保留1位小数,单位℃。

(4) 上下游水位保留2位小数,单位m。

表 5.12　伸缩缝观测成果

始测日期								上次观测日期				本次观测日期							间隔天数		水位(m)		备注
编号	位置	始测			上次观测				本次观测			间隔变化量			累计变化量			气温		上游	下游	
		x	y	z	x	y	z	x	y	z	Δx	Δy	Δz	Δx	Δy	Δz					

6 安全管理

水闸(船闸)为泵站配套工程,由泵站工程管理单位统一制定安全管理相关表单,不单独制定水闸工程安全管理表单。

6.1 安全生产组织机构

6.1.1 基本要求

(1) 南水北调水闸(船闸)工程管理单位应成立以单位主要负责人为组长的安全生产领导小组。

(2) 安全生产领导小组是本单位安全生产工作的领导和负责机构。

(3) 安全生产领导小组主要包括:组长、副组长、安全员、成员。

(4) 安全领导小组人员调整需注明原因。

6.1.2 填表说明

(1) 组长、副组长、安全员、成员均填写姓名全称。

(2) 组织网络图以结构图的形式明确组长、副组长、成员和安全员。

(3) 安全组织机构调整情况,主要填写人员调整文件名称,并写出人员调整具体内容。

表 6.1　安全生产组织机构登记

安全生产领导小组			
组　长		副组长	
安全员			
成　员			

组织网络图：

安全组织调整情况：

6.2 安全生产工作年度计划

6.2.1 基本要求

（1）安全生产年度工作计划按照时间顺序编制。

（2）周期性工作需明确工作的频率、完成的时间节点，方案及总结工作需要确定时间点。

（3）工作内容要简明扼要，表达准确。

6.2.2 填表说明

（1）安全计划时间分为：规定时间点（节假日）、周期性时间点、实时时间。

（2）表单中时间按照填表总则规范填写。

（3）工作内容及时间应结合现场实际编写，备注中主要体现归档、上报等情况。

表 6.2 安全生产工作年度计划

序　号	工作内容	时　间	备　注

6.3 安全生产管理规程规章目录

6.3.1 基本要求
（1）安全生产管理规章规程按照发布时间顺序编写目录。
（2）规程规章要记录全称，备注文件的文号等信息。

6.3.2 记录项目
（1）安全生产责任制度；
（2）安全目标管理职责；
（3）安全教育培训；
（4）安全生产检查；
（5）安全事故的调查处理；
（6）安全应急救援预案；
（7）其他需要记录的安全生产相关规程规章。

6.3.3 填表说明
规程规章名称要填写文件全称。

表 6.3 安全生产管理规程规章目录

序　号	规程、规章名称	备　注

6.4 安全生产资料(文件)

6.4.1 基本要求

(1)安全生产资料(文件)应以时间线索,按照文号顺序及时填写。

(2)记录必须及时、详细、完整,内容真实、准确。

6.4.2 填表说明

(1)资料题名要填写,记录资料题目的全名。

(2)文号按照规范要求,标准填写。

(3)发文时间按照填表总则规范填写。

表6.4 安全生产资料(文件)登记

序　号	文　号	资料题名(文件)	发文时间	备　注

6.5 安全会议记录

6.5.1 基本要求
（1）安全会议记录应包含会议的主题、时间、地点、参加人员等情况。
（2）会议记录要具备纪实性、概括性、条理性。

6.5.2 记录项目
（1）安全生产领导小组会议；
（2）水闸安全生产相关会议；
（3）班组安全生产相关会议；
（4）各专业性安全生产会议；
（5）不定期安全生产会议；
（6）其他安全生产相关会议。

6.5.3 填表说明
（1）安全会议内容应言简意赅，突出会议的主题，描述会议开展情况。
（2）照片应清晰，并可以真实反映事件内容，粘贴位置居中。
（3）记录人签名按照填表总则规范填写。
（4）会议时间按照填表总则规范填写。

表 6.5　安全会议记录

会议主题			
会议时间		会议地点	
参加人员			
主持人		记录人	
会议内容			
照　片			

6.6 安全隐患排查检查表

6.6.1 基本要求

(1) 安全隐患排查检查按照组织网络及岗位职责、安全制度、宣传教育、安全警示及防护设施、消防设施、防雷设施、安全保卫等,逐一自查。

(2) 记录的描述要简明扼要,表达准确。

6.6.2 填表说明

(1) 安全隐患排查的内容主要包括查思想认识、查规章制度、查组织机构、查安全设施、查安全措施、查教育培训、查劳动保护、查台账资料等。

(2) 安全隐患排查分经常(日常)检查、定期检查、节假日检查、特别(专项)检查。其中,经常(日常)检查每月不应少于1次;定期检查每季度不应少于1次;每年春节、国庆节等重大节假日前进行节假日检查;特别天气前后,汛前、汛后开展特别(专级)检查。

(3) 对排查出的各类隐患及时上报并登记。一般隐患,管理单位立即组织整改;重大隐患整改难度较大,必需一定数量的资金投入,应及时编制隐患整改方案,报分公司、公司审核批准后组织实施。

(4) 隐患未整改前,应当采取相应的安全防范措施,防止事故发生。隐患排除前或者排除过程中无法保证安全的,应当从危险区域内撤出作业人员,并疏散可能危及的其他人员,设置警戒标志。

(5) 填制内容应真实、准确、具体、齐全、规范,表内填写不下时,可另附页,并装订入内;所有栏目均不留空白,如未检查出问题,可填"未见异常"等。

(6) 自查记录应保管良好,及时存档。

表 6.6 安全隐患排查检查表

□经常（日常）检查　□定期检查　□节假日检查　□特别（专项）检查

序号	检查类别	检查项目	检 查 标 准	天气情况	检查结果
1	组织网络及岗位责任制	安全组织健全，上墙明示；按照责任制的要求层层分解，落实到每个人，每项工作，制订分解责任制表；把每个岗位的安全注意事项和每位员工的安全责任详细交代清楚；强化安全检查、学习培训，资料台账常规工作的落实。		
2	安全制度	各项规章制度（主要包括岗位责任制，工程管理制度，消防工作制度等）和各类预案应齐全并及时修订，装订成册，经常组织员工学习。		
3	宣传教育	及时传达上级相关会议精神和安全生产文件；每月举行安全活动1次以上；安全管理人员、特殊工种持有效证件上岗；值班人员不得做与工作无关的事情。		
4	安全警示及防护设施	电气安全警示牌及启闭机房参观安全警示牌、检修施工现场警示牌、引河两侧以禁止捕（电、毒）鱼、游泳、放牧等影响河势稳定、危害河岸堤防工程安全为内容的标志牌齐全；交通桥限载标识齐全、完好；安全标语醒目、机电设备防护设施齐全。		
5	消防设施	灭火器压力正常，配置规范，定点摆放；消防器材专人管理，管理卡内容准确清晰；消防通道畅通。		
6	防雷设施	防雷设施连接点无裂纹；引下线上无闪络或烧损痕迹，不存在腐蚀锈蚀现象；防雷装置及其接地装置与道路建筑物的出入口距离大于3 m。		
7	安全保卫	防盗窗、防盗门牢固齐全；安防系统定期检查，工作正常；值班人员到位，记录齐全。		
8	安全工器具及易燃易爆物品的保管使用	磨光机，电锤，电钻，电焊机，切割机等电动工具安全防护完好，绝缘良好，电动葫芦，手拉葫芦，手千斤等工具定期检查保养，记录齐全。汽（柴）油，油漆等易燃易爆物品应单独存放，有明显的"严禁烟火"等安全警示标语，保持阴凉通风，干燥，电气设施应符合防爆要求；氧气瓶存放不得靠近热源，与明火作业地点的距离不小于10米。		

253

续表

序号	检查项目	检查标准	检查结果
9	安全用电	绝缘鞋、绝缘手套定期试验；接地线、绝缘垫及绝缘工具保管完好、使用得当；发电机工作可靠，定期试运转；检修使用的漏电保护装置（放线盘）动作可靠，无漏电、漏气现象，在潮湿环境及机泵内作业时使用36V安全电压。	
10	运行管理安全	办公楼及宿舍楼内电器完好；厨房电、煤气设备完好，无漏电、漏气现象。	
11	检修及施工安全	设备运行执行安全操作规程；严格执行交接班制度；电气检修严格执行工作票制度；检修过程中防物体打击、防坠落、防触电、防火防爆等措施齐全，进入施工现场必须佩戴安全帽、高空作业配带安全带；严禁将汽油作为清洗剂使用。 外单位到施工时应签订安全协议，告知现场安全注意事项；施工现场应指定安全员负责现场安全管理工作。 检修现场指定安全员，电气检修严格执行工作票制度；检修过程中防物体打击、防坠落、防触电、防火防爆等措施齐全，进入施工现场必须佩戴安全帽、高空作业配带安全带；严禁将汽油作为清洗剂使用。	
12	安全检查	落实历次安全检查问题整改情况	
13	其他		
检查意见及隐患整改			
检查人员			

6.7 工程安全隐患登记

6.7.1 基本要求

(1) 本表适用于水闸工程安全隐患情况的登记。
(2) 建立逐级安全隐患排查责任制,明确各自职责,落实巡查制度。
(3) 隐患描述要详细、表达准确,不允许有涂改。

6.7.2 填表说明

(1) 一般隐患指作业场所、设备及设施的不安全状态。
(2) 重大事故隐患是指可能导致重大人身伤亡或者重大经济损失的事故隐患。

6.7.3 填表说明

(1) 隐患部位要详细到闸室、层数、设备间、具体设备及位置。
(2) 发现时间按照填表总则规范填写。
(3) 发现人、整改负责人、验收负责人签名按照填表总则规范填写。

表 6.7 工程安全隐患登记

隐患部位			
详细描述		发现时间	发现人
整改意见			
整改结果			
	整改负责人		
验收意见			
	验收负责人		

6.8 安全培训记录

6.8.1 基本要求

培训内容要描述培训主题、具体课程、操作项目等。

6.8.2 填表说明

（1）培训内容要描述培训主题、具体课程、操作项目等。

（2）培训内容主要包括主题＋事件，要简练，突出重点。

（3）培训照片要能够真实反映培训过程中的人物、事件，照片居中粘贴。

（4）培训中的考试内容以附件形式逐条添加，并做好存档。

（5）记录人签字、培训时间按照填表总则规范填写。

表 6.8　安全培训记录

培训时间		培训地点	
培训主题			
培训讲师		记 录 人	
参加人员			
培训内容			
培训效果及照片			

6.9 危险源统计

6.9.1 基本要求

(1) 危险源以单元工程划分统计,精确到设备及位置。

(2) 危险源主要指爆炸性物质、易燃物质、活性化学物质和有毒物质等四类。

(3) 表单填写内容应真实准确,不允许涂改。

6.9.2 统计项目

生产场所危险源主要为闸门、启闭机、配电柜等。

6.9.3 填表说明

(1) 责任人签名按照填表总则规范填写。

(2) 责任部门填写现场管理单位。

(3) 表单中数字均使用阿拉伯数字填写。

表 6.9 危险源统计

序号	危险源编号	危险源名称	具体位置	危险等级	危险性质	监控措施	应对方案	危险源责任人

6.10 安全生产事故登记

6.10.1 基本要求
(1) 安全生产事故记录内容为水闸工程发生的重大安全事故。
(2) 事故以时间为线索,按时间顺序记录,排序归档。
(3) 事件的描述要简明扼要、实事求是,不允许涂改。

6.10.2 事故标准
(1) 安全事故的登记,内容要简练、实事求是。安全生产事故等级按照其性质、严重程度、可控性和影响范围等因素,一般分为四级:Ⅰ级(特别重大)、Ⅱ级(重大)、Ⅲ级(较大)和Ⅳ级(一般)。

(2) 特别重大事故,是指造成 30 人以上死亡,或 100 人以上重伤,或 1 亿元以上直接经济损失的事故。

(3) 重大事故,是指造成 10 人以上 30 人以下死亡,或 50 人以上 100 人以下重伤,或 5 000 万元以 1 亿元以下直接经济损失的事故。

(4) 较大事故,是指造成 3 人以上 10 人以下死亡,或 10 人以上 50 人以下重伤,或 1 000 万元以上 5 000 万元以下直接经济损失的事故。

(5) 一般事故,是指造成 3 人以下死亡,或 10 人以下重伤,或 1 000 万元以下直接经济损失的事故。

6.10.3 填表说明
(1) 安全事故的登记,内容要简练、实事求是。
(2) 事故时间按照填表总则规范填写。
(3) 事故登记人需签名确认,签名按照填表总则规范填写。

表 6.10　安全生产事故登记

序 号	事故部位	事故时间	事故原因	直接经济损失(元)	死伤情况 死	伤	处理情况

6.11 预案演练记录

6.11.1 基本要求

（1）本表用于记录各种演练情况。

（2）记录以时间为线索，按时间顺序记录，排序汇总。

（3）演练的描述要简明扼要，表达准确。

6.11.2 填表说明

（1）演练名称主要为事件主题，要简练，突出重点。

（2）演练时间按照填表总则规范填写。

（3）演练类别要对应填写。

（4）演练的目的和培训情况要言简意赅。

（5）演练过程要明确演练步骤，包括时间、地点、人物、活动等要素，应详细写明重要环节的措施。

（6）存在问题和改进措施需要相关组织者认真评估提出具体改进措施。

（7）记录人签名按照填表总则规范填写。

表6.11 预案演练记录

演练名称				演练地点	
组织部门		总指挥		演练时间	
参加部门和单位					
演练类别	□综合演练　　□单项演练　　□桌面演练　　□现场演练 □防汛预案　　□综合应急预案　　□反事故预案　　□现场处置方案					
演练目的和培训情况					
演练过程					
存在问题和改进措施					

填表人：　　　　　　　审核人：　　　　　　　填表日期：

6.12 主要安全设备登记

6.12.1 基本要求
（1）主要安全设备按消防设备、安全警示标识、绝缘工具、登高作业工具、起重用具划分统计。
（2）主要安全设备登记表内容应真实准确，不允许涂改。

6.12.2 填表说明
（1）表单中责任人签字按照填表总则规范填写。
（2）表单中基本参数相关数字均使用字符及阿拉伯数字填写。
（3）本表中设施名称应按照设备铭牌或者设备说明书实际情况填写。

表 6.12 主要安全设备登记

序号	设施名称	基本参数	单位	数量	检查、试验情况	出厂日期	责任人	备注
消防设备									
安全警示标识									
绝缘工具									
登高作业工具									
起重用具									

6.13 特种作业人员登记

6.13.1 基本要求
（1）特种作业人员需按照规定持证上岗，定期接受培训。
（2）特种作业人员登记表内容应真实准确，不允许涂改。

6.13.2 登记项目
（1）电工作业；
（2）焊接与热切割作业；
（3）高处作业；
（4）国家应急管理部认定的其他作业。

6.13.3 填表说明
（1）表单中本次培训复审期限、证件有限期按照填表总则规范填写。
（2）表单中姓名应写全名，与证书内容一致。
（3）证书名称及编号应按照证书内容填写，与证书内容一致。
（4）表单中工种参照登记项目及证书内容划分。

表 6.13　特种作业人员登记

序号	姓名	工种	证书名称及编号	证件有效期限	本次培训复审期限	备注
序号	姓名	工种	证书名称及编号	证件有效期限	本次培训复审期限	备注

6.14 消防器材登记

6.14.1 基本要求
消防器材主要包括灭火器、消防栓、消防沙箱、火灾报警装置、指示标志等。

6.14.2 填表说明
（1）表单中管理人签字、发放时间按照填表总则规范填写。
（2）表单中配置位置应明确到房间和走道部位。
（3）表单中器材名称、规格型号应按照设备铭牌或者设备说明书实际情况填写。
（4）表单中数量统计用阿拉伯数字填写。

表 6.14 消防器材登记

序号	配置位置	器材名称	规格型号	数量	生产日期	管理人
	合　计					

6.15 消防器材检查记录

6.15.1 基本要求
（1）消防器材检查由技术部门组织，单位技术负责人及负责巡视人员参加。
（2）应严格按照有关技术规范要求，经常对工程开展全面细致的检查，按实做好检查记录，发现问题及时处理。
（3）消防器材检查的周期每月不得少于一次。

6.15.2 填表说明
（1）检查表需标明检查日期，日期参照填表总则规范填写。
（2）检查表填写完成后，单位负责人、技术负责人及检查人员应在表格后署名。
（3）检查表署名应亲自签名按照填表总则规范填写。
（4）表单中数量统计用阿拉伯数字填写。
（5）表单中器材名称、规格型号应按照设备铭牌或者设备说明书实际情况填写。
（6）检查内容正常应注明指示正常，外观完好。

表 6.15 消防器材检查记录

配置部位	编号	器材名称	规格型号	生产/维修日期	使用年限	数量	检查内容	检查结论	备注

单位负责人：　　　　　　技术负责人：　　　　　　检查人：

6.16 消防演练记录

6.16.1 基本要求

(1) 本表用于记录消防演练情况。
(2) 记录内容的描述要简明扼要、表达准确。

6.16.2 记录项目

(1) 消防安全的职前培训内容包括：消防安全基本常识、灭火器及消火栓的操作使用等。
(2) 定期或不定期地对全体员工进行疏散演习，对义务消防队员进行灭火演习。
(3) 通过多种形式开展经常性的消防安全演练。
(4) 对员工的消防安全教育培训或演习，主要包括火灾危险性、防火灭火措施、消防设施及灭火器材的操作使用方法、人员疏散逃生知识等。

6.16.3 填表说明

(1) 演练内容主要为事件主题，要简练，突出演练效果。
(2) 演练时间、记录人按照填表总则规范填写。
(3) 记录人签名需要签全名，字迹工整、便于辨识。
(4) 演练总结的描述要包括时间、地点、人物、活动等要素。
(5) 演练照片应清晰，可以真实反映事件内容，粘贴位置居中。

表 6.16 消防演练记录

演练内容			
演练时间		演练地点	
负 责 人		记 录 人	
参加人员			
演练方案			
演练总结			
演练图片			

6.17 操作票

6.17.1 基本要求

(1) 投入或切出变压器操作应填写操作票,所有操作应遵守《电业安全工作规程》和操作规程。

(2) 操作人员应明确操作目的,认真执行调度命令。

(3) 填写操作票必须以命令或许可作为依据。

(4) 操作票规定由操作人填写,特殊情况下需要由前一班值班人员填写时,接班的工作人员必须认真细致地审查。确认无误后,由操作人、监护人、值班长(或电气负责人)共同核对签字后执行。

(5) 操作票上的操作项目,必须填双重名称,即设备的名称及编号。

(6) 一张操作票只能填写一个操作任务。

(7) 操作顺序应符合规范要求。

(8) 操作票必须先编号,并按照编号顺序使用。作废的操作票应加盖"作废"章,已操作的操作票应加盖"已执行"章。

(9) 一个操作任务填写的操作票超过一页时,在本页票的最后一栏内应写"下接××页",填写完毕,经审核正确后,应在最后一项操作项目下面空格内加盖"以下空白"章。应将操作开始时间、操作结束时间填写在首页,发令人、受令人、操作人、监护人和"已执行"章盖在首页和最后一页。

6.17.2 填表说明

(1) 操作票用 0.5 mm 黑色墨水的签字笔填写,不得随意涂改,个别错漏字修改时,应在错字上划两道横线,漏字可在填补处上或下方作"∨"记号,然后在相应位置补上正确或遗漏的字,字迹应清楚,并在错漏处由值班负责人签名,以示负责。错漏字修改每项不应超过 1 个字(连续数码按 1 个字计),每页不得超过 2 个字。

(2) 编号填写于表格右上角,应按照时间先后顺序统一编号,编号原则 XXX(水闸首字母大写,如大汕子枢纽为 DSZ)-XXXX(年份 4 位,如 2022 年为 2022)-XX(月份 2 位,如 2 月为 02)-XX(编号 2 位,如第八张操作票为 08)。

(3) 每一行只能填写一个操作项。

(4) 操作记号由监护人填写。

表 6.17 操作票

_____水闸
_____操作票

_____ 年 第_____ 号

操作任务：		
顺序	操作项目	操作记号(√)

发令人		发令时间		年 月 日 时 分
受令人		操作人		监护人

操作开始时间	年 月 日 时 分
操作完成时间	年 月 日 时 分

备 注	

6.18 第一种工作票

6.18.1 基本要求

（1）本工作票适用于：在高压设备上工作，需要全部停电或部分停电的工作；高压室内的二次接线和照明等回路上的工作，需要将高压设备停电或作安全措施的工作。

（2）工作票要用蓝黑钢笔或圆珠笔填写，一式两份，中间可以用复写纸或分别填写，但应字迹清楚、内容正确。

6.18.2 填表说明

（1）工作内容和工作地点应该填写本次工作所要完成任务的具体内容，工作地点是指工作现场位置，两者都要具体明确。

（2）本表单中日期应横写，时间统计精确到分钟，书写方式为："XXXX 年 XX 月 XX 日 XX 时 XX 分"。

（3）人员签名参照填表总则规范填写。

（4）"错、别、漏"字不超过 2 个（含 2 个）的工作票通过修改后字迹清楚的，原则上可以不做"作废"处理。但为防止字迹模糊不清造成意外事故，对涉及设备名称、编号、动词等关键词不得涂改。个别错漏字修改时，应在错别字上划两道横线，漏字可在填补处上或下方作"∧""∨"记号，然后在相应位置填补正确的或遗漏的字。

（5）工作期间，原工作负责人因故需离开 2 小时以上时，应由工作票签发人变更新的工作负责人，两工作负责人应做好必要的交接。工作负责人的变动只能办理一次。

（6）安全措施应该根据所检修设备在系统中的节点位置来确定要采取的必要安全防护措施，主要包括应拉合的断路器（开关）和隔离开关（刀闸），装设接地线，安装或拆除控制回路或电压互感器回路的熔断器（保险），装设必要的遮拦，悬挂标示牌等。至于具体的逻辑操作项目应该填写操作票来执行，而不应该在工作票的安全措施中填写。

表 6.18　第一种工作票

单位：_____　　　　　　　　　　　　　　　　编号：_____

一、工作负责人(监护人)：_____；班组：_____；工作班人员：_____；现场安全员：_____共_____人

二、工作内容和工作地点：_____
_____
_____

三、计划工作时间：自_____年____月____日____时____分
　　　　　　　　　至_____年____月____日____时____分

四、安全措施：

下列由工作票签发人填写：	下列由工作许可人(值班员)填写：
1. 应拉开关和隔离刀闸(注明编号)：_____	1. 已拉开关和隔离刀闸(注明编号)：_____
2. 应装接地线、应合接地刀闸(注明装设地点、名称及编号)：_____	2. 已装接地线、已合接地刀闸(注明装设地点、名称及编号)：_____
3. 应设遮栏、应挂标示牌(注明地点)：_____	3. 已设遮栏、已挂标示牌(注明地点)：_____
工作票签发人签名：_____	工作地点保留带电部分和补充安全措施：_____
收到工作票时间：___年___月___日___时___分	工作许可人签名：_____
值班负责人签名：_____	值班负责人签名：_____

五、许可开始工作时间：_____年____月____日____时____分
工作许可人签名：_____　工作负责人签名：_____　现场安全员签名：_____

六、工作负责人变动：原工作负责人_____离去，变更_____为工作负责人。
变动时间：____年____月____日____时____分　工作票签发人签名：_____

七、工作人员变动：

增添人员姓名	时间	工作负责人	离去人员姓名	时间	工作负责人

八、工作票延期:有效期延长到_____年_____月_____日_____时_____分。
　　　工作负责人签名:_____　　　　　　　　工作许可人签名:_____
九、工作终结:全部工作已于_____年_____月_____日_____时_____分结束,设备及安全措施已恢复至开工前状态,工作人员全部撤离,材料、工具已清理完毕。
　　　工作负责人签名:_____　　　　　　　　工作许可人签名:_____
十、工作票终结:
　　　临时遮栏、标示牌已拆除,常设遮栏已恢复,接地线共_____组(_____)号已拆除,接地刀闸_____组(_____)号已拉开。
　　　工作票于_____年_____月_____日_____时_____分终结。　工作许可人签名:_____
十一、备注:_____
　　　_____
十二、每日开工和收工时间

开工时间	工作许可人	工作负责人	收工时间	工作许可人	工作负责人
年　月　日　时　分			年　月　日　时　分		
年　月　日　时　分			年　月　日　时　分		
年　月　日　时　分			年　月　日　时　分		
年　月　日　时　分			年　月　日　时　分		
年　月　日　时　分			年　月　日　时　分		
年　月　日　时　分			年　月　日　时　分		
年　月　日　时　分			年　月　日　时　分		

十三、执行工作票保证书

工作班人员签名:	
开工前	收工后
1. 对工作负责人布置的工作任务已明确。 2. 监护人被监护人互相清楚分配的工作地段、设备,包括带电部分等注意事项已清楚。 3. 安全措施齐全,工作人员确在安全措施保护范围内工作。 4. 工作前保证认真检查设备的双重编号,确认无电后方可工作;工作期间,保证遵章守纪、服从指挥、注意安全,保质保量完成任务。 5. 所有工具包试验仪表等齐全,检查合格;对有关工作进行检查确认后方可开工。	1. 所布置的工作任务已按时并保质保量完成。 2. 施工期间发现的缺陷已全部处理。 3. 对检修的设备项目自检合格的,有关资料在当天交工作负责人。 4. 检查场地已打扫干净,工具(包括仪表)及多余材料已收回保管好。 5. 经工作负责人通知本工作班安全措施已拆除(经三级验收后确定),检修设备可投运。 6. 拆线已全部恢复并接线正确。
姓名	时间	姓名	时间	姓名	时间	姓名	时间	姓名	时间

注:① 工作班人员在开工会结束后签名,工作票交工作负责人保存。
　　② 工作结束收工会后,工作班人员在保证书上签名,并经工作负责人同意方可离开现场。

6.19 第二种工作票

6.19.1 基本要求

(1) 本工作票适用于:带电作业和在带电设备外壳上的工作;控制盘和低压配电盘、配电箱、电源干线上的工作;二次接线回路上的工作,但无需将高压设备停电的;转动中的发电机、电动机转子电阻回路上的工作;运维班人员用绝缘棒和电压互感器定相或用钳形电流表测量高压回路电流的工作。

(2) 第二种工作票应在进行工作的当天预先交给值班长。

(3) 工作票要用蓝黑钢笔或圆珠笔填写,一式两份,中间可以用复写纸或分别填写,但应字迹清楚,内容正确。

6.19.2 填表说明

(1) 工作任务应该填写本次工作所要完成任务的内容。

(2) 本表单中日期应横写,时间统计精确到分钟,书写方式为:"XXXX 年 XX 月 XX 日 XX 时 XX 分"。

(3) 人员签名参照填表总则规范填写。

(4) "错、别、漏"字不超过 2 个(含 2 个)的工作票通过修改后字迹清楚的原则上可以不做"作废"处理。但为防止字迹模糊不清造成意外事故,对涉及设备名称、编号、动词等关键词不得涂改。个别错漏字修改时,应在错别字上划两道横线,漏字可在填补处上或下方作"∧""∨"记号,然后再相应位置填补正确的或遗漏的字。

(5) 工作期间,原工作负责人因故需离开 2 小时以上时,应由工作票签发人变更新的工作负责人,两工作负责人应做好必要的交接。工作负责人的变动只能办理一次。第二种工作票的工作负责人变动情况记入"备注"栏内。

(6) 注意事项指安全措施,主要包括应拉合的断路器(开关)和隔离开关(刀闸),装设接地线,安装或拆除控制回路或电压互感器回路的熔断器(保险),装设必要的遮拦,悬挂标示牌等。

表 6.19　第二种工作票

单位：_____　　　　　　　　　　　编号：_____

一、工作负责人(监护人)：_____　　班组：_____

工作班人员：_____共_____人。

二、工作任务：_____

_____

_____

三、计划工作时间：自_____年_____月_____日_____时_____分

　　　　　　　　　至_____年_____月_____日_____时_____分。

四、工作条件(停电或不停电)：_____

_____

五、注意事项(安全措施)：_____

_____

_____

_____

_____

_____

_____

工作票签发人签名：_____　签发日期：_____年_____月_____日_____时_____分

六、许可工作时间：_____年_____月_____日_____时_____分

工作许可人(值班员)签名：_____　工作负责人签名：_____

七、工作票终结

全部工作于_____年_____月_____日_____时_____分结束，工作人员已全部撤离，材料、工具已清理完毕。

工作负责人签名：_____　工作许可人(值班员)签名：_____

八、备注：_____

_____

管理要求

1 范围

本部分规定了水闸(船闸)工程设备设施管理的具体要求及标准。

2 规范性引用文件

下列文件中的条款通过本标准的引用而成为本标准的条款。凡是注日期的引用文件，其随后所有的修改单(不包括勘误的内容)或修订版均不适用于本标准，凡是不注日期的引用文件，其最新版本适用于本标准。

GB/T 5972 起重机 钢丝绳 保养、维护、检验和报废
GB/T 5975 钢丝绳用压板
SL 75 水闸技术管理规程
SL 214 水闸安全评价导则
DB32/T 3259 水闸工程管理规程
DB32/T 2948 水利工程卷扬式启闭机检修技术规程
大中型水闸工程标准化管理评价标准(印发稿)

3 术语和定义

3.1 低压(低电压)

用于配电的交流系统中 1 000 V 及其以下的电压等级。

3.2 高压(高电压)

通常指超过低压的电压等级；特定情况下，指电力系统中输电的电压等级。

3.3 计算机监控及视频监视系统

利用计算机、可编程序控制器、通信、传感器等技术对生产过程进行实时监视和控制的系统。

3.4 可编程序控制器(PLC)

采用可编程序控制器作为核心，并配有其他自动化仪表的成套装置，可实现对现场设备进行控制和调节，并对主要运行参数进行监视、测量和报警。

3.5 核对性放电

将正常运行中的蓄电池组脱离运行，以规定的放电电流进行恒流放电至规定的终止电压值，以检验其实际容量的放电。

3.6 金属结构

水利工程中的闸门及启闭机、金属管道等设备的统称。

3.7 垂直位移

建筑物在垂直方向的移动。

3.8 工作基点

为直接测定观测点的较稳定的控制点,分垂直位移工作基点和水平位移工作基点。

3.9 测压管

埋在建筑物中,用于测量渗透压力的设施。

3.10 扬压力

渗入建筑物及其地基内的水作用在建筑底面方向向上的水压力。

4 建筑物管理

4.1 基本要求

（1）水闸工程管理应有明确的法定管理范围,根据设计要求、规程规范及工程运行经验,结合工程的特点,制订水闸工程运行维护规程、水闸工程应急预案。

（2）水闸工程建筑物应进行正常的维护,并根据运行情况进行必要的维修和养护。

（3）针对水闸工程运行及管理特点,制订防汛预案。水闸建筑物应按设计标准使用,当超标准运用时应报分公司批准后按防汛预案实施。

（4）不应在水闸建筑物周边兴建危及水闸安全的工程或进行其他施工作业。

（5）针对水闸工程现场情况,对建筑物进行必要的定期巡查及检查。

（6）根据公司下达的水闸工程观测任务书进行工程观测。

（7）建筑物应根据当地的具体情况,采取有效的防冻措施。

（8）多孔水闸应按面向下游、自左向右原则进行编号,标志应明显、清晰。

4.2 具体要求

建筑物及相关附属设施具体管理要求详见附录 A。

5 设备管理

5.1 基本要求

（1）所有机电设备都应进行编号,并固定在明显位置。

（2）长期停用和维修后的设备投入运行前，应进行调试。

（3）机电设备的操作应按操作规程进行。

（4）机电设备应定期巡视检查。

（5）机电设备运行过程中发生故障，应查明原因并及时处理。

（6）应根据设备的使用情况和技术状态，编报维修计划。

（7）对发现的设备缺陷应及时处理。对易磨易损部件进行清洗检查、维护修理，更换、调试应适时进行。

（8）机电设备安全防护完好，符合规范要求，启闭机应标注旋转方向标识。

（9）每台机电设备应有下述内容的技术档案：使用维护说明书、技术图纸、试验记录、运行记录以及设备台账等。

5.2 设备管理

设备管理具体管理要求详见附录 B。

6 防汛物资及备品备件管理

泵站配套的水闸（船闸）工程，由泵站工程管理单位统一配置防汛物资及备品备件。

独立的水闸（船闸）工程应结合工程实际储备备品备件，对一些常规性、容易采购的标准件一般不作为备品备件；另应采用自储备和代储备相结合的原则，对一些不经常使用且数量较大的防汛物资可采用代储方式，与地方防汛物资仓库签订代储协议。

防汛物资及备品备件管理具体要求详见附录 C。

7 计算机监控系统管理

7.1 基本要求

（1）应建立健全计算机监控系统的维护管理制度，制订计算机监控系统事故应急处理预案。

（2）计算机监控系统的维护应由系统管理员负责，系统维护人员和操作人员的权限应由系统管理员授权。

（3）应定期对计算机监控系统进行维护。对计算机监控系统进行维护时，应使用专用的便携计算机、移动存储介质（软盘、移动硬盘、光盘、U 盘），非专用的便携计算机、移动存储介质不得接入计算机监控系统网络。

（4）应定期做好应用软件及数据库文件的备份与存档。

（5）计算机监控系统硬件维修更换、软件升级完善等工作应记录。

7.2 具体要求

计算机监控系统具体管理要求详见附录 D。

8 工作场所管理

8.1 基本要求

（1）工作场所建筑物屋顶及墙体无渗漏、无裂缝、无破损，墙体干净整洁，无蛛网、积尘及污渍，落水管无破损、无阻塞、固定可靠。

（2）工作场所门窗完好、开关灵活，室内采光及通风满足要求，地面平整，地面砖等无破损、裂缝及油污等。

（3）工作场所照明灯具安装牢固、布置合理、亮度适中，各类开关、插座面板齐全，标识清楚、使用可靠。

（4）防雷接地装置无破损、无锈蚀，连接可靠，每年委托有资质单位开展1次检测。

8.2 具体要求

工作场所具体管理要求详见附录E。

9 考核评价

公司、分公司应根据相关工程管理考核办法，按照评分标准，对水闸工程建筑物、机电设备、防汛物资及备品备件、计算机监控系统、工作场所等是否符合要求进行考核。

附录 A 建筑物管理要求

A.1 水闸建筑物

序号	项目	管理标准		
1	建筑物	1. 环境整洁,启闭机房内外无垃圾杂物,室内室外每天打扫1次卫生; 2. 水闸建筑物窗户、玻璃及落水管无破损,窗户每天清扫卫生,其余每年保洁1次; 3. 水闸建筑物表面应无破损剥落、露筋、钢支撑构件锈蚀等现象;水下建筑物无裂缝和渗漏; 4. 水闸建筑物无渗漏,通风良好; 5. 闸室混凝土无损坏和裂缝,房屋完好,伸缩缝填料无流失,工作桥、交通桥面排水通畅; 6. 堤防、护坡完好,排水通畅,无雨淋沟、塌陷、缺损等现象; 7. 翼墙无损坏、倾斜和裂缝,伸缩缝填料无流失。		
2	照明要求	室内外日常照明设备良好,事故照明正常。		
3	配置要求	满足《管理条件》中表 A.7 对上下游、翼墙及引河管理条件的配置要求。		
4	巡视路线	启闭机房内应设置巡视路线标识。		
5	维护要求	1. 按规范开展建筑物垂直位移和伸缩缝的观测,当产生不均匀沉降影响建筑物稳定时,应及时报告并采取补救措施; 2. 启闭机房屋面排水设施应完好无损,天沟及落水斗、落水管应保证排水畅通,屋面应无渗漏雨现象。		
6	日常检查	日常巡视	每日1次,按照《管理表单》中表 4.6 对日常巡视的要求进行。	
		经常检查	每月1次,按照《管理表单》中表 4.7 对经常检查的要求进行。	
7	定期检查	汛前检查	每年1次,按照《管理表单》中表 4.24 建筑物定期检查记录表执行。	
		汛后检查	每年1次,按照《管理表单》中表 4.24 建筑物定期检查记录表执行。	
		水下检查	每2年对水闸水下部分组织1次水下检查,按照《管理表单》中表 4.30 水下检查记录表执行。	
8	专项检查	在地震、大风、暴雨等自然灾害或重大工程事故、超标准应用后应开展专项检查,按照《管理表单》中表 4.31 对专项检查的要求开展。		
9	安全鉴定	按照《管理安全》中 8.1.2 节关于工程安全鉴定的内容执行。 首次安全鉴定应在竣工验收后5年内进行,以后应每隔10年进行1次全面安全鉴定。		

A.2 闸门

序号	项目		管理标准
1	闸门	外观	外观完好，主体无破损或污物。
		门体	门体、吊耳、门槽结构完整。
		止水	止水装置完好，止水严密。
		埋件	预埋件应有暴露部位非滑动面的保护措施，保持与基体连结牢固、表面平整并定期冲洗。
		滚轮	应保持加油设施完好、畅通，并定期加油，对滚轮等难以加油部位，应采取适当方法进行润滑。
		滑轮组	应保持滑轮组清洁、转动灵活，滑轮内钢丝绳不得出现脱槽、卡槽现象；若钢丝绳卡阻、偏磨应调整。
2	安全注意事项		1. 闸门开启时，有值班人员在现场巡查，并配备救生绳、救生圈和充足的照明器材； 2. 当闸门出现左右开度偏差较大情况时，要采取纠偏措施；纠偏措施失效时，及时停止操作。
3	配置要求		满足《管理条件》中表 A.6 对启闭机房的配置要求。
3	日常维护		每周维护 1 次，检查操作机构及设备表面。
4	日常检查	日常巡视	每日 1 次，按照《管理表单》中表 4.6 对日常巡视的要求进行。
		经常检查	每月 1 次，按照《管理表单》中表 4.7 对经常检查的要求进行。
5	定期检查	汛前检查	每年 1 次，按照《管理表单》中表 4.9 闸门定期检查记录表执行。
		汛后检查	每年 1 次，按照《管理表单》中表 4.9 闸门定期检查记录表执行。
6	专项检查		在地震、大风、暴雨等自然灾害或重大工程事故、超标准应用后应开展专项检查，按照《管理表单》中表 4.31 对专项检查的要求开展。
7	设备评定级		每 2 年开展 1 次，具体评级标准可参照《管理表单》中表 4.37 闸门等级评定表进行。

A.3 拦河设施

序号	项目		管理标准
1	拦河设施	外观	浮筒、钢丝绳、扣件等无锈蚀、裂纹、倾斜,沉浮适中。
		连接	底部固定锤连接牢固,钢丝绳无断丝、断股、锈蚀,长度适中;连接件连接牢固,无缺失、损坏。
2	安全注意事项		在拦河设施附近设立警戒标志,禁止船只停靠、捕鱼作业、游泳、钓鱼等情况发生。
4	日常维护		每年2次,汛前、汛后应对拦河设施进行全面检查养护,对拦河设施除锈,涂抹黄油。
5	日常检查	日常巡视	每日1次,按照《管理表单》中表4.6对日常巡视的要求进行。
		经常检查	每月1次,按照《管理表单》中表4.7对经常检查的要求进行。
6	定期检查	汛前检查	每年1次,按照《管理表单》中表4.25拦河设施定期检查记录表执行。
		汛后检查	每年1次,按照《管理表单》中表4.25拦河设施定期检查记录表执行。
7	专项检查		在地震、大风、暴雨等自然灾害或重大工程事故、超标准应用后应开展专项检查,按照《管理表单》中表4.31对专项检查的要求开展。

A.4 安全监测设施

序号	项目		管理标准
1	观测设施	基点	保护完好,无锈斑、缺损现象,外观标识清晰,保护盖开启方便;沉陷点、测压管能正常观测使用,标志完好、外观整洁。
		水尺	安装牢固、表面清洁,标尺数字清晰,每半年检查维保1次,每年对高程进行校测。
		断面桩	埋设牢固、编号准确、标志明显。
		伸缩缝	安装牢固、表面清洁。
		水质监测站	室内整洁,仪器仪表完好。
		观测标点	结构应坚固可靠,且不易变形,并力求美观大方、协调实用。
		测压管	测压管的导管段应顺直,内壁光滑无阻,接头应采用外箍接头,管口应高于地面,并加保护装置。
2	配置要求		满足《管理条件》中表A.7对上下游、翼墙及引河的配置要求。
3	巡视路线		沿工程观测路线标识开展巡视,详细记录巡视内容。
4	观测要求		1. 对垂直位移观测基点开展定期校测,按照国家一级水准点要求校核。 2. 垂直位移每季度观测1次;伸缩缝观测每月2次;河床断面汛前汛后各观测1次;测压管水位观测每周1次。
5	日常检查	日常巡视	每日1次,按照《管理表单》中表4.6对日常巡视的要求进行。
		经常检查	每月1次,按照《管理表单》中表4.7对经常检查的要求进行。
6	定期检查	汛前检查	每年1次,按照《管理表单》中表4.27安全监测设施定期检查记录表执行。
		汛后检查	每年1次,按照《管理表单》中表4.27安全监测设施定期检查记录表执行。

A.5　引河河床断面观测

序号	项目		管理标准
1	河床断面数据	数值	起点距从左岸断面桩起算,向右为正,向左为负。
		读数	测深杆应在垂直状态时读数,测深杆按0.1 m划分。
		精度	应按四等水准要求接测。
2	断面桩		断面两岸应埋设固定观测断面桩,断面连接线即为断面测量方向线,见附录F的图9。
3	标点防护		按国家四等水准点要求进行保护。
4	断面布置		断面两岸应埋设固定观测断面桩,断面连接线即为断面测量方向线。断面桩为15 cm×15 cm×80 cm的钢筋混凝土预制桩或大理石桩,桩顶设置钢制标点,埋入地面以下部分应不小于50 cm,并用混凝土固定。
5	断面编号		建筑物引河断面编号按上下游分别编列,以 C.S.n 上(下)×+×××表示,n 表示断面的顺序,×+××× 表示引河断面至建筑物中心线距离,见附录F的图10。
6	定期观测		建筑物引河每年汛前、汛后各观测1次,遇工程泄放大流量或超标准运用、单宽流量超过设计值、冲刷或淤积严重且未处理等情况,应增加测次;大断面每5年观测1次,地形发生显著变化后应及时观测。
7	观测方法		岸上地形观测,可采用常规测量仪器GPS全球定位系统等仪器;河道水下地形观测一般采用横断面法或散点法;水面高程的测定可采用直接测定法或间接测定法。
8	观测成果		主要包括: 1. 河床断面布置图; 2. 河床断面桩顶高程考证表; 3. 河床断面观测成果表; 4. 河床断面冲淤量比较表; 5. 河床断面比较图; 6. 水下地形图。
9	高程考证		河床断面桩桩顶高程考证参照四等水准测量进行考证。断面桩桩顶高程考证每5年观测1次,如发现断面桩缺损,应及时补设并进行观测。
10	其他事项		固定断面及建筑物大断面水上部分应测至堤防背水坡堤脚,陆上地形如没变化,测次较密的一般河道固定断面可套用以前资料。水上断面与水下断面必须衔接,水上、水下不能同时测量时,应防止由于水位涨落而造成空白区。

A.6 垂直位移观测

序号	项目		管理标准
1	垂直位移	数值	垂直位移量以向下为正,向上为负。
		精度	垂直位移观测、工作基点考证应符合一等水准要求,闭合差限差≤$\pm 2\sqrt{F}$ mm。
		视距	一等垂直位移观测视线长度≤30.0 m,前后视距差≤1.0 m,任一测站前后视距差累计≤3.0 m,铟钢尺读数范围在0.65~2.8 m,两次读数的差≤0.3 mm,两次所测高度之差≤0.4 mm。
		i角检验	每次观测前应对仪器 i 角进行检验。一、二等观测作业, i 角应不大于15″;三、四等水准测量作业 i 角应不大于20″。
		环境	进行观测时,应同时观测上下游水位、风力、风向、气温等。如下情况应暂停观测:日出与日落前30 min 内;太阳中天前后约2 h;标尺分划线的影像跳动,而难以照准时;气温突变时;雨天或风力过大,标尺与仪器不能稳定时。
		路线	观测线路宜固定,在固定站点、转点位置设置相应标记。
		基面	每一工程或测区应采用同一水准基面。
2	工作基点		每个工程或测区应单独设置工作基点,工作基点数量可视工程垂直位移测点数而定,一般每个工程可设2~4个,大、中型工程的工作基点高程应引自国家二等以上水准点。见附录F的图1、图2。
3	标点布置		垂直位移标点应埋设在每块底板四角,空箱岸(翼)墙四角,重力式或扶壁式岸(翼)墙、挡土墙的两端。见附录F的图3。
4	标点形式		水准标点的圆球部位应采用不锈钢制作,圆盘和底座可用普通钢材,分为直立式和墙角式两种。见附录F的图4、图5。
5	标点防护		垂直位移标点应坚固可靠,并与建筑物牢固结合,水闸垂直位移标点应采用铜质或钢质不锈钢材料制作;堤防的垂直位移标点应预制成混凝土块,将铜或不锈钢标点浇筑其中,见附录F的图6。
6	标点标识		观测标点应按照《国家一二等水准》(GB/T_12897—2006)规定进行编号,并在适宜位置明示。一般采用不锈钢或坚硬石材制作,牢固镶嵌在墙面或地面上,顶面与建筑物表面持平,见附录F的图7。
7	线路标识		垂直位移观测应按设计好的线路图进行观测。水闸工程垂直位移观测线路设计,其他工程观测线路设计可参照执行,见附录F的图8。
8	观测方法		水闸工程的工作基点考证及垂直位移标点观测均采用一等水准单路线往返的方法观测。一条路线的往返测,必须使用同一类型的仪器和转点尺承,沿同一道路进行。
9	定期观测		工程完工后5年内每季度观测1次,5年后汛前汛后各一次。发生超过设计标准运用或其他影响建筑物安全的情况时,应随时增加测次。

续表

序号	项目	管理标准
10	观测成果	主要包括： 1. 垂直位移观测标点布置图； 2. 垂直位移观测路线； 3. 垂直位移工作基点考证表； 4. 垂直位移工作基点高程考证表； 5. 垂直位移工作标点考证表； 6. 垂直位移观测成果表； 7. 垂直位移量横断面分布图； 8. 垂直位移量变化统计表(逢 5 年填制)； 9. 垂直位移量过程线(逢 5 年填制)。
11	仪器校核	仪器每年应由专业计量单位鉴定 1 次，当仪器受震动、摔跌等可能损坏或影响仪器精度时应随时鉴定或检修。
12	其他事项	1. 在观测设施附近宜采用设立标志牌等方法进行宣传保护，日常管理工作中应确保其不受交通车辆采用机械碾压及人为活动等的破坏。 2. 工作基点埋设后，应经过至少一个雨季才能启用；垂直位移标点埋设 15 天后才能启用。

A.7 伸缩缝观测

序号	项目		管理标准
1	伸缩缝数据	数值	伸缩缝观测值以开合方向张开为正,闭合为负。
		精度	伸缩缝观测精度精确到 0.1 mm。
2	标点样式		伸缩缝测点一般在建筑物顶部、跨度(或高度)较大或应力较复杂的结构伸缩缝上设立;测点的位置可安设在岸、翼墙顶面,底板伸缩缝上游面和工作桥或公路桥大梁两端等部位;地基情况复杂或发现伸缩缝展开较大的底板,应在底板伸缩缝下游面增设一个测点。建筑物伸缩缝观测标点一般是在伸缩缝两侧埋设一对金属标点,也可采用三点式金属标点或型板式三向标点进行观测,见附录 F 图 11。
3	标点编号		观测标点底板部位用三位阿拉伯数字编写,前二位表示所在底板(底板编号不足两位时,第一位为0),第三位数字为同一组测压管自上游至下游的排列顺序号;岸、翼墙的测压管分别按□□□××形式编写,□□□注明左(右)岸或上(下)左(右)翼,第一位数字表示分段,第二位数字表示该管编号,并在适宜位置明示。一般采用不锈钢或坚硬石材制作,牢固镶嵌在墙面或地面上,顶面与建筑物表面持平,见附录 F 图 12。
4	观测方法		伸缩缝观测时一般用游标卡尺进行测量。伸缩缝三向位移:对开合时,张开为正,闭合为负。
5	观测成果		主要包括: 1. 伸缩缝观测标点布置图; 2. 伸缩缝观测标点考证表; 3. 伸缩缝观测记录表; 4. 伸缩缝观测成果表; 5. 伸缩缝宽度与建筑物温度、气温过程线。
6	其他要求		观测建筑物伸缩缝时,应同时观测建筑物温度、气温、上下游水位等相关因素。
7	定期校正		1. 管口高程至少应每年校测1次,观测方法和精度要求应符合四等水准测量的规定。 2. 采用人工观测校验,电测水位计的测绳长度标记,应每年用钢尺校正1次。 3. 每年应对自动观测仪器定期校验1次,可采取人工方法观测测压管水位,与自动观测值比较,计算测量精度,并对仪器进行适当调整。 4. 测压管灵敏度试验每5年应进行1次,一般应选择在水位稳定期进行,可采用注水法或放水法。 5. 测压管内淤积高程应每5年观测1次。如果测压管水位不正常,应即进行检验。
8	其他要求		当管内淤塞已影响观测时,应及时进行清理。测压管淤积厚度超过透水段长度的1/3时,应进行掏淤,经分析确认副作用不大时,可采用压力水或压力气冲淤。

A.8 测压管水位观测

序号	项目		管理标准
1	测压管本体	外观	管口应高于地面,并加保护装置,防止雨水进入和人为破坏,在测压管顶部管壁侧面钻排气孔。
		水位高程	测压管水位高程等于测压管管口高程减管口至测压管水面的距离。
		材质	采用镀锌钢管或硬塑料管。
		尺寸	内径不宜大于 50 mm。
2	布置要求		每一个测压管可独立设一测井,也可将同一断面上不同部位的测压管合用一个测井,优先选择前一种测井形式。测点的数量及位置,应根据水闸的结构形式、地下轮廓线形状和基础地质情况等因素确定,并应以能测出基础扬压力的分布和变化为原则,一般布置在地下轮廓线有代表性的转折处和建筑物底板中间应设置一个测点;沿建筑物的岸墙和工程上下游翼墙应埋设适当数量的测点,对于土质较差的工程墙后测压管应加密。具体见附录 F 图 13。
3	测压管防护		管口保护装置常用的有测井盖、测井栅栏及带有螺纹的管盖或管堵。用管盖或管堵时必须在测压管顶部管壁侧面钻排气孔。
4	观测编号		底板部位用三位阿拉伯数字编写,前二位表示所在底板(底板编号不足两位时,第一位为0),第三位数字以一组测压管自上游向下游按1、2、3……编号;岸、翼墙的测压管分别按□□××形式编写,□□注明左(右)岸或上(下)左(右)翼,第一位数字表示分段,第二位数字表示该管编号,见附录 F 图 14。
5	灵敏度观测	观测要求	管内淤塞影响观测时,应进行清淤。如经灵敏度检查不合格,堵塞、淤积经处理无效,或经资料分析测压管已失效时,宜重新埋设测压管。
		观测周期	测压管灵敏度检查可 3~5 年进行 1 次。
6	管口高程考证	测量周期	测压管管口高程宜按不低于三等水准测量的要求每年校测 1 次。
7	观测方法与要求	观测方法	1. 人工观测一般采用电测水位计法或手持式超声波水位计法。 2. 自动观测采用的传感器通过通信模块采集水位数据。
		比测周期	每年应对自动观测仪器定期校验一次,可采取人工方法观测测压管水位,与自动观测值比较,计算测量精度,并对仪器进行适当调整。
		维护要求	每 3 个月应对自动化监测设施进行全面检查和维护,每月应校正系统时钟 1 次。自动化监测系统应配置足够的备品备件。
8	定期观测		每周观测 1 次,当上下游水位差接近设计值、超标准运用或遇有影响工程安全的灾害时,应随时增加测次。

续表

序号	项目	管理标准
9	观测成果	主要包括： 1. 测压管位置图； 2. 测压管考证表； 3. 测压管管口高程考证表； 4. 测压管注水试验成果表； 5. 测压管淤积深度统计表； 6. 测压管水位统计表； 7. 测压管水位过程线； 8. 测压管人工比对校核表。

A.9 其他

序号	项目		管理标准
1	其他	外观	堤防与水闸建筑物结合完好,无开裂和环渗破坏。
		河道	水闸上下游河道、护坡无杂草、杂物,浆砌块石坡面平顺规整,无隆起、塌陷、裂缝。
		堤岸	水闸上下游堤岸一、二级挡土墙无裂缝,墙体栏杆牢固可靠。
		工作桥交通桥	桥面、栏杆无破损,无裂缝、不均匀沉降等。
		翼墙	无明显不均匀沉降,排水、导渗、减压设施应保持完好。
2	日常检查	日常巡视	每日1次,按照《管理表单》中表4.6对日常巡视的要求进行。
		经常检查	每月1次,按照《管理表单》中表4.7对经常检查的要求进行。
3	定期检查	汛前检查	每年1次,按照《管理表单》中表4.13堤岸及引河、砌石工程定期检查记录表执行。
		汛后检查	每年1次,按照《管理表单》中表4.13堤岸及引河、砌石工程定期检查记录表执行。
4	专项检查		在地震、大风、暴雨等自然灾害或重大工程事故、超标准应用后应开展专项检查,按照《管理表单》中表4.31对专项检查的要求开展。

附录 B 设备管理要求

B.1 油浸式变压器

序号	项目		管理标准
1	变压器本体	外观	变压器外观应干净,铭牌固定清晰可见,无积尘、锈蚀、损坏情况,外壳漆膜无颜色变化或脱落、起皮现象;防爆管应完好无裂纹,桩头示温片齐全无变色。
		声音	本体正常为均匀"嗡嗡"声音,无异常的声响。
		气味	无异常气味。
		温度	油浸式变压器顶层油温不应超过制造厂规定值,当冷却介质温度较低时,顶层油温也相应降低。自然循环冷却变压器的顶层油温不应经常超过85℃,最高不超过95℃。
		电压	变压器低压侧电压应在额定电压95%~110%范围内。
		高低压套管	套管瓷瓶表面完好,无放电痕迹,油位显示正常。
		接地	设备接地可靠,标识清晰。
		避雷器	外观正常,安装牢固。
		呼吸器	硅胶无变色,应为蓝色。
2	环境要求		变压器周边环境整洁,无垃圾杂物,每周打扫1次。
3	配置要求		满足《管理条件》中表 A.2 油浸式变压器(户外)的配置要求。
4	安全注意事项		1. 变压器投运之前,值班人员应仔细检查,确认变压器及其保护装置处于良好状态,具备带电运行条件; 2. 10 kV 带电安全距离为 0.7 m; 3. 变压器调压应在停电后进行。
5	巡视路线		按照巡视内容在变压器外布设巡视路线标识
6	日常检查	日常巡视	每日1次,按照《管理表单》中表 4.6 对日常巡视的要求进行。
		经常检查	每月1次,按照《管理表单》中表 4.7 对经常检查的要求进行。
7	定期检查	汛前检查	每年1次,按照《管理表单》中表 4.14 变压器(油浸式)定期检查记录表执行。
		汛后检查	每年1次,按照《管理表单》中表 4.14 变压器(油浸式)定期检查记录表执行。
8	专项检查		在地震、大风、暴雨等自然灾害或重大工程事故、超标准应用后应开展专项检查,按照《管理表单》中表 4.31 对专项检查的要求开展。
9	电气预防性试验		每年开展1次电气试验,按照《水闸工程管理规程》开展。
10	设备评定级		每2年开展1次,具体评级标准可参照《管理表单》中表 4.38 油浸式变压器等级评定表进行。

B.2 干式变压器

序号	项目		管理标准
1	变压器本体	外观	变压器外观应干净,铭牌固定清晰可见,无积尘、锈蚀、损坏情况,外壳漆膜无颜色变化或脱落、起皮现象。
		声音	无异常声响。
		气味	无异常气味。
		温度	测温设备完好,变压器温度按照绝缘等级:E级允许最高温升75 K;B级允许最高温升80 K;F级允许最高温升100 K。
		电压	变压器低压侧电压应在额定电压95%~110%范围内。
		散热风机	运转正常、无异响、效果良好。
		接地	设备接地可靠,标识清晰。
2	环境要求		变压器周边环境整洁,无垃圾杂物,每周打扫1次。
3	配置要求		满足《管理条件》中表A.3干式变压器的配置要求。
4	安全注意事项		1. 变压器投运之前,值班人员应仔细检查,确认变压器及其保护装置处于良好状态,具备带电运行条件; 2. 10 kV带电安全距离为0.7 m。
5	巡视路线		按照巡视内容在变压器外布设巡视路线标识。
6	日常检查	日常巡视	每日1次,按照《管理表单》中表4.6对日常巡视的要求进行。
		经常检查	每月1次,按照《管理表单》中表4.7对经常检查的要求进行。
7	定期检查	汛前检查	每年1次,按照《管理表单》中表4.15变压器(干式)定期检查记录表执行。
		汛后检查	每年1次,按照《管理表单》中表4.15变压器(干式)定期检查记录表执行。
8	专项检查		在地震、大风、暴雨等自然灾害或重大工程事故、超标准应用后应开展专项检查,按照《管理表单》中表4.31对专项检查的要求开展。
9	电气预防性试验		每年开展1次电气试验,按照《水闸工程管理规程》开展。
10	设备评定级		每2年开展1次,具体评级标准可参照《管理表单》中表4.39干式变压器等级评定表进行。

B.3 柴油发电机组

序号	项目		管理标准
1	柴油发电机组	外观	1. 外观干净整洁,操作箱内无杂物、积尘; 2. 控制元件和仪表安装牢固,熔断器未损坏; 3. 开关转换动作灵活、接触优良,接线齐整、紧固。
		声音	无异常声响。
		气味	无异常气味。
		仪表	1. 开关分合闸位置指示正确,指示灯指示正确; 2. 电压、电流等仪表显示正常。
		接地	设备接地可靠,标识清晰。
2	设备间		1. 室内清洁,每周进行 1 次保洁; 2. 屋顶及墙面无渗漏水; 3. 室内照明良好,门窗完好; 4. 通风设备良好。
3	配置要求		满足《管理条件》中表 A.4 柴油发电机房的配置要求。
4	安全注意事项		1. 门锁齐全,运行时门应处于关闭状态; 2. 在正常操作时,工作人员应尽量避免触及外壳,并保持一定距离。
5	日常维护		参照柴油发电机房日常维护清单。
6	设备试运转		结合经常检查每月 1 次,按照《管理表单》中表 4.5 柴油发电机组运转记录表进行。
7	日常检查	日常巡视	每日 1 次,按照《管理表单》中表 4.6 对日常巡视的要求进行。
		经常检查	每月 1 次,按照《管理表单》中表 4.7 对经常检查的要求进行。
8	定期检查	汛前检查	每年 1 次,按照《管理表单》中表 4.19 柴油发电机组定期检查记录表执行。
		汛后检查	每年 1 次,按照《管理表单》中表 4.19 柴油发电机组定期检查记录表执行。
9	专项检查		在地震、大风、暴雨等自然灾害或重大工程事故、超标准应用后应开展专项检查,按照《管理表单》中表 4.31 对专项检查的要求开展。
10	电气预防性试验		每年开展 1 次电气试验,按照《水闸工程管理规程》开展。
11	设备评定级		每 2 年开展 1 次,具体评级标准可参照《管理表单》中表 4.40 柴油发电机组等级评定表进行。

B.4 低压开关柜

序号	项目		管理标准
1	低压开关柜	外观	1. 低压开关柜外观整洁、干净,无积尘,柜眉、开关编号准确; 2. 防护层完好,无脱落、无锈迹,盘面仪表、指示灯、按钮以及开关等完好,整体完好,构架无变形,封堵完好。
		声音	无异常声响。
		气味	无异常气味。
		仪表	1. 开关分合闸位置指示正确,指示灯指示正确; 2. 电压、电流等仪表显示正常。
		接地	设备接地可靠,标识清晰。
2	设备间		1. 室内清洁,每周进行 1 次保洁; 2. 屋顶及墙面无渗漏水; 3. 防鼠板放置完好符合规范要求; 4. 室内照明良好,门窗完好; 5. 通风设备良好。
3	配置要求		满足《管理条件》中表 A.5 低压开关室的配置要求。
4	安全注意事项		1. 门锁齐全,运行时门应处于关闭状态,室外开关柜应处于锁定状态; 2. 在正常操作时,工作人员应尽量避免触及外壳,并保持一定距离。
5	日常维护		参照低压开关室日常维护清单。
6	日常检查	日常巡视	每日 1 次,按照《管理表单》中表 4.6 对日常巡视的要求进行。
		经常检查	每月 1 次,按照《管理表单》中表 4.7 对经常检查的要求进行。
7	定期检查	汛前检查	每年 1 次,按照《管理表单》中表 4.17 低压开关柜定期检查记录表执行。
		汛后检查	每年 1 次,按照《管理表单》中表 4.17 低压开关柜定期检查记录表执行。
8	专项检查		在地震、大风、暴雨等自然灾害或重大工程事故、超标准应用后应开展专项检查,按照《管理表单》中表 4.31 对专项检查的要求开展。
9	电气预防性试验		每年开展 1 次电气试验,按照《水闸工程管理规程》开展。
10	设备评定级		每 2 年开展 1 次,具体评级标准可参照《管理表单》中表 4.41 低压配电柜设备评定表进行。

B.5 电容补偿柜

序号	项目		管理标准
1	电容补偿柜	外观	柜体外观整洁、干净、无积尘;防护层完好、无脱落、无锈迹,整体完好,构架无变形。
		声音	无异常的声响。
		气味	无异常气味。
		指示灯	盘面仪表、指示灯、按钮以及开关等完好、指示正确。
		控制器	控制器显示正常,无报警等异常信息。
		继电器	外壳无破损,线圈无过热,接点接触良好。
		接地	设备接地可靠,标识清晰。
2	设备间		1. 室内清洁,每周进行1次保洁; 2. 屋顶及墙面无渗漏水; 3. 防鼠板放置完好符合规范要求; 4. 室内照明良好,门窗完好; 5. 通风设备良好。
3	配置要求		满足《管理条件》中表A.5低压开关室的配置要求。
4	安全注意事项		1. 电子仪器测量端子与电源侧应绝缘良好,仪器外壳应与保护柜在同一点接地; 2. 在正常操作时,工作人员应尽量避免触及外壳,并保持一定距离。
5	日常维护		参照电气设备日常维护清单。
6	日常检查	日常巡视	每日1次,按照《管理表单》中表4.6对日常巡视的要求进行。
		经常检查	每月1次,按照《管理表单》中表4.7对经常检查的要求进行。
7	定期检查	汛前检查	每年1次,按照《管理表单》中表4.16电容补偿柜定期检查记录表执行。
		汛后检查	每年1次,按照《管理表单》中表4.16电容补偿柜定期检查记录表执行。
8	专项检查		在地震、大风、暴雨等自然灾害或重大工程事故、超标准应用后应开展专项检查,按照《管理表单》中表4.31对专项检查的要求开展。
9	电气预防性试验		每年开展1次电气试验,按照《水闸工程管理规程》开展。
10	设备评定级		每2年开展1次,具体评级标准可参照《管理表单》中表4.43电容补偿柜设备评定表进行。

B.6 启闭机(卷扬式)

序号	项目		管理标准
1	启闭机	外观	机体清洁、无渗漏油;外壳、支架等无锈蚀、损坏。
		声音	无异常声响。
		控制开关	控制开关的位置应正确。
		指示灯	各种指示灯和信号灯的指示应正常。
		仪表	各种仪表的指示值应正常。
		接地	设备接地可靠,标识清晰。
2	启闭机房		1. 室内清洁,每周进行1次保洁; 2. 屋顶及墙面无渗漏水。
3	配置要求		满足《管理条件》中表A.6启闭机房的配置要求。
4	巡视路线		沿巡视路线标识开展巡视,详细记录巡视内容。
5	安全注意事项		1. 检查转动部分无卡阻象; 2. 卷筒上钢丝绳应留有足够余量; 3. 齿轮啮合达到规范要求,具备足够承载力。
6	日常维护		按照闸门启闭机日常维护清单。
7	日常检查	日常巡视	每日1次,按照《管理表单》中表4.6对日常巡视的要求进行。
		经常检查	每月1次,按照《管理表单》中表4.7对经常检查的要求进行。
8	定期检查	汛前检查	每年1次,按照《管理表单》中表4.10卷扬式启闭机定期检查记录表执行。
		汛后检查	每年1次,按照《管理表单》中表4.10卷扬式启闭机定期检查记录表执行。
9	专项检查		在地震、大风、暴雨等自然灾害或重大工程事故、超标准应用后应开展专项检查,按照《管理表单》中表4.31对专项检查的要求开展。
10	电气预防性试验		电机及控制柜仪表每年开展1次电气试验,按照《水闸工程管理规程》开展。
11	设备评定级		每2年开展1次,具体评级标准可参照《管理表单》中表4.34卷扬式启闭机等级评定表进行。

B.7　启闭机(液压式)

序号	项目		管理标准
1	启闭机	控制柜	柜体封堵良好,接地牢固可靠;闸门启闭控制可靠,运行无卡阻,活塞杆无锈蚀、渗漏现象;泄压阀动作可靠,与启闭机联动良好;限位装置动作可靠;系统通讯可靠,显示屏显示正确;按钮、指示灯、仪表指示正确,与实际工况一致;端子及电缆标牌清晰。
		油泵	外观清洁、完整、无渗油、无锈蚀;接地牢固、可靠;电源引入线无松动、碰伤和灼伤,电机接线盒接线紧固;电机绝缘电阻值不应低于 0.5 MΩ。
		油箱	箱体清洁、完整、无锈蚀、无渗漏油;油位正常,压力油定期过滤,油质化验合格;呼吸器完好、吸湿剂干燥;过滤器无阻塞或变形;表计完好,指示正确,传感器数据采集正确,接线规范。
		阀组、管路	外观清洁、完整、无渗漏油、无锈蚀、橡胶油管无龟裂;插装阀进、排油无堵塞现象;闸门调差机构工作正常;阀动作灵活,控制可靠。
		油缸	外观清洁、完整、无渗漏油、无锈蚀,闸阀位置正确。
2	启闭机房		室内清洁,每周进行 1 次保洁。
3	配置要求		满足《管理条件》中表 A.6 启闭机房的配置要求。
4	巡视路线		沿巡视路线标识开展巡视,详细记录巡视内容。
5	安全注意事项		1. 检查油泵、电机运行中有无异常噪声振动情况; 2. 检查油温是否正常。
6	日常维护		按照闸门启闭机日常维护清单。
7	日常检查	日常巡视	每日 1 次,按照《管理表单》中表 4.6 对日常巡视的要求进行。
		经常检查	每月 1 次,按照《管理表单》中表 4.7 对经常检查的要求进行。
8	定期检查	汛前检查	每年 1 次,按照《管理表单》中表 4.11 液压式启闭机定期检查记录表执行。
		汛后检查	每年 1 次,按照《管理表单》中表 4.11 液压式启闭机定期检查记录表执行。
9	专项检查		在地震、大风、暴雨等自然灾害或重大工程事故、超标准应用后应开展专项检查,按照《管理表单》中表 4.31 对专项检查的要求开展。
10	电气预防性试验		电机及控制柜仪表每年开展 1 次电气试验,按照《水闸工程管理规程》开展。
11	设备评定级		每 2 年开展 1 次,具体评级标准可参照《管理表单》中表 4.35 液压式启闭机启闭系统等级评定表进行。

B.8 电缆

序号	项目		管理标准
1	电缆	外观	1. 电缆外观应无损伤、绝缘良好； 2. 电缆应排列整齐、固定可靠。
		声音	无异常声响。
		气味	无异常气味。
		桥架	1. 金属桥架及支架全长应不少于2处与接地干线相连接； 2. 非镀锌电缆桥架间连接板的两端跨接铜芯接地线,接地线最小允许截面积不小于4 mm²； 3. 镀锌电缆桥架间连接板的两端不跨接接地线,但连接板两端应有不少于2个有防松螺帽或防松垫圈的连接固定螺栓； 4. 金属制桥架应支撑牢固、整洁,无锈蚀、变形。
		敷设	1. 应按电压等级由高至低的电力电缆、强电至弱电的控制和信号电缆、通信电缆"由上而下"的顺序排列； 2. 为满足引入柜盘的电缆符合允许弯曲半径要求,宜按"由下而上"的顺序排列； 3. 同一重要回路的工作与备用电缆实行耐火分隔时,应配置在不同层的支架上； 4. 当电缆槽、桥架空间有限,不具备电缆分层敷设时,强弱电应分开敷设,并用隔板隔开； 5. 穿墙套管处电缆分层状态保持现状,其余部分分层、分开布置。
		标识	1. 在电缆线路的首尾端、线缆改变方向处、电缆沟和竖井出入口处、电缆从一平面跨越到另一平面,以及电缆引至电气柜、盘或控制屏、台等位置应挂电缆标志牌； 2. 直埋电缆敷设时,在拐弯、接头、交叉、进出建筑物等地段,以及电缆直线段每隔50～100 m处应设明显的路径标桩；标桩应牢固,标志应清晰,标桩露出地面以15 cm为宜； 3. 电缆标志牌标注内容应有：编号、起点、终点、规格型号等。
		接地	设备接地可靠,标识清晰。
2	环境要求		环境温度：固定敷设电缆为－10℃～40℃。
3	设备间		电缆沟应整洁,无外部进水、渗水,排水畅通。
4	配置要求		电缆间电缆应整齐有序,无放电、积尘和焦糊味。
5	安全注意事项		1. 电缆正常不允许过负荷运行,即使在处理事故时出现过负荷,也应迅速恢复其正常电流； 2. 母线及其连接点在通过允许电流时,温度不应超过70℃； 3. 室外及穿墙部分应有消防封堵措施。
6	经常检查		每月1次,按照《管理表单》中表对电缆经常检查的要求进行。
7	定期检查	汛前检查	每年1次,按照《管理表单》中表4.18电缆定期检查记录表执行。
		汛后检查	每年1次,按照《管理表单》中表4.18电缆定期检查记录表执行。

续表

序号	项目	管理标准
8	专项检查	在地震、大风、暴雨等自然灾害或重大工程事故、超标准应用后应开展专项检查,按照《管理表单》中表4.31对专项检查的要求开展。
9	电气预防性试验	高压电缆每年开展1次电气试验,按照《水闸工程管理规程》开展。

B.9 防雷接地设施

序号	项目		管理标准
1	防雷接地设施	外观	整洁,无锈蚀、损坏、形变。
		接触	接地设施外套表面单个缺陷面积不应超过 25 mm²,深度不大于 1 mm,总缺陷面积不应超过复合外套总表面 0.2%。
		表面	凸起表面与合缝应清理平整,凸起高度不得超过 0.8 mm,黏接缝凸起高度不应超过 1.2 mm。
		电阻	避雷针接地电阻数值不应大于 10 Ω。
		安装	避雷针安装牢靠,接地及引下线接地牢固、可靠,引下线长度适中、无断裂。
2	安全注意事项		1. 定期检查避雷器的工频电压、底座绝缘电阻,检查放电计数器的动作情况,发现问题及时解决; 2. 定期对启闭机房接地网的接地电阻进行检查和测定; 3. 定期对有效接地系统和非有效接地系统的电力设备进行接地试验检查。
3	日常维护		1. 每年雨季来临之前保养 1 次,在雷雨季前委托有资质的单位对建筑物防雷设施进行检测; 2. 电气设备的防雷设施应按供电部门的有关规定进行定期校验。
4	安全隐患检查	经常性检查	每月 1 次,按照《管理表单》表 6.6 安全隐患排查检查表执行。
5	专项检查		在地震、大风、暴雨等自然灾害或重大工程事故、超标准应用后应开展专项检查,按照《管理表单》中表 4.31 对专项检查的要求开展。
6	电气预防性试验		每年开展 1 次电气试验,按照《水闸工程管理规程》开展。

B.10 安全用具

序号	项目		管理标准
1	安全用具	外观	无裂纹、变形、损坏。
		验电器	验电器各节连接牢固,无缺失,长度符合要求。
		接地线	接地线各连接点牢固,无断股。
		绝缘棒	绝缘棒、钩环无裂纹、变形、损坏。
		安全带(绳)	1. 安全带(绳)无断线、断股现象,绳带无变质,金属部件无锈蚀、变形; 2. 安全带(绳)保护套完好,安全绳无打结现象。
		安全帽	无损坏、变形,未超出使用年限。
		绝缘手套	绝缘手套表面平滑,无裂纹、划伤、磨损、破漏等损伤,无针眼、砂孔、黏结、老化现象。
		绝缘靴	绝缘靴靴底无扎痕,靴内无受潮。
		警示牌	各类警示牌应完好,无损坏、字体不清晰。
		编号	安全工器具应统一分类编号,指定位置存放。
2	配置要求		满足《管理条件》表 A.4 柴油发电机房管理条件中安全用具箱的配置要求。
3	安全注意事项		1. 安全用具应定期进行安全试验,合格后才可使用; 2. 经试验或检验不符合国家或行业标准或者超过有效使用期限,不能达到有效防护功能指标的安全工器具应及时报废。
4	日常维护		1. 绝缘棒应垂直存放,架在支架上或吊挂在室内,不要靠墙壁; 2. 绝缘手套、绝缘靴应定位存放在柜内,与其他工具分开; 3. 安全用具中的橡胶制品不能与石油类的油脂接触,存放的环境温度不能过热或过冷; 4. 验电器用后存放于匣内,置于干燥处,防止积灰或受潮。
5	安全隐患检查	经常检查	每月1次,按照《管理表单》表 6.6 安全隐患排查检查表执行。
6	定期检查	汛前检查	每年1次,按照《管理表单》中表 4.29 安全用具定期检查记录表执行。
		汛后检查	每年1次,按照《管理表单》中表 4.29 安全用具定期检查记录表执行。
7	电气预防性试验		安全用具应按照《水闸工程管理规程》进行电气预防性试验。

B.11 消防设施

序号	项目		管理标准
1	消防设施	外观	外观完好,无灰尘、污秽、锈蚀;外壳漆膜无局部颜色加深、起皮现象。
		声音	无异常声响。
		气味	无异常气味。
		仪表	各种仪表的指示值应正常。
2	配置要求		满足《管理条件》表 A.4 柴油发电机房管理条件中消防设施的配置要求。
3	巡视路线		沿消防布置图开展巡视,详细记录巡视内容。
4	安全注意事项		消防设施及器材每年检验 1 次,由专业部门检测,检测合格后才可使用。
5	日常维护		每月维护 1 次,擦拭设备表面,清扫设备周围地面。
6	安全隐患检查	经常检查	每月 1 次,按照《管理表单》表 6.6 安全隐患排查检查表执行。
7	定期检查	汛前检查	每年 1 次,按照《管理表单》中表 4.26 消防设施定期检查记录表执行。
		汛后检查	每年 1 次,按照《管理表单》中表 4.26 消防设施定期检查记录表执行。

附录 C 防汛物资及备品备件管理要求

C.1 防汛物资

序号	项目		管理标准
1	防汛物资仓库	外观	仓库环境干净整洁,物资摆放齐整,无霉变、灰尘积落。
		测算	每年对防汛物资开展 1 次测算,对照《防汛物资储备定额编制规程》(SL 298—2004),对水闸防汛物资进行测算。
		登记	建立健全防汛物资出入库管理,及时做好物资登记归档工作。
		采购	每年汛前对防汛物资进行 1 次盘查,对照防汛物资测算情况,及时购置缺少的防汛物资,办理入库登记。
		放置	重要防汛物资应设专门地点放置,并定期检查,及时补充,以满足汛期防汛需求。
2	配置要求		满足《管理条件》中表 A.8 防汛物资仓库的配置要求。
3	安全注意事项		做好安全卫生工作,确保防汛物资和人身安全。
4	程序要求	接收	及时对采购的物资进行接收,并检查物资证件是否齐全,资料是否相符,外观有无破损。
		验收	及时对接收的物资进行验收,物资应质量合格,数量齐全,资料、单据、证件完备。
		入库	对验收完成的防汛物资办理入库手续,并登记入册,物资必须有相关质量合格证及说明书,证件俱全。
		出库	根据工程防汛需要,接到领用申请后,及时完成出库,严格出库登记手续,做到发放有依据并及时准确。
5	日常检查		每月 1 次,主要检查: 1. 物资库存数量充足、规格正确、性能良好; 2. 物资摆放的位置正确。
6	定期检查		每半年对防汛物资进行 1 次定期检查,检查主要项目: 1. 防汛物资应备足,物资的入库出库有翔实的记录; 2. 防汛物资应完好,无超使用期限的; 3. 防汛物资的存放位置正确; 4. 建立防汛联动机制; 5. 制定防汛物资调运路线图。
7	库存更新		防汛物资超出规定使用存放期限或经技术鉴定不符合使用要求的,应办理报废出库手续。

C.2 备品备件

序号	项目		管理标准
1	备品备件仓库	外观	仓库环境干净整洁,物资摆放齐整,无霉变、灰尘积落。
		梳理	对备品备件进行统计梳理,加强备品备件的管理,准确提供物资信息,及时保证工程运行,及时物资周转,减少资金占用和损耗。
		登记	建立健全备品备件入库出库管理,及时做好备品备件登记归档工作。
		采购	定期开展备品备件的采购工作,结合现有库存数量和工程的工作计划,集中采购备品备件,以满足工程运行需求。
		放置	做好备品备件物品摆放,充分发挥库房和设备的利用率。
2	配置要求		满足《管理条件》中表 A.9 备品备件仓库的配置要求。
3	安全注意事项		做好安全卫生工作,确保备品备件和人身安全。
4	程序要求	接收	及时对采购的备品备件进行接收,并检查物品证件是否齐全,资料是否相符,外观有无破损。
		验收	对接收的备品备件3天内完成验收,备品备件应质量合格,数量齐全,资料、单据、证件完备。
		入库	对验收完成的备品备件办理入库手续,物品必须有相关质量合格证及说明书,证件俱全。
		出库	根据水闸工程需要,本着节约使用原则申请备品备件,接到领用申请1天内完成出库手续,严格出库登记手续,做到发放有依据并及时准确。
5	日常检查		每月不少于1次,主要检查: 1. 备品备件库存数量充足,规格正确,性能良好; 2. 物资摆放的位置正确。
6	定期检查		每季度对备品备件进行1次定期检查,主要检查内容: 1. 备品备件库存数量正确,规格、性能良好,无超出使用期限; 2. 备品备件摆放的位置正确,存放干净整洁。
7	库存更新		备品备件超出规定使用存放期限或经技术鉴定不符合使用要求的,应办理报废出库手续。

附录 D 计算机监控系统管理要求

D.1 计算机监控系统

序号	项目		管理标准
1	监控系统整体	外观	上位机无积尘,设备显示良好。
		声音	无异常声响。
		硬件	输入设备完好,操作可靠,无硬件和软件错误报警。
		操作	配置相应的专业技术人员,运行、维护应采取授权方式进行,分为运行人员、维护人员和系统管理员,并分别规定其操作权限和范围;应编制事故应急处理预案,异常情况时应增加巡检次数,发生故障应立即处理。
		PLC模块	PLC模块输入电压符合要求,模块良好、无异味、无异响,接线端子标号齐全、清晰,接线紧固,内置电池电量满足运行需求,通信可靠。
		线缆	线缆编排整齐、接线连接可靠。
		接地	设备接地可靠,标识清晰。
2	软件系统	完整性	在整套软件系统投入运行前,应对软件系统完整性进行检查、核对,保证软件系统的完整性。
		启动	运行时应检查操作系统启动画面、自检过程、运行过程,软件运行应稳定、流畅,画面调用灵敏、可靠,响应速度快,发现异常要记录在案,请技术人员解决问题。
		报警	软件系统运行期间弹出的告警信号要及时记录,包括弹窗警告、语音警告、错误代码告警等。
		检查	巡查时应检查软件操作规程及运行情况,包括软件系统操作规程内容、运行记录内容。
3	环境要求		室内温度应在15℃~30℃,湿度应低于70%RH,无凝露。
4	巡视路线		沿巡视标识开展巡视,详细记录巡视内容。
5	安全注意事项		1. 计算机监控系统应安装客户端软件,软件系统需配置专业杀毒软件,禁止安装非设备相关软件,定期进行安全检测,及时更新补丁、漏洞; 2. 设备登陆口令设置不宜过于简单,应定期更换; 3. 明确系统信息安全保护等级,并在安全技术和安全管理上选用与安全等级相适应的安全控制措施来实现安全保护工作。
6	日常维护		参照中控室日常维护清单。
7	日常检查	日常巡视	每日1次,按照《管理表单》中表4.6对日常巡视的要求进行。
		经常检查	每月1次,按照《管理表单》中表4.7对经常检查的要求进行。

续表

序号	项目		管理标准
8	定期检查	汛前检查	每年1次,按照《管理表单》中表4.21计算机监控系统定期检查记录表执行。
		汛后检查	每年1次,按照《管理表单》中表4.21计算机监控系统定期检查记录表执行。
9	设备评定级		每2年开展1次,具体评级标准可参照《管理表单》中表4.44计算机监控及视频监视系统设备评定表进行。

D.2 UPS 电源

序号	项目		管理标准
1	一般要求	外观	完好无损、外观整洁、无灰尘。
		气味	无异常气味。
		温度	运行温度正常。
		蓄电池	表面清洁，无破损、漏液、变形；电池应规范编号，标明正负极，接头处连接牢固且配有保护套。
		指示灯	指示灯状态正常。
		接地	设备接地可靠，标识清晰。
2	环境要求		室内温度应在15℃～30℃，湿度应低于70%RH，无凝露。
3	配置要求		满足《管理条件》中相关配置要求。
4	安全注意事项		1. UPS各模式自动切换正常，电池浮充正常，无过充、欠充现象； 2. 蓄电池应定期按规定进行容量核对性充放电，每年应进行1次； 3. 充电装置故障使蓄电池较深放电后，按规定要求应进行1次均衡充电； 4. 在放电过程中，应严密监视蓄电池电压，当单体电池电压达规定下限时，应停止放电，若放充3次，蓄电池组均达不到额定容量的80%，可判此组蓄电池使用年限已至，应进行更换； 5. 蓄电池容量核对充放电时，放电后间隔1～2 h后，应进行容量恢复充电，禁止在深放电后长时间不充电，特殊情况下间隔不应超过24 h。
5	日常维护		参照UPS日常维护清单。
6	日常检查	日常巡视	每日1次，按照《管理表单》中表4.6对日常巡视的要求进行。
		经常检查	每月1次，按照《管理表单》中表4.7对经常检查的要求进行。
7	定期检查	汛前检查	每年1次，按照《管理表单》中表4.23 UPS电源定期检查记录表执行。
		汛后检查	每年1次，按照《管理表单》中表4.23 UPS电源定期检查记录表执行。
8	设备评定级		每2年开展1次，具体评级标准可参照《管理表单》中表4.45 UPS电源评定表进行。

D.3 视频监视系统

序号	项目		管理标准
1	显示屏、摄像机整体	外观	视频监视设备外观清洁,图像清晰、色彩还原正常,无干扰现象。
		控制	摄像机控制云台转动灵活,无明显卡阻现象,摄像机焦距调节灵活可靠。
		通信	视频监控机柜清洁,网络交换机、光纤收发机等工作正常,网络通畅。
		硬盘	硬盘录像机容量应符合要求,并设置录像状态,可调用历史录像查询。
		操作权限	视频监控系统的操作应使用远程操作方式,根据用户角色不同,设置不同的用户权限。
		防护	摄像机防护罩无破损,固定摄像机的支架或杆塔无锈蚀损坏情况。
		接地	设备接地可靠,标识清晰。
2	软件系统	完整性	在整套软件系统投入运行前,应对软件系统完整性进行检查、核对,保证软件系统的完整性。
		启动	运行时应检查操作系统启动画面、自检过程、运行过程、软件系统执行流畅程度等,发现异常要记录在案,请技术人员解决问题。
		报警	软件系统运行期间弹出的告警信号要准时记录,包括弹窗警告、语音警告、错误代码告警等。
		检查	巡查时应检查软件操作规程及运行情况,包括软件系统操作规程内容、运行记录内容。
3	环境要求		室内温度应在15℃~30℃,湿度应低于70%RH,无凝露。
4	巡视路线		沿巡视标识开展巡视,详细记录巡视内容。
5	安全注意事项		视频监控计算机应安装客户端软件,软件系统需配置专业杀毒软件,禁止安装非设备相关软件。
6	日常维护		参照中控室日常维护清单。
7	日常检查	日常巡视	每日1次,按照《管理表单》中表4.6对日常巡视的要求进行。
		经常检查	每月1次,按照《管理表单》中表4.7对经常检查的要求进行。
8	定期检查	汛前检查	每年1次,按照《管理表单》中表4.22视频监视系统定期检查记录表执行。
		汛后检查	每年1次,按照《管理表单》中表4.22视频监视系统定期检查记录表执行。
9	设备评定级		每2年开展1次,具体评级标准可参照《管理表单》中表4.44计算机监控及视频监视系统设备评定表进行。

附录 E 工作场所管理要求

E.1 值班室

序号	项目	管理标准
1	清洁度	室内保持清洁、卫生、空气清新、无杂物、隔音良好。
2	制度规程	墙面设有值班管理制度。
3	物品	1. 物品、工具摆放整齐,门柜上锁,桌面电话机、对讲机、记录资料等应定点摆放; 2. 无其他杂物(如烟灰缸、烟头等),外借东西要做好借用记录。
4	座椅	座椅摆放整齐,衣物摆放在衣柜内,禁止随意放于桌面、椅背等处。
5	消防	消防设施完备,室内禁止吸烟。
6	窗帘、空调	室内窗帘保持洁净,安装可靠,空调设施完好。
7	人员	1. 值班人员接待外来人员应做到文明礼貌; 2. 闲杂人员或与工作无关的人员不要长时间在值班室逗留,不得大声喧哗,应保持安静。

E.2 办公室

序号	项目	管理标准
1	清洁度	室内保持整洁、卫生、空气清新,无与办公无关的物品。
2	上墙制度	墙面设有岗位职责等相关制度。
3	办公桌椅	办公桌椅固定摆放,桌面物品摆放整齐。
4	书柜和资料柜	书柜及资料柜摆放应排列整齐,清洁无破损。
5	空调、窗帘等	室内窗帘保持洁净、安装可靠,空调设施完好。
6	物品使用	电脑及其他办公设备爱惜使用,不得有意损害公共财物,保持办公室内清洁整齐,并随手关灯、关门。
7	环境	办公场所要保持清洁、安静,工作人员着装规范、得体,言谈举止要文明、大方,注意场合、分寸。
8	人员	踏实工作,积极学习专业知识,提高业务水平和工作效率,严禁打游戏、上网聊天及做与工作无关的事。

E.3 档案室

序号	项目	管理标准
1	清洁度	室内保持整洁、卫生、空气清新,无关物品不得存放。
2	档案柜及档案	档案柜及档案排列规范、摆放整齐、标识明晰。
3	阅览桌椅	桌椅摆放整齐。
4	照明	照明灯具及亮度符合档案室要求。
5	窗帘、空调	室内窗帘保持洁净、安装可靠,空调设施完好。
6	必备物品	温湿度计、碎纸机、除湿机配备齐全。
7	环境	符合防火、防盗、防潮、防光、防尘、防虫鼠的要求;设置窗帘,配备灭火器、温湿度计、空调等保护设施,四周无危及档案室安全的隐患。
8	管理	定期搞好档案室卫生,检查档案破损、霉变、虫蛀、褪色情况,发现问题及时解决;档案室专人管理,无关人员不得随意进出。

E.4 会议室

序号	项目	管理标准
1	清洁度	室内保持整洁、卫生、空气清新,无关物品不得存放。
2	会议桌椅	会议桌定点摆放,座椅及其他物品摆放整齐。
3	投影、音响设施	投影、音响设施完好,能正常使用。
4	窗帘空调	室内窗帘保持洁净、安装可靠,空调设施完好。
5	插座	各类插座完好,能正常使用。

E.5 仓库

序号	项目	管理标准
1	清洁度	仓库应保持整洁、空气流通、无蜘蛛网、物品摆放整齐。
2	货架	货架排列整齐有序,无破损、强度符合要求、编号齐全。
3	物品分类	物品分类详细合理,有条件应利用微机进行管理。
4	物品摆放	1.物品按照分类划定区域摆放整齐合理、便于存取,并有明确的物品配置图,存取货应随到随存、随需随取; 2.物品储存货架应设置存货卡,商品进出要注意先进先出的原则。
5	物品登记	物品存取应进行登记管理,详细记录。
6	环境	仓库应有通风、防潮、防火、防盗的措施,有特殊保护要求的应有相应措施。储存物品不可直接与地面接触。
7	危险品	危险品应单独存放,防范措施齐全,定期检查。
8	其他	照明、灭火器材等设施齐全、完好。

E.6 卫生间

序号	项目	管理标准
1	清洁度	随时保持清洁,空气清新、无蜘蛛网及其他杂物,地面无积水。每日打扫不少于2次。
2	洁具	洁具清洁,无破损、结垢及堵塞现象,冲水顺畅。
3	挡板	挡板完好、安装牢固、标志齐全。
4	清洁用具	拖把、抹布等清洁用具应定点整齐摆放,保持洁净。

附录 F 工程观测示意图

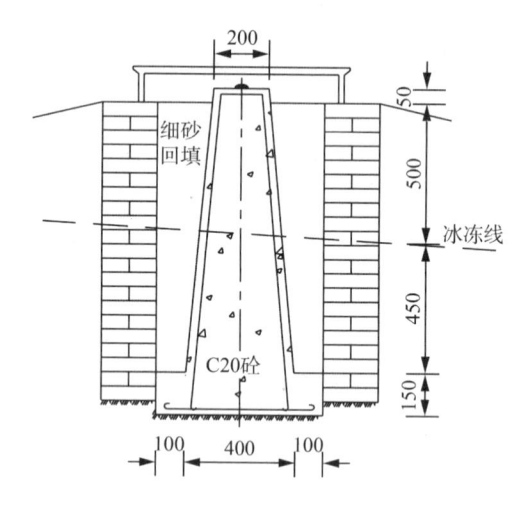

图1 混凝土式工作基点结构示意图(单位:mm)

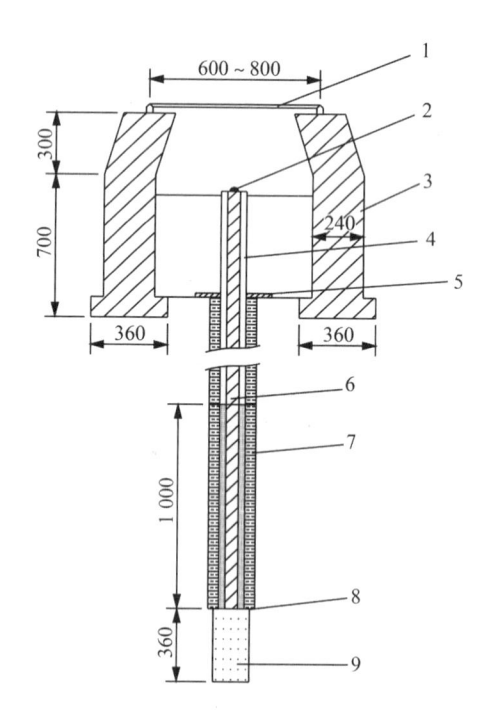

1.保护盖;2.标点;3.保护井;4.外管;5.外管悬空卡子;6.内管;7.钻孔(内填料);8.基点底靴;9.钻孔底

图2 深管式工作基点结构示意图(单位:mm)

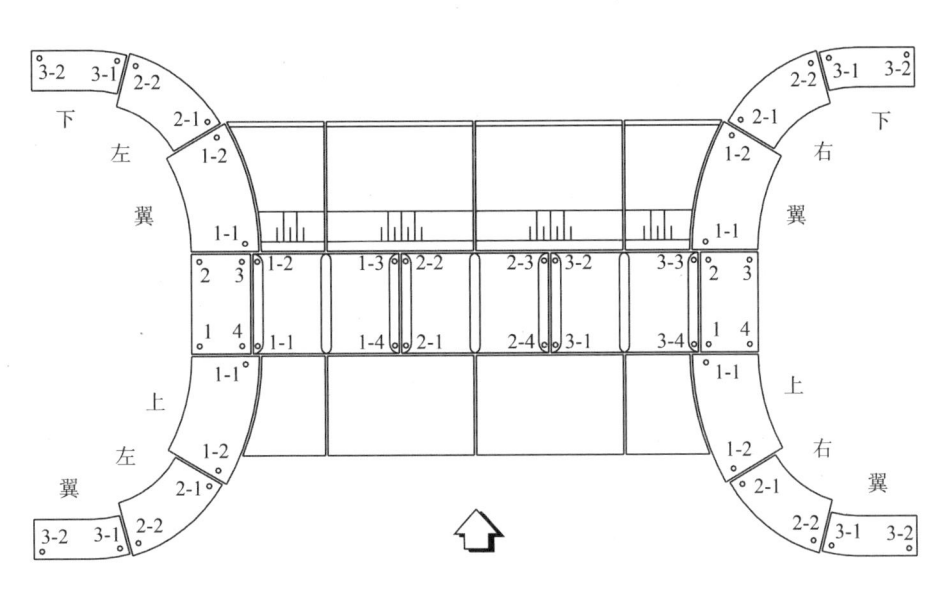

图3　垂直位移标点平面布置示意图(单位:mm)

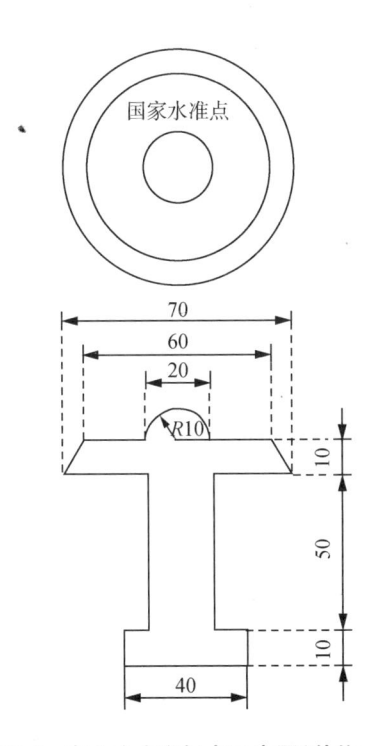

图4　直立式水准标点示意图(单位:mm)

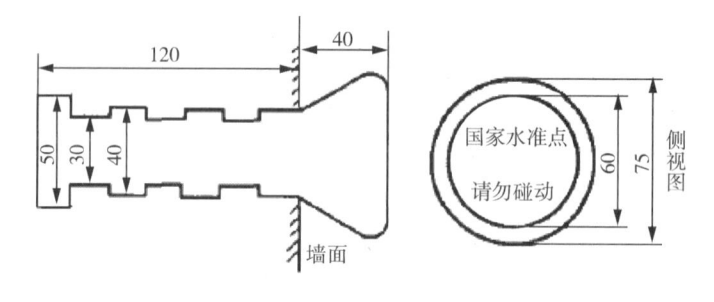

图 5　墙角式水准标点示意图(单位:mm)

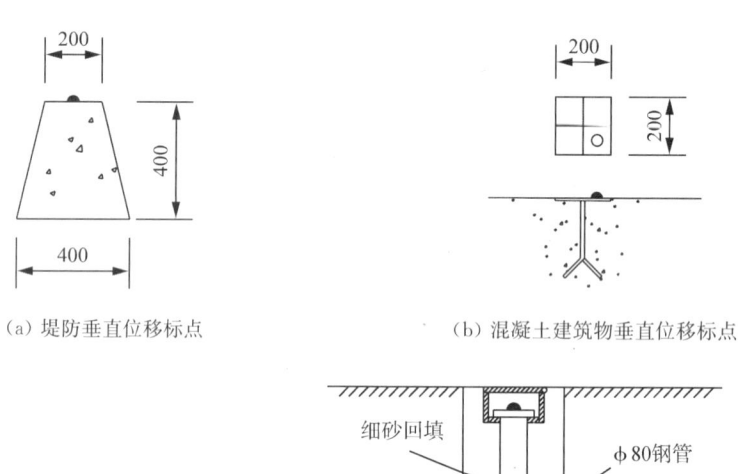

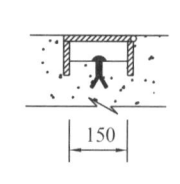

(a) 堤防垂直位移标点

(b) 混凝土建筑物垂直位移标点

(c) 盒式垂直位移标点

(d) 表面覆盖土层的混凝土建筑物垂直位移标点

图 6　垂直位移标点结构示意图(单位:mm)

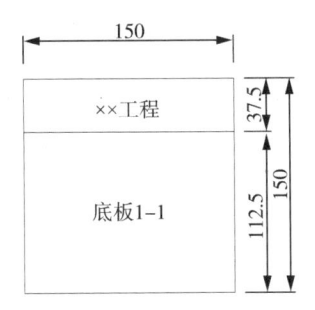

图 7 垂直位移标点标识示意图(单位:mm)

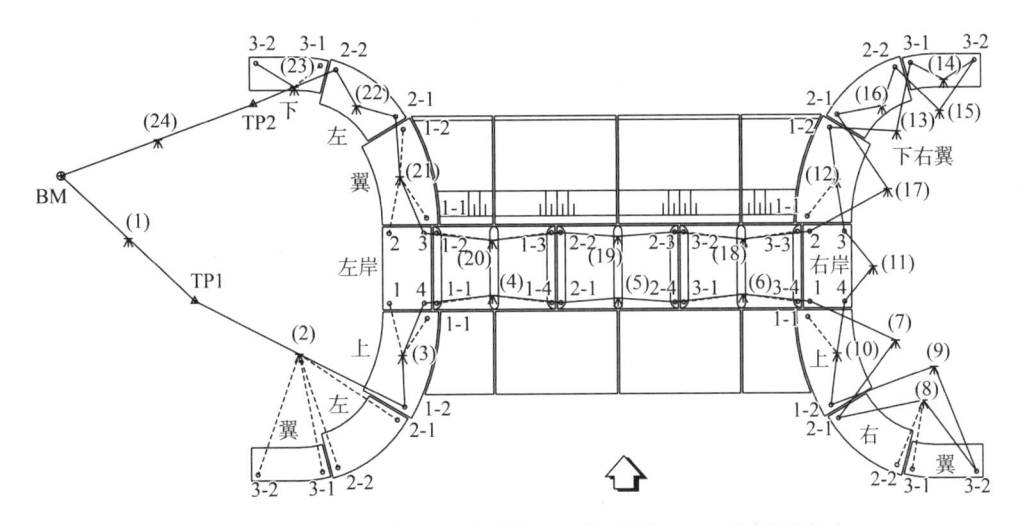

⊗ 垂直位移工作基点　▲ 中间转点　○ 垂直位移标点

图 8 垂直位观测标点及观测线路示意图

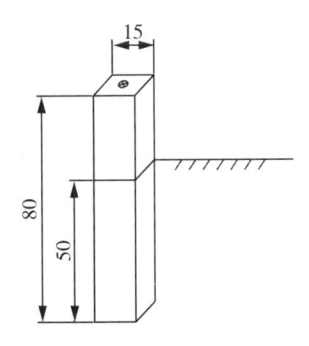

图 9 断面桩示意图(单位:cm)

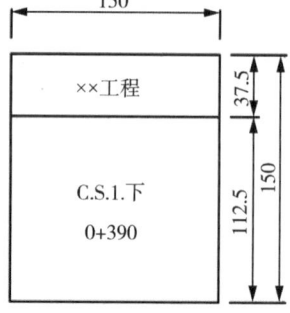

图 10 断面桩标识示意图(单位:mm)

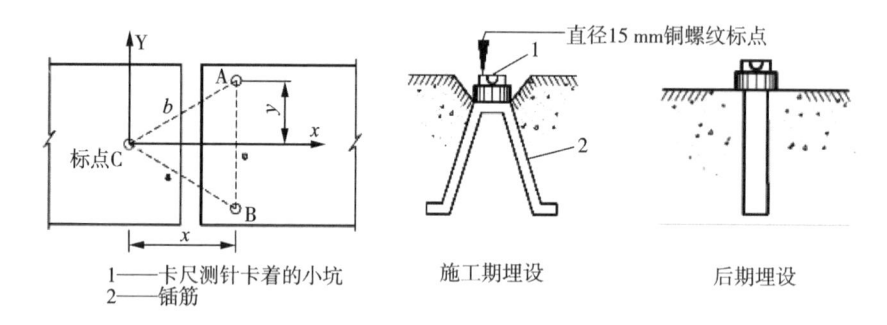

图 11 伸缩缝标点结构示意图(单位:mm)

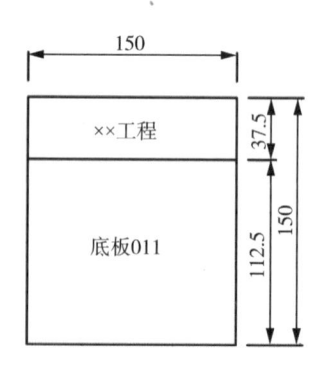

图 12 伸缩缝标识示意图(单位:mm)

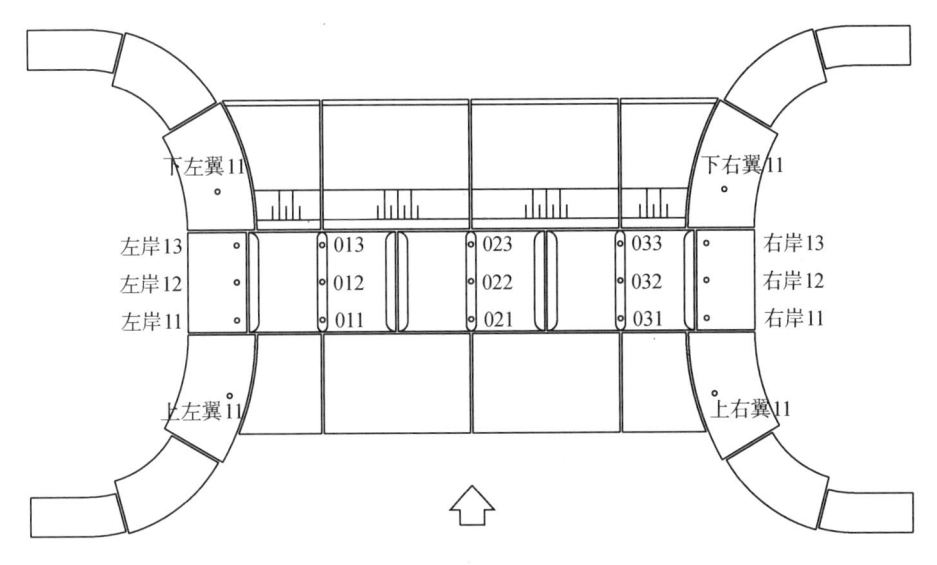

图 13 水闸测压管布置图

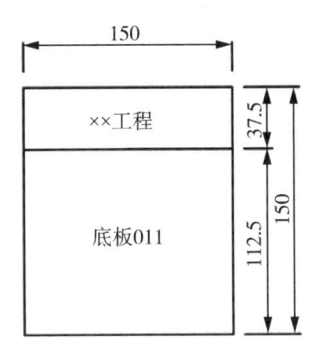

图 14 测压管标识示意图(单位:mm)

管理信息

1 范围

本标准适用于南水北调东线江苏水源有限责任公司辖管水闸(船闸)工程信息化建设和信息系统管理维护,主要包括信息化平台建设、自动化监测预警和网络安全管理要求等。

本标准适用于南水北调东线江苏水源有限责任公司辖管水闸(船闸)工程,类似工程可参照执行。

2 规范性引用文件

下列文件对于本标准的应用是必不可少的。凡是注日期的引用文件,仅注日期的版本适用于本标准;凡是未注日期或版本号的引用文件,其最新版本适用于本标准。

GB 50395 视频安防监控系统工程设计规范
SL 715 水利信息系统运行维护规范
SL 444 水利信息网运行管理规程
GA/T 367 视频安防监控系统技术要求
SL 75 水闸技术管理规程
DB 32/T 3259 水闸工程管理规程
DB 32/T 3623 水闸监控系统监测规范
水利工程标准化管理评价办法
水利网络安全管理办法

3 术语和定义

3.1 水闸信息

为监测、保护、优化工程设备设施运行和管理需要,通过直接或间接方式采集的各类技术参数、音视频、流程、图表等相关信息,主要包括信息采集、传输、处理、存储和应用等部分。

3.2 水闸信息系统

通过统一数据汇聚、基础支撑服务和多系统联动等平台建设,实现对水闸信息的统一管理和利用。

3.3 站控级

水闸中央控制级,可实现集中监视、控制和管理。

3.4 现地主控单元

现地控制单元中包含中央处理器(CPU)模块的控制子单元。

3.5 远程I/O单元

现地控制单元中不含中央处理器(CPU)模块,与现地主控单元分开布置,且通过数据总线与主控单元通信的子单元。

3.6 智能测控设备

以微处理器为基础的,实现对水闸现场特定设备进行数据采集、处理、传递,以及控制功能的专用测量和控制设备。

3.7 生产控制区

基于计算机和网络技术,监测、控制水闸工程现场实时运行的业务系统所组成的网络安全区。

3.8 管理信息区

基于计算机和网络技术,不直接参与水闸工程现场运行监测控制的信息管理类业务系统所组成的网络安全区。

4 总则

4.1 系统架构

水闸信息系统主要由计算机监控系统、视频监视系统、信息管理系统、调度管理系统等组成。

信息化系统按照网络安全分区原则,分为生产控制区和管理信息区,其中工程监控系统在生产控制区,视频监视系统、信息管理系统、调度管理系统在管理信息区。

工程对象包括变配电设备、辅助设备、启闭机、闸门、工程观测、水质、水量、流量、水雨情等。

4.2 安全防护

网络安全防护措施方面,生产控制区与管理信息区之间应设置单向网闸或隔离装置,管理信息区和信息发布区之间应设置防病毒软件。软件系统需配置专业杀毒软件,禁止安装非设备相关软件,定期进行安全检测,及时更新补丁、漏洞;系统登录口令设置不宜过于简单,应定期更换;应明确系统信息安全保护等级,并在安全技术和安全管理上选用与安全等级相适应的安全控制来实现安全保护工作。网络安全防护制度方面,应建立健全网络平台安全管理制度体系,制定并落实网络平台管理制度等。

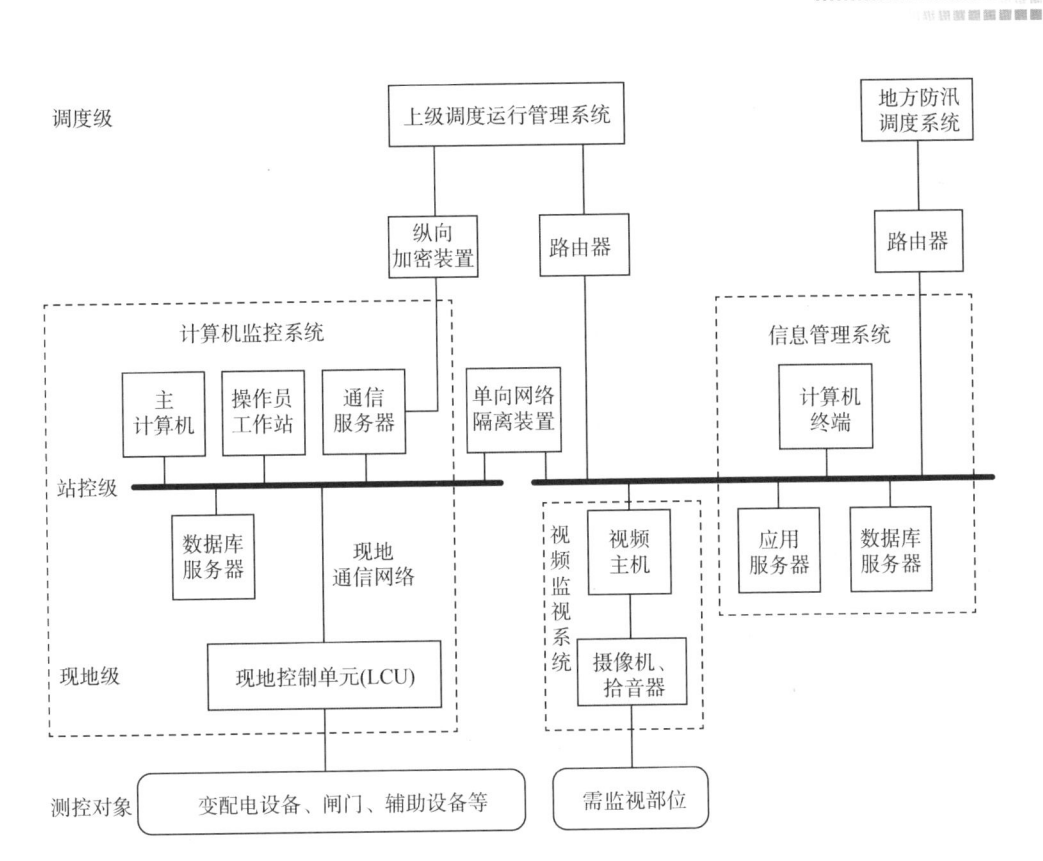

图 1　水闸信息系统典型结构图

5　计算机监控系统

5.1　一般规定

水闸计算机监控系统应通过对工程设备设施的电气量、温度、压力、液位、流量、开度、开关量等数据采集、数据传输、数据处理、数据存储与应用,实现对工程的监视、控制、报警等功能。

5.2　系统架构

采用分层分布结构,分为现地级、站控级和调度级,采用星型或环状拓扑网络。可按水闸不同被控对象划分的单元分别配置LCU,也可按多个单元集中配置一套现地主控单元及多套远程 I/O 单元实施监控。

5.3　系统功能

5.3.1　数据采集

数据采集对象包括变压器、配电柜、辅助设备、闸门、启闭机等。

（1）　采集的数据包括(不限于)

① 电气量

(a) 变压器:高低压侧电压、电流、有功、无功、功率因数、频率、电度等;

(b) 配电系统:母线、线路等电压、电流、有功、无功等。

② 温度

(a) 变压器:线圈、铁芯、绝缘油、接线桩头;

(b) 液压站:液压油;

(c) 设备间、中控室:温湿度。

③ 压力

(a) 液压站供油;

(b) 测压管。

④ 流量

水闸引排水。

⑤ 液位

(a) 轴承箱油位;

(b) 液压站油箱油位;

(c) 水闸上下游水位。

⑥ 开关量

(a) 开关分/合闸;

(b) 全开/关;

(c) 高/底(上/下)限位;

(d) 跳闸/故障等。

⑦ 其他

闸门开度、水量、运行时间等。

(2) 采集传感器设置

分为现场显示和远程采集。

① 电气量

主要有电气仪表、智能仪表和控制器。

② 温度

主要有铂热电阻、热成像仪、传感器温控仪、温度表。

③ 压力

主要有压力传感器、压力表。

④ 流量

主要有超声波、电磁流量计。

⑤ 液位

主要有投入式压力、超声波、雷达、浮子等。

⑥ 其他

主要有闸位计、开度仪、霍尔元件、模组。

(3) 系统数据采集精度应满足以下要求:

① 温度量采集精度不应低于 0.25%;

② 液位采集精度不应低于 0.25%；

③ 压力、流量采集精度不应低于 0.5%；

④ 闸门开度采集精度不应低于 0.25%。

(4) 系统数据采集周期应满足以下要求：

① LCU 开关量采集周期不应大于 1 s，电量采集周期不应大于 1 s，温度、水位采集周期不应大于 5 s，其他非电量采集周期不应大于 1 s。

② 站控级数据采集时间包括 LCU 数据采集时间和相应数据再采集并存入站控级数据库的时间，后者不应超过 2 s。

5.3.2 数据通信

(1) 系统应建立完善可靠的通信网络，远控级采用光纤以太网通信方式，站控级及现地级控制单元采用以太网方式连接。通信采用成熟、开放、通用的标准协议与接口。

(2) 与湿度巡检装置等设备的通信宜采用 RS485 通信接口或以太网，采用通用的标准通信规约。

(3) 与视频监视系统、信息管理系统的通信接口宜采用网络或串行接口。当采用网络接口时，宜采用基于 UDP 协议的单向数据传输规约。

5.3.3 数据处理

(1) 对采集的数据进行必要的处理计算，应计算和统计的数据包括：水闸上下游水位、流量、过水量、闸门开启孔数、运行时间、用电量等，并存入实时数据库和历史数据库，用于画面显示与刷新、控制与调节、记录检索、统计、操作、管理指导等。

(2) 完成数据的互锁逻辑运算、越限检查与报警信息的产生。

(3) 各类数据合理性比对与检查、工程单位变换等。

(4) 事件数据的记录与处理。

(5) 完成闸门启闭等操作必需的逻辑条件处理。

5.3.4 数据存储

(1) 应存储的数据包括电量、非电量、相关计算或统计量、控制指令、开关量变位、复归、故障及事故信息以及系统的自诊断信息等。

(2) 对于实时存储的数据，存储时间间隔可根据需要设置，最小可为 1 s。若存储时间间隔设置为 1 s 时，存储时间长度不应小于 30 min。

(3) 对于历史数据库存储的数据，存储时间间隔可根据需要设置，最小可为 1 s。若存储时间间隔设置为 1 s 时，存储时间长度不应小于 30 d。

5.3.5 数据应用

(1) 监视

① 应监视辅助设备、变配电、闸门、启闭机等设备的运行参数和运行工况。发现故障状态、运行参数越限或者参数变化值异常时，应进行报警和相关信息显示。

② 应监视变配电系统送停电过程、辅助设备启停过程、闸门升降过程等。发生过程受阻时，应给出报警提示和受阻原因。

(2) 报警

① 报警内容包括变配电设备投切过程受阻、辅助设备启停受阻、闸门升降受阻、告警动作、各类温度偏高、压力异常、直流系统故障等。

② 语音报警:宜通过语音或者不同的声音区别不同的报警内容。语音或报警声音可人工解除或延时自动解除。

③ 报警显示:当发生报警时,报警信息应在系统界面上突出显示。报警信息包括报警对象名称、发生时间、性质、确认时间、消除时间等。显示颜色应按报警类别确定。当前画面上有发出报警的对象或参数时,则该对象或参数应闪烁或者变化颜色。

④ 报警确认:应能通过报警窗口进行报警确认,包含该报警点的所有画面上的对象或者参数也应改变为报警确认状态。

⑤ 可根据需要设置报警点的报警投退功能。

(3) 控制与调节

① 可采用三种控制方式,包括调度级远程控制、站控级远程控制和现地控制。优先顺序为:现地控制级、站控级、远控级。现地控制和远程控制方式可通过 LCU 上的硬件开关切换,调度级远程控制和站控级远程控制可通过软件开关切换。

② 辅助设备控制与调节内容包括液压站启停等。

③ 闸门控制与调节内容:闸门启闭,按给定开度自动完成闸门启闭;闸门限位与卡滞保护。

④ 变配电设备包括变配电设备的投入与退出等。

5.3.6 控制流程

(1) 计算机监控系统宜包括下列控制流程:

① 变配电设备控制流程;

② 辅助设备系统启停流程;

③ 闸门控制流程。

(2) 控制流程引用的信号量应满足下列要求:

① 当控制流程中引用变配电系统主要断路器的合分状态等开关量输入点作为判断条件时,宜采用双接点信号对该开关量输入点进行判断;

② 当控制流程中引用模拟量作为判断条件时,应对模拟量输入通道的状态进行检查;

③ 当控制流程中引用通信量作为判断条件时,应对数据通信的状态进行检查;

④ 对于自动启动的控制流程,不应采用常闭形式的开关量输入点作为流程启动条件。

(3) 控制流程的实现可采用自动顺序执行和人机交互执行两种方式。

(4) 除事故流程外,其他控制流程启动前应满足启动条件,启动后应顺序检查流程执行的条件。任何一个条件不满足时应报警并退出。

(5) 变配电设备控制流程宜检查下列条件:

① 断路器或刀闸合分位置正常;

② 现地或远方控制权限满足;

③ 控制电源正常。

(6) 辅助设备系统控制流程宜检查下列条件:

① 设备状态正常;

② 现地或远方控制权限满足;

③ 操作电源正常等。

(7) 闸门控制流程宜检查下列条件：
① 闸门位置正常；
② 现地或远方控制权限满足；
③ 操作电源正常；
④ 闸门无过载动作信号等；
⑤ 上下游水位及水位差满足运行要求。
(8) 变配电设备控制流程应满足断路器、刀闸分合的电气闭锁条件。
(9) 闸门启闭过程中，当发现下列异常时应立即停止：
① 闸门运行过程中开度变化率小于限值；
② 卷扬闸门开启过程中荷重超过限值；
③ 卷扬闸门关闭过程中未到全关位时荷重小于限值；
④ 双缸液压闸门左右开度差值超出限值。

6 视频监视系统

6.1 一般规定

视频监视系统应对需要进行监控的建筑物内外的工程设备设施，主要公共活动场所、通道等重要部位和区域等进行有效的视频探测与监视、图像显示、记录与回放，并根据保护对象的安全需求，进行不同层级的安全防护。

6.2 系统架构

视频监视系统的结构宜采用矩阵切换模式、数字视频网络虚拟交换/切换模式。视频监视系统包括前端设备、传输设备、视频主机和显示设备。

6.3 系统功能

视频监视功能包括监视、控制、报警、录像、上传。安防系统功能包括实体防护、出入口控制、入侵探测等。

6.3.1 监视

(1) 监视对象

监视对象包括变压器、开关室、中控室、引河堤防、水闸上下游、工程管理设施等与水闸运行管理有关的重要设备和建筑物。

(2) 前端设备布设要求

① 摄像机镜头安装应顺光源方向对准监视目标，避免逆光安装；当必须逆光安装时，宜降低监视区域的光照对比度或选用带有帘栅作用等具有逆光补偿的摄像机。

② 摄像机的工作温度、湿度应适应现场气候条件变化，必要时可采用适应环境条件的防护罩。

③ 监视目标的环境可见光照明不足时，宜选用红外灯作光源。

④ 摄像机设置的高度：室内距地面不低于 2.5 m；室外距地面不宜低于 3.5 m，室外如

采用立杆安装,立杆的强度和稳定度应满足摄像机的使用要求。

(3) 监视功能要求

① 摄像机应能清晰、有效地获取视频图像。当环境照度不满足视频监视要求时应配置辅助照明。

② 活动摄像机可设定为自动扫描方式,通过云台控制摄像机上下、左右巡回扫描,获取监控区域内的视频图像。

③ 显示设备应能清晰、稳定显示所采集的视频图像。

④ 监视图像上应有图像编号/地点、时间、日期等信息。

⑤ 应能同时显示多个监视点的视频图像,并以单画面、四画面、九画面、十六画面等方式显示。

6.3.2 控制功能要求

(1) 应能通过模拟键盘或计算机实现对摄像机、云台等的控制。

(2) 应能对活动摄像机的云台进行上下、左右控制,以及对镜头进行变焦和光圈调节,控制调节应平稳、可靠。

(3) 应能手动切换或编程,自动切换(联控)监视图像,对视频输入信号在指定的监视器上进行固定或时序显示。

(4) 具有音频监控能力的系统应具有视频和音频同步切换的能力。

(5) 前端设备对控制命令的响应和图像传输实时性应能满足安全管理要求。

(6) 应能存储编程信息,在供电中断或关机后,对所有编程信息和时间信息均应保持。

(7) 应具有与报警控制器联动的接口,报警发生时应能切换出相应部位摄像机的图像,并同步显示和记录。

(8) 控制界面应采用多媒体图形界面,界面应美观、操作应方便。

6.3.3 录像功能要求

(1) 应能对任意监视图像进行手动或自动录像,当采用 4CIF 格式存储时,每一路视频图像存储时间不应小于 30 d。

(2) 存储的图像信息应包含图像编号/地点、存储时间和日期。

(3) 应具有录像回放功能,回放效果应满足资料的原始完整性。

6.3.4 报警功能要求

可在图像中任意设定多个报警区域和报警声音。当设定区域内图像发生变化时,可自动报警并录像。

6.3.5 上传功能要求

(1) 系统应能向上级调度运行管理系统同时上传不少于 4 路视频图像。

(2) 应能以浏览器/服务器(B/S)模式提供远程视频监视服务。授权用户可远程浏览水闸视频监视系统的全部或者部分视频图像,也可对摄像机等设备进行控制。

6.3.6 安防功能要求

(1) 对于工程出入口应根据需求选择实体防护、出入口控制、入侵探测和视频监控等防护措施。应考虑出入口控制的不同识读技术类型及其防御非法入侵(强行闯入、尾随进入、技术开启等)的能力;应考虑不同的入侵探测设备对翻越、穿越等不同入侵行为的探测能力,以及入侵探测报警后的人防响应能力;应考虑视频监控设备对出入口的监视效果,应能清晰辨别出入人员的面部特征和出入车辆的号牌。

（2）工程管理范围内通道和公共区域的防护应选择视频监控，监视效果应能看清监控区域内人员、物品、车辆的通行状况；重要点位宜清晰辨别人员的面部特征和车辆号牌。

（3）中控室、开关室、变压器等重要工程区域、部位应合理选择实体防护、出入口控制（门禁）、入侵探测、视频监控等措施，如表1所示。

表 1　工程重要部位和区域防护设施配置表

序号	防护部位		防护设施	配置要求
1	水闸（公用河道的渠道沿线排涝小涵闸除外）	水闸上游 500 m 输水渠道和下游 300 m 输水渠道及上游制高点	视频监控装置	应
		启闭机室及相应配套供配电房出入口	视频监控装置	应
			出入口控制装置	应
		启闭机室及相应配套供配电房内部	视频监控装置	宜
2	运行调度中心/数据机房	运行调度中心/数据机房及配套供配电房出入口	视频监控装置	应
		运行调度中心值守区	视频监控装置	应
		数据机房以及配套供配电房内部	视频监控装置	应
3	工程管理单位（区域）	周界	实体防护围栏	应
			入侵报警装置	应
			视频监控装置	应
		大门（不含泵站配套水闸工程）	视频监控装置	应
			实体屏障	应
			车辆阻挡装置（确定为防范恐怖袭击目标的）	应
		门卫室内部（不含泵站配套水闸工程）	视频监控装置	应
			安保人员	应
		办公楼出入口（不含泵站配套水闸工程）	视频监控装置	应
			出入口控制装置	应
		与外界公共区域相通的出入口	防盗安全门	应
			视频监控装置	应

7　系统环境

7.1　场地与环境

（1）水闸可根据需要分别设置中控室、监控系统设备室等，也可部分合并设置。

（2）中控室应避开高电压、大电流母线和电缆周边的强电磁场、强振动源和噪音源。

(3) 中控室温度宜为 15℃～30℃,湿度宜为 40%～70%,且无凝露。

7.2 电源

(1) 信息化系统配电电源供电方式宜采用 TN-S 制式。

(2) 系统所有设备应能在下列电源条件下正常工作和不遭受损坏:
交流电源:单相或三相 220 V/380 V±5%、50 Hz±2%。

(3) 站控级设备应采用不间断电源供电,配置方式可采用独立方式或冗余方式。宜设置专用配电柜实现对电源输入、输出回路的统一管理。

(4) 摄像机宜由配电系统专用供电回路供电。摄像机和视频切换控制设备宜采用同相电源。

(5) 防雷与接地
① 信息化系统接地应利用水闸的公用接地网,接地电阻不应大于 1Ω。
② 系统中各盘柜机外壳接地应与水闸的公用接地网可靠连接。
③ 所有引入柜内的电源回路应配置浪涌保护器,并应采取有效的屏蔽措施,防止电磁干扰和雷电干扰。
④ 室外安装的摄像机应采取防雷措施,其接地电阻不应大于 10Ω。

7.3 机柜

(1) 机柜应有屏蔽、防尘、通风和防潮措施,机柜的电磁屏蔽特性应保证本系统能正常工作和不影响水闸其他设备的正常工作。机柜外壳防护等级室内不应低于 IP41,室外不应低于 IP64。

(2) 机柜内的仪表装置宜采用嵌入式安装方式,操作开关、仪表、指示器宜布置在距地面以上 1.2～1.8 m 范围内。

(3) 柜内接线应采用耐热、耐潮、阻燃且具有足够强度的绝缘铜导线,导线应无损伤,端头应采用压紧型的连接件。

(4) 柜内接线应采用防火型线槽保护,外露部分接线应束在一起,并用适当的夹具固定或支撑。导线在线槽中所占用空间不宜超过 70%。

(5) 机柜内部电源线和信号线宜分开布置。

8 系统运行维护

8.1 一般规定

(1) 管理单位应配备专业技术人员,对系统的运行维护进行授权管理。

(2) 管理单位应落实系统运行与维护经费。

(3) 管理单位制定系统管理制度规程,加强系统定期巡检和安全防护,及时处理运行故障,完善系统运行维护台账,保障系统正常运行。

(4) 系统运行管理人员应按照公司内部不同单位、部门及岗位职能划分权限。系统维护管理宜选择专业信息技术服务单位(运行维护服务机构)进行维护,维护任务的委托不解除管理单位的运行维护责任。

8.2 系统权限

（1）系统管理员：负责系统账户、密码管理、网络数据库、系统安全防护管理。

（2）运行值班人员：负责系统、现地控制单元运行操作、调用画面、查询、打印报表或历史数据等。

（3）维护人员：负责系统维护及故障处理。

8.3 运行管理要求

8.3.1 计算机监控系统

（1）水闸计算机监控系统应由被授权人员进行操作和管理。

（2）运行值班人员应定时通过计算机监控系统对设备运行状态进行监视并记录运行数据；应定期对被监控设备，计算机监控系统设备，计算机监控系统的工作状态、技术指标及参数进行巡视检查，发现异常及时汇报，并做好巡查记录和分析。

（3）计算机监控系统或被监控设备运行异常或故障时，运行值班人员应按照应急预案和异常处理作业程序的步骤进行处理，并及时汇报和通知维护人员。

（4）交接班时，交接班双方应共同对被监控设备、计算机监控系统进行检查，做好交接班记录。监控系统出现异常尚在处理时，不得进行交接班工作。

8.3.2 视频监视系统

（1）运行值班人员应定时观察各个摄像点的图像，掌握被监视目标的运行状况、安全情况，并确定摄像机状况，发现故障及时上报并记录。

（2）各个通道监视的图像以及各图像在显示器上的位置宜保持固定。

8.3.3 信息管理系统

（1）运行操作人员根据授权级别做好终端设备的日常管理和清洁维护，接受系统管理员的检查和监督。

（2）建立健全数据录入上报制度，明确数据录入人员和审核人员，按录入项目周期及时准确录入并复核上报数据，保证信息的时效性和准确性。

9 考核与评价

（1）南水北调东线江苏水源有限责任公司对分公司水闸工程信息系统的建设及运行管理工作进行定期评价。

（2）分公司对辖管水闸工程信息系统的建设及运行管理工作进行定期评价。

（3）工程现场管理单位依据《南水北调江苏水源公司工程管理考核办法》及标准化体系文件，对工程信息系统的建设及运行管理工作进行自评，对规范实施中存在的问题进行整改。

（4）评价依据包括系统运行现状、检查维护记录、故障处理情况等。

（5）评价方法包括抽查、考问、演练等，检查评价应有记录。

（6）对于工程信息系统的建设及运行管理工作的自评、考核每年不少于一次。

管理安全

1 范围

本标准规定了南水北调东线江苏水源有限责任公司辖管水闸（船闸）工程安全管理工作要求。

本标准适用于南水北调东线江苏水源有限责任公司辖管水闸（船闸）工程，类似工程可参照执行。

2 规范性引用文件

下列文件对于本标准的应用是必不可少的。凡是注日期的引用文件，仅注日期的版本适用于本标准。凡是未注日期或版本号的引用文件，其最新版本适用于本标准。

GB 2894 安全标志及其使用导则

GB/T 33000 企业安全生产标准化基本规范

GB/T 29639 生产经营单位生产安全事故应急预案编制导则

SL 75 水闸技术管理规程

SL 214 水闸安全评价导则

NSBD21 南水北调东、中线一期工程运行安全监测技术要求

生产安全事故报告和调查处理条例

水利水电工程（水库、水闸）运行危险源辨识与风险评价导则

DB32/T 3839 水闸泵站标志标牌规范

DB32/T 3259 水闸工程管理规程

水利工程管理单位安全生产标准化评审标准

3 术语和定义

3.1 安全设施

在生产经营活动中，将危险、有害因素控制在安全范围内，以及减少、预防和消除危害所配备的装置（设备）和采取的措施。

3.2 特种设备

涉及生命安全、危险性较大的压力容器（含气瓶）、压力管道、起重机械和场（厂）内专用机动车辆。

3.3 安全监测

为监测工程安全，掌握工程运行情况，及时发现和处理潜在的工程安全隐患，所开展的现场检查和仪器监测。

3.4 三级安全教育

三级安全教育是指新入职员工的管理单位级安全教育、分公司级安全教育和公司级安全教育,是安全生产教育制度的基本形式。

4 总则

为规范工程安全生产工作,提升标准化水平,确保工程运行安全可靠,特制定本标准。管理安全生产工作遵循"安全第一、预防为主、综合治理"的方针,落实安全生产主体责任。管理单位应采用"策划、实施、检查、改进"的"PDCA"动态循环模式,结合自身特点,构建安全风险分级管控和隐患排查治理双重预防体系;自主建立并保持安全生产标准化管理体系;通过自我检查、自我纠正和自我完善,构建安全生产长效机制,持续提升安全生产绩效。

5 目标职责

5.1 目标

5.1.1 目标制定

管理单位应根据自身安全生产实际,制定年度安全生产与职业健康目标,并纳入单位年度生产经营目标。

5.1.2 目标落实

管理单位应明确目标的制定、分解、实施、检查、考核等环节要求,并按照所属基层单位、部门和班组在生产经营活动中所承担的职能,将目标分解为指标,签订目标责任书,确保落实。

5.1.3 目标定量

管理单位应遵照国家、行业、地方有关的法律法规和其他要求,结合实际情况,提出中长期规划,制定安全生产总目标,内容包括:

(1) 贯彻落实安全生产法律法规及公司各项规章制度,并宣传覆盖全员。
(2) 从业人员安全教育培训合格率100%。
(3) 新员工三级安全教育率100%,转岗安全教育培训率100%。
(4) 特种作业人员持证上岗率达到100%。
(5) 一般隐患整改率100%,杜绝重大隐患。
(6) 安全指令性工作任务完成率100%。
(7) 机动车辆按时检测率达到100%,设备保护装置安全有效率达到100%。
(8) 各类事故"四不放过"处理率100%。
(9) 违章违纪查处率100%。
(10) 死亡事故为零,重伤事故为零。
(11) 轻伤事故≤1人次/年。
(12) 重大火灾、爆炸事故为零。

（13）职业危害因素检测场所覆盖率100%，告知率100%。

（14）职业病发病率为零，劳动防护用品配备率为100%。

（15）道路、水上交通责任事故为零。

（16）食物中毒事故和重大传染病事故为零。

建立责任明确、关系顺畅、制度齐全，并能有效运行的安全生产管理体系，形成安全生产管理长效机制；设置安全生产管理机构，配备专（兼）职安全生产管理人员。

5.1.4 目标监控与考核

管理单位应每季度对安全生产目标责任书执行情况进行自查和评估，对发现的问题提出整改意见；每年年底应对安全生产目标完成情况进行一次考核，根据责任书内容进行奖惩。

5.2 机构和职责

5.2.1 组织机构

管理单位应落实安全生产组织领导机构，成立安全生产领导小组，并应按照有关规定设置安全生产管理机构，或配备相应的专职或兼职安全生产管理人员，建立健全安全管理组织网络。

5.2.2 主要负责人及管理层职责

管理单位主要负责人全面负责安全生产，并履行相应职责和义务。具体如下：

（1）各管理单位负责人是安全生产的第一责任人，对单位的劳动保护和安全生产负全面领导责任。

（2）坚决执行国家"安全第一、预防为主、综合治理"的安全生产方针和各项安全生产法律、法规，接受上级领导部门监督和行业管理。

（3）审定、颁布各项安全生产责任制和安全生产管理制度，提出安全生产目标，并组织实施。

（4）贯彻系统管理思想，严格执行"五同时"要求：同时计划、布置、检查、总结、评比安全工作，确保"安全第一"贯彻于现场管理工作的全过程。

（5）负责安全生产中的重大隐患的整改、监督。一时难于解决的，要组织制定相应的强化管理办法，并采取有效措施，确保工程安全，并向上级部门提出书面报告。

（6）审批安全技术措施计划，负责安全技术措施经费的落实。

（7）落实专兼职安全员管理，按规定配备并聘任具有较高技术素质、责任心强的安全员，行使安全督导管理权利，并支持其对安全生产进行有管理。

（8）主持召开安全生产例会，认真听取意见和建议，接受各方监督。

分管安全负责人应对各自职责范围内的安全生产工作负责。具体如下：

（1）在管理单位负责人的领导下，具体负责工程安全生产管理工作，对安全生产规章制度的执行情况行使监督、检查权，并对工程安全管理负有直接管理责任。

（2）负责制定安全管理方面的规章制度，监督检查贯彻落实情况。

（3）负责日常安全检查活动，消除事故隐患，纠正三违行为。

（4）负责对员工进行安全思想教育和新工人上岗的安全教育与培训。组织特种作业人员参加资质培训，监督、检查和掌握工程特种作业人员持证上岗情况。

(5) 按规定审查作业规程中的安全措施,并监督检查执行情况。按规定负责或参与安全生产设施设备的审查与验收以及对新工艺、新设备的安全设施设备的审查。

(6) 定期分析工程的安全形势及薄弱环节,掌握安全方面存在的问题,提出解决的措施和意见。

(7) 负责安全档案管理、安全工作记录、安全工作的统计上报工作。按规定的职权范围,对事故进行追查,参加事故抢救工作。

(8) 定期召开安全生产会议,开展安全生产活动。收集有关安全方面的信息,推广先进经验和先进的管理方法,指导运管人员开展安全生产工作。

(9) 遇有危险情况,有权决定中止作业、停止使用或者紧急撤离。

运行管理人员应按照安全生产责任制的相关要求,履行其安全生产职责。具体如下:

(1) 在管理单位负责人的领导下,按照安全管理要求开展运行管理活动。

(2) 严格执行安全管理方面的规章制度。

(3) 做好日常安全管理工作,消除事故隐患。

(4) 积极参加安全生产教育培训。如有特种作业人员,必须按照法规制度要求参加相关培训。

(5) 严格执行作业规程中的安全措施。按规定参加新工艺、新设备的安全培训,并按照相关要求操作四新设施设备。

(6) 积极对工程现场安全方面存在的问题提出解决的措施和意见。

(7) 严格按规定的职权范围,做好事故应急处理工作。

(8) 定期参加安全生产会议,开展安全生产活动。

(9) 遇有危险情况,有权决定中止作业、停止使用或者紧急撤离。

5.3 安全生产投入

5.3.1 安全生产费用管理

根据工程实际,建立安全生产费用保障办法,合理使用公司批复的安全生产费用,明确费用使用、管理的程序、职责和权限。

管理单位应根据安全生产管理目标,编制年度安全生产费用使用计划表。安全生产费用使用计划的编制应做到对项目名称、投入金额(万元)、组织部门、备注(特殊说明)等清楚说明,按规定履行报批手续。

管理单位应建立安全生产费用台账(含费用使用记录表、费用使用情况检查表、专款专用检查表等),记录安全生产费用的数额、支付计划,经费使用情况、安全经费提取和结余等资料。

安全生产领导小组每半年对安全生产费用台账进行检查,每年年底对本年度安全生产费用使用情况进行检查。

5.3.2 安全生产费用使用范围

管理单位的安全生产费用应当按照以下范围使用:完善、改造和维护安全防护设施设备支出(不含"三同时"要求初期投入的安全设施);配备、维护、保养应急救援器材、设备支出和应急救援队伍建设与应急演练支出;开展重大危险源和事故隐患评估、监测监控和整改支出;安全生产检查、评价(不包括新建、改建、扩建项目安全评价)、咨询和标准化建设支出;配备和更新现场作业人员安全防护用品支出;安全生产宣传、教育、培训支出;安全生产使用的新技术、新标准、新工艺、新装备的推广应用支出;安全设施及特种设备检测检验支出;安全生产责任保险支出;其他与安全生产直接相关的支出。

5.4 安全文化建设

管理单位应开展安全文化建设,每年年初向上级主管单位申报安全文化建设计划,经批复后实施;安全文化建设活动内容应符合 AQ/T 9004 的规定。

5.5 安全生产信息化建设

管理单位应结合实际,组织安全员或其他技术人员完善安全生产电子台账管理、重大危险源监控、职业病危害防治、应急管理、安全风险管控和隐患自查自报、安全生产预测预警等信息体系建设。

6 制度化管理

6.1 法规标准识别

6.1.1 法律法规、标准规范识别和获取

(1) 管理单位根据安全生产工作的需要,识别收集适用本单位的安全生产和职业健康法律法规、标准规范。

(2) 安全生产工作领导小组负责组织相关人员对识别的法律法规、标准规范进行符合性评审。

(3) 由安全生产工作领导小组办公室对收集的法律法规、标准规范进行适用性评估、传达,监督员工对法律法规和其他要求的遵守情况。

6.1.2 识别、获取途径

(1) 识别途径:全国人大及其常委会、国务院、国务院各部门发布的安全生产和职业健康管理法律、行政法规、部门规章;江苏省人大及其常委会、江苏省人民政府发布的安全生产和职业健康管理地方性法规、政府规章;江苏省水利厅、省国资委等制定下发的有关安全生产和职业健康管理的规定、要求;国家标准、地方标准、行业标准中有关安全生产和职业健康管理的要求;其他有关标准、规范及要求。

(2) 获取途径:通过网络、新闻媒体、行业协会、政府主管部门及其他形式查询获取国家的安全生产和职业健康法律、法规、标准及其他规定;上级部门的通知、公告等;各岗位工作人员从专业或地方报纸、杂志等获取的法律、法规、标准和其他要求,应及时报送安全生产工作领导小组识别、确认,并备案。

6.1.3 法律法规与其他要求的实施

(1) 管理单位每年至少组织一次法律法规及其他制度的学习培训并保留相关记录。

(2) 安全生产领导小组办公室每年应至少组织一次对法律法规、标准规范的符合性审查,出具评审报告;对不符合适用要求的法律法规、标准规范,由安全生产领导小组办公室组织人员及时整改。

6.2 安全生产规章制度

(1) 在《安全生产和职业健康法律法规、标准规范清单》及《安全生产规章制度汇编》完成的前提下,管理单位应每年组织人员修订完善相关安全生产规章制度,及时将识别、获取的安全生产法律法规与其他要求转化为本单位规章制度,贯彻到日常安全管理工作中;修订后的规章制度应正式印发执行。

(2) 管理单位的安全生产管理制度应包含但不限于:① 目标管理;② 安全生产承诺及安全生产责任制;③ 安全生产会议;④ 安全生产奖惩管理;⑤ 安全生产投入;⑥ 教育培训;⑦ 安全生产信息化;⑧ 新技术、新工艺、新材料、新设备设施;⑨ 法律法规标准规范管理;⑩ 文件、记录和档案管理;⑪ 重大危险源辨识与管理;⑫ 安全风险管理、隐患排查治理;⑬ 班组安全活动;⑭ 特种作业人员管理;⑮ 建设项目安全设施、职业病防护设施"三同时"管理;⑯ 设备设施管理;⑰ 安全设施管理;⑱ 作业活动管理;⑲ 危险物品管理;⑳ 化学品管理;㉑ 警示标志管理;㉒ 消防安全管理;㉓ 交通安全管理;㉔ 防洪度汛管理;㉕ 工程监测;㉖ 调度管理;㉗ 工程维修养护;㉘ 用电安全管理;㉙ 仓库管理;㉚ 安全保卫;㉛ 工程巡查巡检;㉜ 变更管理;㉝ 职业健康管理;㉞ 劳动防护用品(具)管理;㉟ 安全预测预警;㊱ 应急管理;㊲ 事故管理;㊳ 相关方管理;㊴ 安全生产报告制度;㊵ 绩效评定及持续改进。

(3) 安全生产规章制度必须发放到相关工作岗位及员工,并组织员工培训学习,留存学习记录。

6.3 操作规程

管理单位必须根据工程实际编制运行、检修、设备试验及相关设备等操作规程,并发放至相关操作人员;对相关人员进行培训、考核,严格贯彻执行操作规程。

6.4 文档管理

(1) 管理单位建立并严格执行文件管理制度,明确文件的编制、审批、标识、收发、流转、评审、修订、使用、保管、废止等内容。

(2) 建立并严格执行记录管理制度,明确相关记录的填写、标识、收集、贮存、保护、检索、保留和处置的要求。

(3) 按制度规定对主要安全生产过程、事件、活动和检查等安全记录档案进行有效管理,明确专职档案员。

(4) 每年评估一次安全生产法律法规、技术规范、操作规程的适用性、有效性和执行情况,并根据评估情况,及时修订相关规章制度、操作规程。

7 教育培训

7.1 教育培训管理

(1) 管理单位的安全教育培训内容包括安全思想教育、安全规程制度教育和安全技术知识教育。

（2）管理单位必须建立安全教育培训制度，其主要内容应包括安全教育培训的组织、对象、内容、检查考核等，并以正式文件印发。制度的内容应全面，不应漏项。

（3）管理单位应通过对年度安全目标、工程安全受控状态、岗位人员综合素质及历年安全生产状况的分析，了解安全教育培训的需求，由安全生产领导小组制订年度安全教育培训计划并组织实施。培训计划包括培训内容、培训目的、培训对象、培训时间、培训方式、实施部门、所需费用等要素。

（4）管理单位每年对安全教育培训效果进行评价，根据评价结论进行改进。

（5）培训结束后应形成安全教育培训记录、人员签到表、培训照片、培训通知等文字或音像资料。

7.2 人员教育培训

7.2.1 安全管理人员

（1）管理单位主要负责人和安全生产管理人员，必须参加与本单位所从事的管理活动相适应的安全生产知识和管理能力培训，取得安全资格证书后方可上岗，并按规定参加每年的继续教育培训。

（2）管理单位主要负责人和安全生产管理人员安全资格初次培训时间不得少于32学时，每年再培训时间不得少于12学时。

7.2.2 岗位操作人员教育培训

（1）对新员工必须进行三级安全教育，考核合格后方能进入管理生产现场；新员工在适应期间应参加所在班组的安全活动（适应期原则上不超过三个月）。在新设备、新流程投入使用前，对有关管理、操作人员进行专门的安全技术和操作技能培训；操作人员转岗或离岗一年以上重新上岗前，应经岗位安全教育培训合格。

（2）电工、焊工等特种作业人员应按照国家有关规定经过专门的安全作业培训，并取得特种作业资格证书后上岗作业；按照规定参加复审培训，未按期复审或复审不合格的人员，不得从事特种作业工作；离岗六个月以上的特种作业人员，应进行实际操作考试，经确认合格后可上岗作业。

（3）起重设备等特种设备操作人员应按照国家有关规定经过专门的安全作业培训，并取得特种作业资格证书后上岗作业；按照规定参加复审培训，未按期复审或复审不合格的人员，不得从事特种作业工作；离岗六个月以上的特种作业人员，应进行实际操作考试，经确认合格后可上岗作业。

（4）每年至少对在岗人员进行一次安全生产教育培训，并留存相关资料。

7.2.3 其他人员教育培训

（1）相关方进入管理单位前，必须对作业人员进行安全教育培训，并留存相关记录；按规定督促检查相关方人员持证上岗作业，并留存相关方人员证书复印件。

（2）相关方的主要负责人、项目负责人、专职安全生产管理人员应当经相关主管部门验证后方可进场作业。

（3）外来参观、采访等人员进入管理单位前，相关接待人员应向参观人员进行安全注意事项介绍，并做登记。在现场参观期间，管理单位应派专人陪同监护。

7.2.4 安全注意事项介绍的内容

包括本单位安全生产规章制度及责任、安全管理、防火管理、设备使用、安全检查与监督、危险源、设备运行生产特点、应急处理方法及安全注意事项等。

8 现场管理

8.1 设施设备管理

8.1.1 工程注册登记

管理单位依据《水闸注册登记管理办法》(水运管〔2019〕260号),新建水闸竣工验收之后3个月以内,应向水闸注册登记机构申报登记,负责填报以下申报信息:①水闸基本信息;②管理单位信息;③工程竣工验收鉴定书(扫描件);④水闸控制运用计划(方案)批复文件(扫描件);⑤水闸安全鉴定报告书(扫描件);⑥病险水闸限制运用方案审核备案文件(扫描件);⑦水闸全景照片;⑧其他资料。

水闸注册登记机构负责审核水闸注册登记申报信息,复核申报信息的真实性、准确性,并对申报信息审核合格的水闸予以登记。水闸注册登记后,系统自动生成电子注册登记证书(附有二维码)。水闸管理单位应根据工程管理需要自行打印,并在适当场所明示。

8.1.2 工程安全鉴定

(1) 根据《水闸安全鉴定管理办法》(水建管〔2008〕214号)、《水闸安全评价导则》(SL 214)、《江苏省水利厅关于修订印发〈江苏省水闸安全鉴定管理办法〉的通知》(苏水规〔2020〕3号)中对安全鉴定的规定,首次安全鉴定应在竣工验收后5年内进行,以后应每隔10年进行1次全面安全鉴定。运行中遭遇超标准洪水、强烈地震、增水高度超过校核潮位的风暴潮、发生重大工程事故后,应及时进行安全检查,如出现影响安全的异常现象,应及时进行安全鉴定。闸门、启闭机等单项工程达到折旧年限时,应按有关规定和规范适时进行单项工程安全鉴定。

(2) 管理单位负责人及时向上级主管部门提出安全鉴定申请,委托有省级及以上计量认证管理机构认定有资质的检测单位进行现场检测,并配合安全鉴定小组,完成安全鉴定工作总结,向上级主管部门上报安全鉴定材料并归档。

(3) 按规定进行安全鉴定,评定安全等级。水闸安全管理评审应达到二类以上。

(4) 根据评定及安全鉴定结果,及时编制除险加固计划;按权限实施除险加固,消除隐患。

8.1.3 关键设备设施及重点部位

关键设备设施及重点部位主要包括(但不限于)土工建筑物、混凝土建筑物、闸室、电气设备、金属结构、水力机械及辅助设备、自动化系统、备用电源(柴油发电机)等,其安全管理应符合下列规定:

设计、建设和验收档案齐全;按规定登记注册;按规定定期开展安全鉴定、安全监测(检测);设备、设施运行管理制度齐全;维修、养护、巡查和观测资料准确、完整;设备设施外观整洁、结构完整、标识准确、稳定可靠、布局合理、无破损、无缺陷;消防和防雷等设备设施或装置完好;抢险、巡查和疏散通道通畅,标志齐全清晰;安全防护设施和警示标志充分、完好。

8.1.4 设备设施检查养护

（1）水工建筑物

具体管理要求详见《管理要求》第四章。

（2）电气及自动化设备

具体管理要求详见《管理要求》第五章。

（3）水机及金属结构设备

具体管理要求详见《管理要求》第五章。

8.1.5 设备设施拆除、报废

设备设施的报废应办理审批手续，报废设备设施需要拆除的，拆除前应制订方案，报废、拆除应按方案和许可内容组织落实。

8.2 作业行为

8.2.1 安全监测

（1）管理单位应按照观测任务书以及相关规范规程要求的监测范围、监测项目、频次、精度等对水工建筑物进行监测（包括工程巡查和工程观测）。

（2）在特殊情况下，如地震、超标准洪水、运行条件发生变化以及发现异常情况时，应加强巡视检查，并应增加仪器监测的次数，必要时还应增加监测项目；监测成果应及时整理，并尽快编写专题报告上报。

（3）每次监测后及时进行资料分析整编，其内容包括仪器监测原始数据的检查、异常值的分析判断、填制报表和绘制过程线以及巡视检查记录的整理等。

（4）年度资料整编是在日常资料整理的基础上，将原始监测资料经过考证、复核、审查、综合整理、初步分析，最后编印成册。

（5）引河堤防安全监测频次：河道地形5年一次，遇大洪水年、枯水年应适当增加频次。过水断面每半年一次；大断面5年一次；断面桩桩顶高程考证5年一次。

（6）水闸安全监测频次：上下游水位一天一次；运行期间流量（如有）一天2次；垂直位移每季度一次；河道断面半年一次；伸缩缝每月两次；测压管水位每周一次。

8.2.2 调度运行

（1）建立调度运行有关制度，如调度管理制度、值班制度等。

（2）建立调度管理流程，权限明确。

（3）严格执行调度指令，正确处理防洪、调水、抗旱关系，保证工程的日常调度、汛期调度期间工程安全。

（4）与当地气象、水文、电力部门加强沟通协调，保证工程运行安全。

（5）及时准确上传下达工情、水情信息，及时报汛。

（6）做好记录，及时总结，做好技术档案管理。

8.2.3 运行管理

（1）运行过程必须严格按照调度指令执行。

（2）启闭闸门必须两人进行，一人操作，一人监护，按闸门启闭记录执行和记录。

（3）倒电操作必须两人进行，一人操作，一人监护，按配电操作记录执行和记录。

(4) 及时做好相关表单记录和整理。

(5) 落实现场运行防护措施,如刹车抱闸装置等。

8.2.4 防洪度汛

(1) 每年汛期之前应开展汛前检查保养,查清工程重要部位及险工险段隐患,并制定应急措施。

(2) 根据人员变动及时调整防汛组织机构,并报上级主管单位。

(3) 建立防洪度汛制度,落实度汛管理责任制,明确各班组、人员相关职责。

(4) 及时修订工程度汛方案和防洪预案(含超标准洪水预案),按照相关国家、行业规定做好预案管理。

(5) 每年在汛期之前检查抢险设备、物资是否到位,同时定期盘点防汛仓库物资是否齐全,建立防汛物资台账,保证防汛物资充足。

(6) 落实抢险队伍,定期对抢险人员开展抢险知识培训与演练。

(7) 及时开展汛前、汛中及汛后检查,发现问题及时处理。

(8) 汛期确保工程管理人员 24 小时值班,做好值班记录,若发生险情,值班人员应第一时间汇报上级主管单位。

8.2.5 工程范围管理

(1) 明确工程管理范围和保护范围,并设置相应标识标志。

(2) 按规定做好管理范围内巡查巡检;对违法行为及涉河建设行为,及时通知当地河长、水政等执法部门。

(3) 按规定设置界桩、界牌、水法宣传标牌、警示标牌等。

(4) 在授权管理范围内,对工程管理设施及水环境进行有效管理和保护。

8.2.6 安全保卫

(1) 制定保卫制度,并建立安全保卫管理组织。

(2) 做好管辖范围内工程重要部位保卫工作。

(3) 对现场配备的安全防护措施进行维护和日常检查。

(4) 开展治安隐患排查和整改,制订治安突发事件现场处置方案,并组织演练,确保及时有效地处置治安突发事件。

(5) 与当地公安部门沟通协作。

8.2.7 现场临时用电管理

(1) 管理单位按有关规定编制临时用电专项方案或安全技术措施,并经验收合格后投入使用。

(2) 操作人员必须持证上岗,用电配电系统、配电箱、开关柜应符合相关规定,并落实安全措施。

(3) 自备电源与网供电源的联锁装置安全可靠,电气设备等按规范装设接地或接零保护。

(4) 现场内起重机等起吊设备与相邻建筑物、供电线路等的距离应符合规定。

(5) 操作人员安全工具配置齐全,操作时严格执行安全规程,专人监护。

(6) 临时用电区域的管理单位应定期对施工用电设备设施进行检查。

(7) 外来施工单位的临时用电人员必须由管理单位专人监护监管。

8.2.8 危险化学品管理

（1）建立危险化学品管理制度，明确购买、存储、使用各环节的安全管理措施。

（2）按规定设置警示性标签及其预防措施，做好危险化学品的日常管理。

（3）按规定登记造册，加强仓储管理。

8.2.9 交通安全管理

（1）管理单位职能部门工作要求

① 遵守和执行国家、各级政府相关规范和制度中有关驾驶安全的要求和规定。

② 组织驾驶员参加安全学习和参加有关交通安全方面的各类培训。

③ 制订计划，定期对机动车辆进行交通安全专项检查，并做好车辆年检及相关工作。

（2）机动车驾驶员职责

① 遵守国家、各级政府相关规范和制度的各项要求。

② 参加交通安全的学习和培训。

③ 驾驶前，负责检查交通工具基本情况，熟悉性能，详细了解工作内容，并制订相应行驶计划。

④ 驾驶车辆时，应持证驾驶，严格遵守交通法规和管理所行车规定。

⑤ 每天出车前检查车辆状况，保持良好车况。

⑥ 定期清扫车辆，保持车辆整洁。

⑦ 不酒后驾车，驾车时不使用手机。

⑧ 及时向主管领导报告发生的不安全事件或事故。

⑨ 工程管理范围内行驶车辆应按照相应标志导向行驶，速度不得大于 5 km/h，并服从现场安全管理人员指挥。

8.2.10 消防安全管理

管理范围内地面以上消防器材每月进行 1 次检查，地面以下消防器材每月进行 2 次检查，每年对消防报警系统进行专业检测，日常维护并定期调试，做好台账记录；发生损坏或故障应及时维修或更新。

（1）管理单位应定期组织消防检查，并落实火灾隐患整改，及时处理涉及消防安全的重大问题。

（2）对工程消防重点部位建立档案。

（3）制订并严格执行动火审批制度。

（4）组织制订符合现场实际的火灾现场处置方案并定期（每年至少一次）实施消防演练。

8.2.11 仓库管理

（1）制定仓库管理制度。

（2）仓库结构满足安全要求，物品要满足"六距要求"。

（3）仓库内涉及高空等危险作业时必须做好相应安全防范措施。

（4）仓库内应按规定配备相应灭火安全设施，仓库工作人员应熟练掌握消防知识。

（5）除工作需要外，非工作人员严禁进入库房。如因工作需要确需进入库房的应征得单位负责人同意，在仓库工作人员确认其已熟悉相应的安全事项告知并遵守本仓库安全管理规定的前提下方可进入。非工作人员进入库房时，仓库工作人员必须在现场进行实时监督,发现违章行为及时制止。

(6) 严格用电、用水管理,每日要三查:一查门窗关闭情况;二查电源、火源、消防易燃情况;三查仓库周围有无异常情况现象。

(7) 库房内外严禁烟火,不准吸烟、不准设灶、不准点蜡烛、不准乱接电线、不准把易燃物品带进去寄放。

(8) 定期进行物资清洁整理,做到存放到位、清洁整齐、标识齐全,安全高效;私人物件不得存放库内。

(9) 按要求开展出入库、盘点等工作,做好台账记录。

8.2.12 高处作业

(1) 配置高处作业所需的安全技术措施及所需材料,并编制相应的施工专项方案。

(2) 高处作业人员必须经体检合格后上岗作业,登高架设作业人员应持证上岗。

(3) 登高作业人员正确佩戴和使用合格的安全防护用品;有坠落危险的物件应固定牢固,无法固定的应先行清除或放置在安全处。

(4) 雨雪天高处作业,应采取可靠的防滑、防寒和防冻措施;遇有六级及以上大风或恶劣气候时,应停止露天高处作业。

(5) 高空作业时应设立相关警戒区域,并派专人监护。

8.2.13 起重吊装作业

(1) 起重吊装作业前按规定对设备、工器具进行认真检查;指挥和操作人员应持证上岗、按章作业,信号传递畅通。

(2) 大件吊装办理审批手续,并有技术负责人现场指导。

(3) 不以运行的设备、管道等作为起吊重物的承力点,利用构筑物或设备的构件作为起吊重物的承力点时,应经核算。

(4) 照明不足、恶劣气候或风力达到六级以上时,不进行吊装作业。

(5) 与架空线路的安全距离符合规定,坚持"十个不准吊"。

8.2.14 工程水下检查、河道清淤、工程观测等水上水下作业

(1) 进行水上或水下作业前,应取得《水上水下活动许可证》,并制订应急预案。

(2) 落实人员、设备防护措施;作业船舶符合安全要求,工作人员必须持证上岗,严格执行操作规程,并作相关安全告知及培训,留存相关资料。

(3) 落实安全管理措施,设置隔离带及隔离水域,防止作业船舶与其他船舶、设备发生安全事故。

(4) 随时了解和掌握天气变化和水情动态,并与作业人员保持信息沟通。

8.2.15 焊接作业

(1) 焊工必须持证上岗,并作相关安全告知及培训,留存相关资料。

(2) 焊接前对设备进行检查,确保性能良好,符合安全要求。

(3) 进行焊接、切割作业时,有防止触电、灼伤、爆炸和引起火灾的措施,并严格遵守消防安全管理规定。

(4) 焊接作业结束后,作业人员清理场地、消除焊件余热、切断电源,仔细检查工作场所周围及防护措施,确认无起火危险后离开。

8.2.16 临近带电体作业

(1) 做好作业前准备工作:办理施工作业票及许可;进行危害识别,对作业人员进行风险告知、技术交底;划定警戒区域,设置警示标志;工作人员工作中正常活动范围与带电体的安全距离不得小于 0.7 m。

(2) 带电作业人员必须持证上岗,按规定执行工作票、监护人等制度。

(3) 作业时施工人员、机械与带电线路和设备的距离必须大于最小安全距离,并有防感应电措施。

8.2.17 交叉作业

(1) 制定协调一致的安全措施,并进行充分的沟通和交底。

(2) 应搭设严密、牢固的防护隔离措施。

(3) 交叉作业时,不上下投掷材料、边角余料,工具放入袋内,不在吊物下方接料或逗留。

8.2.18 破土作业

(1) 施工前,管理单位应组织安排施工作业单位逐条落实有关安全措施,配置相应的安全工器具,对所有作业人员进行工作交底,安全员进行安全教育。

(2) 施工作业人员先应检查施工作业设备是否完好,管理单位技术负责人确认措施无误后,通知施工作业人员进行施工。

(3) 在施工过程中,如发现不能辨认的物体,不得敲击、移动,作业人员应立即停止作业,施工作业单位负责人上报管理单位主要负责人,查清情况后,重新制定安全措施后方可再施工。

(4) 管理单位技术负责人在作业过程中应加强检查督促,防止意外情况的发生。

8.2.19 有限空间作业

(1) 从事有限空间作业的员工,在进入作业现场前,要详细了解现场情况和以往事故情况,并有针对性地准备检测和防护器材。

(2) 进入作业现场后,首先对有限空间进行氧气、可燃气体、硫化氢、一氧化碳等气体检测,确认安全后方可进入。

(3) 对作业面可能存在的电、高温、低温及危害物质进行有效隔离。

(4) 进入有限空间时应佩戴有效的通信工具,系安全绳,保持空气流通,通风顺畅。

(5) 当发生急性中毒、窒息事故时,应在做好个体防护并配备必要应急救援设备的前提下,进行救援。

(6) 严禁贸然施救,以免造成不必要的伤亡。

(7) 严格安全管理,落实作业许可。

8.2.20 岗位达标

(1) 建立班组安全活动管理制度,明确岗位达标的内容和要求。

(2) 开展安全生产和职业卫生教育培训、安全操作技能训练、岗位作业危险预知、作业现场隐患排查、事故分析等岗位达标活动,并做好记录。

(3) 从业人员应熟练掌握本岗位安全职责、安全生产和职业卫生操作规程、安全风险及管控措施、防护用品使用、自救互救及应急处置措施。

8.2.21 相关方管理

（1）严禁将设备检修等施工任务交派不具备资质和安全生产许可证的单位，合同中应明确安全要求，明确安全责任。

（2）对现场作业的相关方进行现场安全交底，书面告知作业场所存在的危险因素、防范措施和应急处置措施等，并留存相关资料。

（3）须与进场单位签订安全生产协议，必要时进行岗前培训。

（4）管理单位应派专人现场督查进场单位施工，协调现场交叉作业。

（5）对进场单位进行登记备案，做好登记工作。

8.3 职业健康

8.3.1 职业健康管理制度

管理单位应建立职业健康管理制度，包括职业危害的监测、评价、控制等职责和要求。

8.3.2 职业健康防护

（1）按照法律法规、规程规范的要求，为人员提供符合职业健康要求的工作环境和条件，配备相适应的职业健康保护措施、工具和用品。

（2）教育并督促作业人员按照规定正确佩戴、使用个人劳动防护用品。

（3）指定专人负责保管、定期校验和维护各种防护用具，确保其处于正常状态，并将校验维护记录存档保存。

（4）选用符合《个体防护装备选用规范》的劳动防护用品。

（5）必须贯彻执行有关保护妇女的劳动法规。

（6）巡视工程现场时，必须佩戴防护用品。

8.3.3 防护器具管理

为规范职业健康保护设施、工具、劳动防护用品的发放和使用，保证安全生产活动顺利进行，需指定专人负责保管、定期校验和维护各种防护用具，确保其处于正常状态。

（1）根据工作计划编制职业健康保护设施、工具、劳动防护用品的需求计划。

（2）负责确认所采购职业健康保护设施、工具、劳动防护用品等防护器具供应商的资质。

（3）采购的职业健康保护设施、工具、劳动防护用品等防护器具应及时登记，填写采购记录，及时入库。

（4）负责监督职业健康保护设施、工具、劳动防护用品等防护器具的验收，并对防护器具作相应的测试。

（5）负责职业健康保护设施、工具、劳动防护用品等防护器具的发放工作，做好发放记录。

（6）按要求做好防护器具的保管、保养工作，做到台账与实际符合。

8.3.4 健康监护及档案管理

职业健康体检的范围为管理单位所有员工，包括正式员工、合同工、人事派遣人员以及离岗人员。体检主要包括上岗前及在岗的体检，由管理单位综合部门组织，检查结果由安全领导小组办公室审核并备案。

(1) 上岗前体检

员工在入职前应到管理单位指定体检机构进行上岗前体检,体检合格方可入职。

(2) 员工定期体检

管理单位在职员工每年进行一次健康体检工作,特殊工种作业人员必须做相应规范要求的职业性健康体检。

(3) 员工接受职业健康检查应当视同正常出勤。

(4) 体检地点为具有从事职业健康检查资质的当地医疗卫生机构。管理单位组织劳动者进行职业健康检查,并承担职业健康检查费用。

(5) 职业卫生档案包括:单位基本情况;职业卫生防护设施的设置、运转和效果;职业危害因素浓(强)度监测效果及分析;职业健康检查的组织及检查结果评价等。内容应定期更新。

(6) 健康监护档案包括:劳动者姓名、性别、年龄、婚姻、文化程度等情况;劳动者职业史、既往病史和职业病危害接触史;历次职业健康检查结果及处理情况;职业病诊疗资料;需要存入职业健康监护档案的其他有关资料。

(7) 相关职能部门负责建立个人健康档案,档案应包括个人基本情况、体检结果等。

(8) 所有体检资料必须由综合部负责保管,注意其保密性,并妥善可靠保管。

8.3.5 职业病患者

对于检查中发现的有职业禁忌的人员,管理单位应当按照要求予以调离或暂时脱离原工作岗位。

对职业病患者按规定给予及时治疗、疗养。

及时调整职业病患者到合适岗位。

接触职业病危害因素的人员在作业过程中出现与所接触职业病危害因素相关的不适应症、受到急性职业中毒危害或出现职业中毒症状的,管理单位应立即按照相关现场处置方案进行处理。

8.3.6 职业危害告知与警示

(1) 岗前告知

与员工签订合同(含聘用合同)时,应将工作过程中可能产生的职业病危害及其后果、职业病危害防护措施和待遇等如实告知,并在劳动合同中写明或专门与员工签订职业病危害劳动告知合同。

在履行劳动合同期间,因工作岗位或者工作内容变更,从事与所订立劳动合同中未告知的存在职业病危害的作业时,应向员工如实告知现所从事的工作岗位存在的职业病危害因素,并签订职业病危害因素告知补充合同。

(2) 现场告知

在有职业危害告知需要的工作场所醒目位置设置公告栏,公布有关职业病防治的规章制度、操作规程、职业病危害事故应急救援措施和工作场所职业病危害因素检测结果。

在产生职业病危害的作业岗位的醒目位置,应当按照《工作场所职业病危害警示标识》(GBZ 158)的规定,在醒目位置设置图形、警示线、警示语句等警示标识和中文警示说明。警示说明应当载明产生职业病危害的种类、后果、预防和应急处置措施等内容。

(3) 检查结果告知

如实告知员工职业卫生检查结果,发现疑似职业病危害的及时告知本人。员工离开用人单位时,如索取本人职业卫生监护档案复印件,有关部门(单位)应如实、无偿提供,并在所提供的复印件上签章。

(4) 职业危害警示

① 对于可能产生职业病危害的作业场所,应当在醒目位置设置公告栏,公布有关职业病防治的规章制度、操作规程、职业病危害事故应急救援措施和工作场所职业病危害因素检测结果。

② 对产生严重职业病危害的作业岗位,应当在其醒目位置,设置警示标识和中文警示说明对作业人员进行告知。

③ 警示说明应当载明产生职业病危害的种类、后果、预防以及应急救治措施等内容。

8.3.7 职业危害识别与管理

(1) 针对管理范围内存在的职业危害因素,按规定及时、如实地向当地主管单位申报生产过程存在的职业危害因素。发生变化后及时补报。

(2) 管理单位应按照《职业病危害项目申报办法》(国家安全生产监督管理总局令第48号)的要求申报职业病危害项目。

(3) 安全生产领导小组办公室定期对各项职业病危害告知事项的实行情况进行监督、检查和指导,确保告知制度的落实。

(4) 有职业病危害的部门(单位)应对接触职业病危害的员工进行上岗前和在岗定期培训和考核,使每位员工掌握职业病危害因素的预防和控制技能。

(5) 因未如实告知职业病危害的,从业人员有权拒绝作业。不得以从业人员拒绝作业而解除或终止与从业人员订立的劳动合同。

(6) 发生职业病危害事故时,管理单位要在2小时内报分公司主要负责人、公司分管领导,若险情或事故严重的应在1小时内上报公司主要负责人,并在最短时间内以书面形式向公司安全生产领导小组汇报情况。

8.3.8 职业危害日常监测

明确日常监测人员,其应定期维护监测系统和设备,使其正常运行。

对存在尘毒等化学有害因素和高温、低温、噪声、振动等物理因素进行监测,并做好记录。

对工作场所存在的各种职业危害因素进行定期监测,工作场所各种职业危害因素检测结果必须符合国家有关标准要求。

及时提交现场监测结果报告。

8.4 警示标志

8.4.1 警示标志的管理要求

(1) 警示标志的质量严格执行相关规定,验收合格后方可使用。

(2) 警示标志的市场采购,若不能满足现场管理需求,管理单位则可自行制作,但应满足相关规定。

8.4.2 警示标志的安装与维护

(1) 警示标志应规范、整齐并定期检查维护,确保完好。

(2) 在大型设备设施安装、拆除等危险作业现场应设置警戒区、安全隔离设施和醒目的警示标志,并安排专人现场监护。

8.4.3 警示标志的使用

(1) 按照规定和现场的安全风险特点,在有重大危险源、较大危险因素和职业危害因素的工作场所,设置明显的安全警示标志和职业病危害警示标识,告知危险的种类、后果及应急措施等。

(2) 在危险作业场所设置警戒区、安全隔离设施。定期对警示标志进行检查维护,确保其完好有效并做好记录。

(3) 警示标志不应设在门、窗、架等可移动的物体上,以免警示标志随母体相应移动,影响认读。警示标志前不得放置妨碍认读的障碍物。

(4) 警示标志的平面与视线夹角应接近90°,观察者位于最大观察距离时,最小夹角不小于75°。

(5) 多个警示标志在一起设置时,应按警告、禁止、指令、提示类型的顺序,先左后右、先上后下地排列。

(6) 警示标志的固定方式分附着式、悬挂式和柱式三种。悬挂式和附着式的固定应稳固不倾斜,柱式的标志牌和支架应牢固地连接在一起。

8.4.4 警示标志的规格与质量

(1) 警示标志的衬边,除警告标志边框用黄色勾边外,其余全部用白色将边框勾一窄边,即为警示标志的衬边,衬边宽度为标志边长或直径的0.025倍。

(2) 警示标志应采用坚固耐用的材料制作,一般不宜使用遇水易变形、变质或易燃的材料。有触电危险的作业场所应使用绝缘材料。

(3) 警示标志应图形清楚,无毛刺、孔洞和影响使用的任何疵病。

9 安全风险管控及隐患排查治理

9.1 安全风险管理

9.1.1 管理制度

管理单位应结合单位实际,制定安全风险管理制度,包括危险源辨识与风险评价的范围、要素、方法、准则和工作程序等。

9.1.2 危险源辨识与风险评价

(1) 管理单位组织对管理范围内所有活动及设备设施进行风险点的划分和排查,汇总制定危险源清单,并确定危险源名称、类别、级别、事故诱因、可能导致的事故等内容,必要时可进行集体讨论或专家技术论证。

(2) 危险源辨识应考虑工程正常运行受到影响或工程结构受到破坏的可能性,以及相关人员在工程管理范围内发生危险的可能性,储存物质的危险特性、数量以及仓储条件,环境、设备的危险特性等因素综合分析判定。危险源辨识应优先采用直接判定法,不能用直接判定法辨识的,应采用安全检查表法、预先危险性分析法、因果分析法等方法进行判定。危险源辨识分两个级别,分别为重大危险源和一般危险源。

(3) 危险源风险评价方法主要有直接评定法、作业条件危险性评价法(LEC法)、风险矩阵法(LS法)等。管理单位根据评价结果,确定风险等级。风险等级从高到低划分为重大风险、较大风险、一般风险和低风险,分别用红、橙、黄、蓝四种颜色标示。

(4)安全生产领导小组办公室成立危险源辨识与风险评价小组,小组成员应由熟悉危险源辨识与风险评价基本方法的不同层次(包括分管领导、中层管理人员、技术人员、现场作业人员等)的人员组成。

(5)每季度至少组织一次安全生产风险分析,对危险源实施动态管理,及时掌握危险源的状态及其风险的变化趋势,更新危险源及其风险等级,通报安全生产状况及发展趋势,及时调整安全风险控制措施。安全生产领导小组办公室每年对全员至少要进行一次危险源辨识与风险评价知识的系统性培训;在组织正式危险源辨识与风险评价前,应对参与辨识、评价的人员进行专题培训。

9.1.3 危险源管理

所有辨识出的危险源应根据其风险等级制定管理标准和管控措施,明确管理和监管责任部门和责任人。管理标准和管控措施要具体、简洁、可操作性强;安全生产过程中,既要不断辨识新的危险源,也要实时监控危险源的管控状态,对原有危险源及管理标准和管控措施,根据当前状态适时进行动态评估,并根据评估结果,不断修正和完善管理标准和管控措施;当系统、设备、作业环境发生改变时,出现紧急情况或发生事故后,要及时进行危险源辨识和风险评估。

9.2 重大危险源辨识和管理

9.2.1 重大危险源辨识和管理要求

(1)管理单位应建立重大危险源管理制度,明确重大危险源辨识、评价和控制的职责、方法、范围、流程等要求。

(2)按制度进行重大危险源辨识、评价,确定危险等级,做好日常监控管理。

9.2.2 危险源辨识、评价和控制

安全生产领导小组办公室根据安全生产法规、安全生产制度及其他要求的规定,定期开展重大危险源辨识与评价工作,对重大危险源进行登记建档并开展常态化的监控管理。

9.2.3 危险源管理

(1)在工程运行管理方面,应当按照风险管理规章制度和调度运行管理规章制度的规定,定期对水闸运行管理方面辨识出来的重大危险源进行检查、检验,确保重大危险源的风险可控;在工程维修养护方面,应当按照风险管理规章制度和维修养护管理规章制度的规定,对辨识出来重大危险源进行检查、检验,确保重大危险源的风险可控;在办公场所,应当按照消防法及消防安全管理规章制度的规定,对辨识出来重大危险源进行检查、检验,确保重大危险源的风险可控。

(2)在重大危险源现场设置明显的安全警示标志和危险源点警示牌或以危险告知书形式上墙告知、提醒。公示内容包括危险源的名称、级别、部门级负责人、现场负责人、监控检查周期等。因工作需要调整重大危险源(点)负责人,应在警示牌上及时更正。

(3)管理单位制订相应的重大危险源应急救援处置方案,并定期组织培训和演练,每年至少进行一次重要危险源应急救援预案的培训和演练,并及时对处置方案进行修订完善。

9.3 隐患排查治理

9.3.1 隐患排查制度

建立隐患排查制度,明确排查的目的、范围、责任部门和人员、方法和要求等;隐患排查范围包括管理范围内所有场所、环境、人员、设备设施和活动。隐患排查应与安全检查相结合,与环境因素识别、危险源识别相结合。安全隐患排查分经常性(日常)检查、定期检查、节假日检查、特别(专项)检查。其中,经常性检查每月不应少于1次;定期检查每季度不应少于1次;每年春节、国庆节等重大节假日前进行节假日检查;特别天气之前后,汛前、汛后开展特别检查。

9.3.2 排查方式及内容

(1) 经常性(日常)检查

管理单位对管理范围内的各种隐患开展日常检查,包括运行管理、施工作业、机械电气、消防设备等,以及现场人员有无违章指挥、违章作业和违反劳动纪律。对于重大隐患现象责令立即停止作业,并采取相应的安全保护措施。

① 检查内容

(a) 运行或施工前安全措施落实情况;

(b) 运行或施工中的安全情况,特别是检查用电、用火、有限空间及水下作业等管理情况;

(c) 各种安全制度和安全注意事项执行情况,如安全操作规程、岗位责任制、消防制度和劳动纪律等;

(d) 设备装置运行、维护等情况,停工安全措施落实情况和工程项目施工执行情况;

(e) 安全设备、消防器材及防护用具的配备和使用情况;

(f) 安全教育和安全活动的开展情况;

(g) 生产装置、施工现场、作业场所的卫生和生产设备、仪器用具的管理维护及保养情况;

(h) 员工思想情绪和劳逸结合的情况;

(i) 根据季节特点制定的防雷、防火、防台、防汛、防暑防寒,以及防范其他极端气象因素带来的不利影响的安全防护措施落实情况;

(j) 检修施工中防高空坠落、防碰撞、防电击、防机械伤害及施工人员的安全护具穿戴情况。

② 检查要求

(a) 发现"三违"现象,立即下达整改通知;对于重大隐患,首先责令停运、停工,立即告知各单位(部门)分管负责人,整改后方可恢复正常生产。

(b) 现场检查发现的问题要有记录。

(c) 对于重大隐患下达隐患整改指令书。

③ 检查周期

经常性(日常)检查每月1次。

(2) 定期检查

管理单位组织对管理范围内的维修作业、机械电气、消防设备等项目进行定期检查,排查事故隐患,防止重大事故发生。

① 检查内容

(a)电气设备安全检查内容包括:绝缘垫、应急灯、通航警示灯、挡鼠板、绝缘手套、绝缘胶鞋、绝缘棒、生产现场电气设备接地线、电气开关等；

(b)机械设备专业检查内容包括:转动部位润滑及安全防护罩情况,操作平台安全防护栏、特种设备压力表、安全阀、设备地脚螺丝、设备刹车、设备外观、设备密封部件等；

(c)消防安全检查内容包括:灭火器、消火栓、消防沙箱、消防安全警示标志、应急灯、消防火灾自动探测报警系统等；

(d)压力管道、压力罐等。

② 检查要求

由管理单位的负责人组织,安全员、技术骨干及相关责任人配合,发现隐患及时处理和报告,并做好检查记录。

③ 检查周期

每季度不少于1次。

(3)节假日检查

运维人员对现场隐患等全面检查,发现问题进行整改,落实岗位安全责任制,全面提升安全管理水平。

① 检查内容

(a)运行或施工前安全措施落实情况；

(b)运行或施工中的安全情况,特别是检查用电、用火管理情况；

(c)各种安全制度和安全注意事项执行情况,如安全操作规程、岗位责任制、用火和消防制度等；

(d)安全设备、消防器材及防护用具的配备和使用情况；

(e)安全教育和安全活动的开展情况；

(f)运行现场、作业场所的卫生和生产设备、仪器用具的管理维护及保养情况；

(g)员工思想情绪和劳逸结合的情况；

(h)检修施工中防高空坠落及施工人员的安全护具穿戴情况。

② 检查要求

(1)现场检查发现的问题要有记录；

(2)对于重大隐患下达隐患整改指令书。

③ 检查周期

每年春节、国庆等重大节日前。

(4)特别(专项)检查

及时发现由于极端天气、地震、超设计工况运行等原因造成的厂房、生产设备、人员等危害,制订防范措施,以避免、减少事故损失。

① 检查内容

检查建筑物结构的牢固程度,抗极端天气能力；电气设备及电气线路；机械设备情况；防汛设施；夏、冬季劳动保护用品配备及相应工程措施准备情况；雷雨季节前检查防雷设施安全可靠程度,包括防雷设施导线牢固程度及腐蚀情况,电阻值、防雷系统可保护范围等。

② 检查要求

由管理单位主要负责人组织,安全员及设备技术人员参加。做好安全检查记录,包括文字资料、图片资料。对于检查发现的事故隐患,制订整改方案,落实整改措施。

③ 检查周期

特别天气之前后,汛前、汛后开展特别检查。

9.3.3 隐患治理

(1) 对于排查出的隐患,要进行分析评价,确定隐患等级,并登记建档。隐患分为一般事故隐患和重大事故隐患。

(2) 对于一般事故隐患,由管理单位按责任分工组织整改;对于重大事故隐患,管理单位应立即向上级主管单位报告,组织技术人员和专家或委托具有相应资质的安全评价机构进行评估,确定事故隐患的类别和具体等级,并提出治理方案。

(3) 重大事故隐患治理方案应包括以下内容:

(a) 隐患概况;

(b) 治理的目标和任务;

(c) 采取的方法和措施;

(d) 经费和物资的落实;

(e) 负责治理的机构和人员;

(f) 治理的时限和要求;

(g) 安全措施和应急预案。

(4) 在事故隐患未整改前,隐患所在部门应当采取相应的安全防范措施,防止事故发生。事故隐患排除前或者排除过程中无法保证安全的,应当从危险区域内撤出作业人员,并疏散可能危及的其他人员,设置警戒标志。

(5) 重大事故隐患治理结束后,管理单位应组织安全技术人员或委托具有相应资质的安全生产评价机构对重大事故隐患治理情况进行评估,出具评估报告。

(6) 管理单位每月应对事故隐患排查治理情况进行统计分析汇总,并通过水利安全生产信息系统层层上报。

9.4 预测预警

(1) 管理单位每季度进行一次安全生产风险分析,及时采取预防措施。

(2) 加强与气象、水文等部门沟通,密切关注相关信息,接到自然灾害预报时,及时发出预警并采取应急措施。

(3) 积极引进应用定量或定性的安全生产预警预测技术,建立安全生产状况及发展趋势的预警预测体系。

10 应急管理

10.1 应急准备

10.1.1 应急管理组织

管理单位应建立应急管理组织,建立健全应急工作体系,由安全生产领导小组承办。

安全生产领导小组应急工作主要职责:贯彻落实国家应急管理法律法规及相关政策;接受上级主管单位应急指挥机构的领导,并及时汇报应急处理情况,必要时向有关单位发出救援请求;研究决定单位应急工作重大决策和部署;接到事件报告时,根据各方面提供的信息,研究确定应急响应等级,下达应急预案启动和终止命令;负责指挥应急处置工作。

10.1.2 应急预案

(1) 预案要求

① 管理单位应在对危险源辨识、风险分析的基础上,建立健全生产安全事故应急预案体系,将应急预案报当地主管部门备案。

② 管理单位应定期评价应急预案,并根据评价结果和实际情况进行修订和完善,修订后预案应正式发布,必要时组织培训。

③ 管理单位应按应急预案的要求,建立应急资金投入保障机制,妥善安排应急管理经费,储备应急物资,建立应急装备、应急物资台账,明确存放地点和具体数量。

④ 管理单位应对应急设施、装备和物资进行经常性的检查、维护、保养,确保其完好、可靠。

⑤ 管理单位按规定组织安全生产事故应急演练,有演练记录。对应急演练的效果进行评估,提出改进措施,修订应急预案。

⑥ 发生事故后,应立即启动相关应急预案,开展事故救援;应急救援结束后,应尽快完成善后处理、环境清理、监测等工作,并总结应急救援工作。

(2) 预案分类

根据针对情况不同,应急预案分为综合应急预案、专项应急预案和现场处置方案。

① 综合应急预案

综合应急预案是应急预案体系的总纲,是明确事故应急处置的总体原则,综合应急预案应当向地方应急管理主管部门报备。

② 专项应急预案

专项应急预案是为应对某一类型或某几种类型事故,或者针对重要生产设施、重大危险源、重大活动等内容而制订的应急预案,由管理单位编制实施,并报分公司备案。

③ 现场处置方案

现场处置方案是根据不同事故类别,针对具体的场所、设施或岗位所制定的应急处置措施,由管理单位编制实施,并报分公司备案。

(3) 预案编制和修订

① 管理单位根据有关法律、法规和《生产经营单位生产安全事故应急预案编制导则》(GB/T 29639),结合工程的危险源状况、危险性分析情况和可能发生的事故特点,制订相应

的应急预案。

② 应急预案由安全生产领导小组办公室负责管理与更新,根据实际情况,定期评估,对预案组织评审,并视评审结果和具体情况进行相应修改、完善或修订,并按照有关规定将修订的应急预案向地方应急管理主管部门报备。

(4) 各类预案编制要求

① 防汛抗旱防台应急预案应按照相关法规制度要求编制,主要包括事故风险分析、应急指挥机构及职责、处置程序和措施等内容。

(a) 针对可能发生的汛期风险,分析发生的可能性以及严重程度、影响范围等并据此编制相关防汛预案。

(b) 建立健全防汛应急指挥机构及职责。管理单位应成立防汛应急处置领导小组,下设水工建筑、电气设备、堤防等专业抢险突击队,负责维护和抢修工作。

(c) 完善防汛应急处置程序。现场巡查人员发现险情或接到险情信息后,应立即报告防汛应急处置领导小组组长,启动防汛抗旱防台应急预案,在组长的指挥下实施抢险工作,协调抢险行动,并及时向上级单位汇报情况。

(d) 落实防汛应急处置措施。主要是水工建筑物、河道、堤防、机电设备、自动化设备以及其他设施在出现损坏或险情时可采取的措施。

(e) 管理单位防汛值班电话应保证 24 小时畅通,严格落实 24 小时值班和领导带班制度,防汛应急处置领导小组成员汛期应保持通信畅通。

(f) 管理单位应按照相关规定测算防汛物资品种及数量,现场储备必要的应急物资、抢险器械和备品备件,并代储部分物资,确保防汛度汛安全。

② 防突发事件处置方案应制订并包含消防及疏散应急处置方案、人员伤亡处置方案、防自然灾害处置方案,主要包括事故风险分析、应急指挥机构及职责、处置程序和措施等内容。

(a) 建立反事故应对执行机构。管理单位应成立反事故领导小组,完善应急救援组织机构,在突然发生险情故障时,应立即按照预案采取应急措施。

(b) 完善反事故处置程序。管理单位现场巡查人员发现突发事件后,应立即报告反事故领导小组组长。在组长的指挥下实施抢救工作,并及时向上级单位汇报情况。

(c) 落实反突发事件处置措施。管理单位应制订相关应急处置措施,包括配置应急工器具、设置应急指示牌、购置隔离带、加强教育培训等措施,并组织相关人员开展演练。

10.1.3　应急救援队伍

管理单位应建立与单位安全生产特点相适应的专(兼)职应急救援队伍或指定专(兼)职应急救援人员。必要时可与邻近专业应急救援队伍签订应急救援服务协议。

10.1.4　应急设施、装备、物资

根据可能发生的事故种类特点,设置应急设施,配备应急装备,储备应急物资,建立管理台账,安排专人管理,并定期检查、维护、保养,确保其完好、可靠。

10.1.5　应急预案演练及评估

(1) 管理单位每年至少组织一次综合应急预案演练或专项应急预案演练,每半年至少组织一次现场处置方案演练。

(2) 由管理单位职能部门制订应急救援演练实施方案,报单位负责人审核后实施。

（3）做好演练记录，收集整理演练相关的文件、资料和影像记录，按照有关规定保存、上报。

（4）管理单位应组织对演练效果进行评审，根据评估结果定期修订完善。

10.2 应急处置

10.2.1 应急救援启动

（1）生产安全事故发生后，管理单位的应急处理机构应当根据管理权限立即启动应急预案，积极组织救援，防止事故扩大，减少人员伤亡和财产损失，并立即将事故情况报告上级单位，情况紧急时，可直接报告地方人民政府应急管理部门。

（2）管理单位的上级主管单位（部门）接到生产安全事故报告后，应根据事故等级，采取相应的应急响应行动，相关负责人应当带领应急队伍立即赶赴事故现场，参加事故应急救援。

（3）根据公司的应急响应采用分级响应，即管理单位根据事故级别启动同级别应急响应行动。

（4）安全生产领导小组接到生产安全事故报告后，应根据事故等级和类型，组成事故应急救援工作组或专家组，及时赶赴事故现场，参与事故应急救援处置。同时，将事故情况报告关上级部门。

10.2.2 应急救援处置

（1）事故发生后，事发单位必须迅速采取有效措施，营救伤员、抢救财产，防止事故进一步扩大。

（2）事故发生后，由安全生产领导小组牵头成立的现场应急指挥机构负责现场应急救援的指挥。各级应急处理机构在现场应急指挥机构统一指挥下，密切配合、共同实施抢险救援和紧急处置行动。现场应急指挥机构组建前，事发单位和先期到达的应急救援队伍必须迅速、有效地实施先期救援。

（3）各级单位应按照事故现场应急指挥机构的指挥调度，提供应急救援所需资源，确保救援工作顺利实施。

（4）应急救援单位应做好现场保护工作，因抢救人员和防止事故扩大等缘由需要移动现场物件时，应做出明显的标志，通过拍照、录像、记录或绘制事故现场图等方式，认真保存现场重要物证和痕迹。

（5）在事故应急处置过程中，应高度重视应急救援人员的安全防护，并根据生产特点、环境条件、事故类型及特征，为应急救援人员提供必要的安全防护装备。

（6）在事故应急处置过程中，根据事故状态，应急指挥机构应划定事故现场危险区域范围、设置明显警示标志，并及时发布通告，防止人员进入危险区域。

10.2.3 应急救援善后

（1）生产安全事故应急处置结束后，根据事故发生区域、影响范围，安全生产领导小组要督促、协调、检查事故善后处置工作。

（2）相关主管单位（部门）及事发单位应依法认真做好各项善后工作，妥善解决伤亡人员的善后处理、受影响人员的生活安排，按规定做好有关损失的统计补偿。

（3）管理单位应当依法办理工伤和意外伤害保险。安全事故应急救援结束后，公司及相关责任单位及时协助办理保险理赔和落实工伤待遇工作。

（4）管理单位的上级主管单位（部门）应组织有关部门对事故产生的损失逐项核查，编制损失情况报告。

（5）事发单位、上级主管单位（部门）及其他有关单位应当积极配合事故的调查、分析、处理和评估等工作。

（6）事发单位的上级主管单位应当组织有关单位共同研究，采取有效措施，尽快恢复正常生产。

10.3 应急评估

管理单位每年对应急准备工作进行一次总结评估。完成事故应急处置后，进行总结评估。

11 事故管理

11.1 事故报告

1. 管理单位应制定事故报告和调查处理制度，明确事故调查、原因分析、纠正和预防措施、事故报告、信息发布、责任追究等内容。

2. 发生事故后按照有关规定及时、如实地向上级单位及相关主管单位报告。

3. 事故分类

（1）特别重大事故，是指造成 30 人以上死亡，或者 100 人以上重伤（包括急性工业中毒，下同），或者 1 亿元以上直接经济损失的事故；

（2）重大事故，是指造成 10 人以上 30 人以下死亡，或者 50 人以上 100 人以下重伤，或者 5 000 万元以上 1 亿元以下直接经济损失的事故；

（3）较大事故，是指造成 3 人以上 10 人以下死亡，或者 10 人以上 50 人以下重伤，或者 1 000 万元以上 5 000 万元以下直接经济损失的事故；

（4）一般事故，是指造成 3 人以下死亡，或者 10 人以下重伤，或者 1 000 万元以下直接经济损失的事故。

4. 事故报告

（1）事故快报

发生特别重大、重大、较大和造成人员死亡的一般事故以及非超标准洪水溃坝等严重危及公共安全、社会影响重大的涉险事故时，进行事故快报。

① 事故现场有关人员立即向现场负责人或安全生产领导小组报告。

② 安全生产领导小组应立即报告公司相关职能部门。

③ 情况紧急时，事故现场有关人员可以直接向上级主管部门报告。

④ 事故快报应当包括下列内容：事故发生的时间、地点；发生事故的名称、主管班组；事故的简要经过及原因初步分析；事故已经造成和可能造成的伤亡人数（死亡、失踪、被困、轻伤、重伤、急性工业中毒等），初步估计事故造成的直接经济损失；事故抢救进展情况和采取的措施；其他应报告的有关情况。

(2) 事故月报

① 每月 25 日前,安全生产领导小组应将当月事故信息报送上级主管部门,并在水利安全生产信息系统同步上报。

② 事故月报实行零报告制度,当月无生产安全事故也要按时报告。

(3) 事故补报

事故报告后出现新情况的,应当及时补报。自事故发生之日起 30 日内,事故造成的伤亡人数发生变化的,应当及时补报。道路交通事故、火灾事故自发生之日起 7 日内,事故造成的伤亡人数发生变化的,应当及时补报。

11.2 事故调查和处理

11.2.1 事故现场管理

发生事故后,应积极抢救受伤者,采取措施制止事态蔓延扩大;保护现场,做好现场标志、记录或进行拍照。

11.2.2 事故调查

(1) 管理单位必须积极配合由上级主管单位组织开展的事故调查。

(2) 一般及以上事故由事故发生地的人民政府组织事故调查组调查处理,管理单位配合调查。

(3) 事故调查组有权向有关部门和个人了解与事故有关的情况,并要求其提供相关文件、资料,相关部门和个人不得拒绝。

(4) 在事故调查期间,事故相关部门及个人不得擅离职守,积极配合调查。

(5) 事故发生后按照有关规定,组织事故调查组对事故进行调查,查明事故发生的时间、经过、原因、波及范围、人员伤亡情况及直接经济损失等。

(6) 事故调查组应根据有关证据、资料,分析事故的直接、间接原因和事故责任,提出应吸取的教训、整改措施和处理建议,编制事故调查报告。

11.2.3 事故处理

(1) 各类事故的处理,均应按"四不放过"的原则进行,即事故原因没有查清不放过,事故责任者未受到追究不放过,周围群众和事故责任者未受到教育不放过,未制定防止同类事故重复发生的措施不放过。

(2) 人身死亡事故应当按照负责事故调查的人民政府的批复,对本部门负有事故责任的人员进行处理。负有事故责任的人员涉嫌犯罪的,依法追究刑事责任。

(3) 事故调查完毕后,按调查单位编写事故调查报告。

(4) 事故调查完毕后,组织人员参加事故总结会议,使其充分了解事故原因和各自应负的责任,说明下阶段安全工作重点,防止类似事故再次发生。

(5) 针对原因制定事故预防、应急措施,对事故发生班组落实防范和整改措施情况进行监督检查。

11.3 事故档案管理

管理单位应建立完善的事故档案和事故管理台账,每年对事故进行统计分析。

12 持续改进

12.1 绩效评定

12.1.1 管理制度
管理单位要制定适用于本单位的安全生产标准化绩效评定管理制度,包括评定的组织、时间、人员、内容与范围、方法与技术、报告与分析等。

12.1.2 评定组织
管理单位应成立安全生产标准化绩效评定领导小组和安全生产标准化绩效评定工作小组,并由单位负责人担任组长承担绩效评定工作。

领导小组全面负责安全生产标准化绩效评定工作,决策绩效评定的重大事项。

工作小组主要负责:制订安全生产标准化绩效评定计划;负责安全生产标准化绩效评定工作;编制安全生产标准化绩效评定报告;提出不符合项报告,对不符合项纠正措施进行跟踪和验证。

12.1.3 评定内容
评定内容主要是管理单位安全生产标准化实施情况,验证安全生产制度措施的适宜性、充分性和有效性,检查安全生产管理工作目标、指标完成情况,提出改进意见,形成评定报告。

12.1.4 评定方法
(1) 对相关人员进行提问。
(2) 查阅安全生产相关台账资料。
(3) 检查工程现场各项安全生产工作。

12.1.5 评定频次
每年组织一次安全生产标准化实施情况的检查评定。发生死亡事故后,重新进行评定。

12.1.6 评定结果
评定报告以正式文件印发,并向所有部门、所属单位通报结果。评定结果纳入单位年度绩效考评。

12.2 持续改进

12.2.1 修订安全生产规章制度及操作规程
管理单位应根据评定结果和预测预警趋势,每年定期修改安全生产规章制度及操作规程,并组织员工培训学习相关内容。

12.2.2 调整安全生产工作计划和措施
(1) 管理单位要根据安全生产标准化绩效评定报告,及时修改安全生产工作计划。
(2) 制订年度安全生产工作计划,每月还应制订详细的安全生产工作计划,主要包括安全生产大检查,召开安全生产工作会议,开展安全生产相关法律法规识别、评价、更新,开展安全生产月活动,开展安全专项治理检查等。

（3）结合工程实际，制定切实可行的安全生产工作措施，主要包括明确安全生产责任、定期检查、风险评价、安全培训、健全完善安全生产制度、消防安全管理等。

12.2.3 调整年度安全生产目标

年度安全生产目标要根据安全生产标准化绩效评定报告内容及时调整。

管理条件

1 范围

本文件规定了南水北调东线江苏水源有限责任公司辖管水闸(船闸)工程开展标准化管理所需的硬件配置基本要求,包括水工建筑物、机电设备、管理设施等,是实现水闸标准化管理的必备条件。

本部分适用于南水北调东线江苏水源有限责任公司辖管水闸(船闸)工程,类似工程可参照执行。

2 规范性引用文件

下列文件对于本文件的应用是必不可少的。凡是注日期的引用文件,仅注日期的版本适用于本标准。凡是未注日期或版本号的引用文件,其最新版本(包括所有的修改单)适用于本标准。

GB/T 2887 计算机场地通用规范
GB 50053 20 kV 及以下变电所设计规范
GB 50054 低压配电设计规范
GB 50060 3～110 kV 高压配电装置设计规范
GB 50140 建筑灭火器配置设计规范
GB 26860 电力安全工作规程:发电厂和变电站电气部分
DL/T 976 带电作业工具、装备和设备预防性试验规程
JGJ 25 档案馆建筑设计规范
SL 75 水闸技术管理规程
DB32/T 3259 水闸工程管理规程
危险化学品安全管理条例
水利工程标准化管理评价办法

3 术语和定义

3.1 管理条件

水闸(船闸)工程开展标准化管理所需的硬件配置及要求。

4 管理条件

水闸(船闸)工程按照安全第一、科学规范、精简实用的原则,对水工建筑物、机电设备和管理设施进行规定,可有助于提升现场管理效率,降低安全风险。采用表格形式进行描述,更加直观、简洁,便于对照实施。配置标准尽量做到定量化,用数据表述。

4.1 水闸上下游及引河

(1) 水闸(船闸)上下游及引河应配备安全防护、安全监测及水文观测等设施。
(2) 水闸(船闸)上下游应配备满足工程管理需要的照明、监控设施以及工程标识标牌。
(3) 水闸(船闸)上下游堤防应设置百米桩,堤顶道路应铺设沥青或混凝土路,路面平整、排水畅通。

4.2 设备间

(1) 水闸(船闸)工程各设配间应配备满足工程管理需要照明、巡视、防护及安全管理的设施设备。
(2) 水闸(船闸)工程各设备间应悬挂满足工程管理需要的标识牌。

4.3 办公区

(1) 档案室、办公室等办公区应配备满足工程管理及办公需要的照明、监控及安全管理的设备设施。
(2) 档案室、办公室等办公区应按规范悬挂相关标识牌。

5 考核评价

公司、分公司应根据相关工程管理考核办法,对照评分标准,定期对现场管理单位条件配置、执行及更新情况进行考核。

附录 A 管理条件

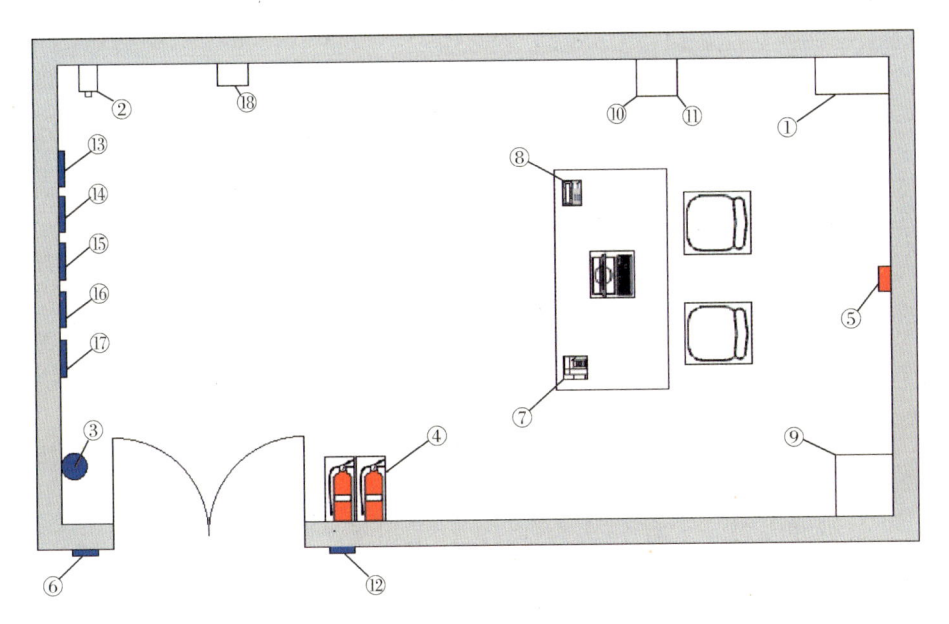

图 A.1 中央控制室管理条件配置示意图

表 A.1 中央控制室管理条件配置表

序号	管理条件	配置要求
1	空调	根据现场面积配置空调,以改善设备设施运行环境
2	摄像机	配备高清摄像机,满足对中央控制室全方位监视(昼夜)
3	温湿度监测装置	配置1台数字式温度湿度监测仪,温度精度不低于±0.5℃,湿度精度不低于±3%RH,预留接口接入自动化系统
4	消防设施	按消防设计要求配备灭火器
5	照明设施	配备的日常和事故照明灯具,以及应急逃生指示灯
6	功能区标识	在门口设置"中央控制室"标示门牌,参照标识标牌标准设计制作
7	打印机	激光打印机1台
8	值班电话	防汛值班电话(带传真功能)
9	工具柜	放置安全帽、对讲机、手电筒等
10	规程规范	水闸技术管理规程、水闸运行规程、电力安全工作规程、技术管理实施细则、预案汇编等
11	技术图纸资料	电气一次系统图、平立剖面图等
12	安全告知牌	距室外门框一侧30 cm处设置安全告知牌标牌,底部宜距地面1.4 m,参照标识标牌
13	计算机监控系统管理制度	底部宜距地面1.4m,参照标识标牌标准设计制作,告知值班人员监控系统管理要求
14	日常值班制度	安装位置如图A.1所示,与相邻标牌间距30 cm,底部宜距地面1.4 m,参照标识标牌标准设计制作,告知值班人员日常值班管理要求
15	交接班制度	安装位置如图A.1所示,与相邻标牌间距30 cm,底部宜距地面1.4 m,参照标识标牌标准设计制作,告知值班人员交接班管理要求
16	巡回检查制度	安装位置如图A.1所示,与相邻标牌间距30 cm,底部宜距地面1.4 m,参照标识标牌标准设计制作,告知值班人员巡回检查管理要求
17	有权调度人员名单	将有权和分公司进行调度联系的人员名单公示上墙
18	LCU柜	LCU柜1台

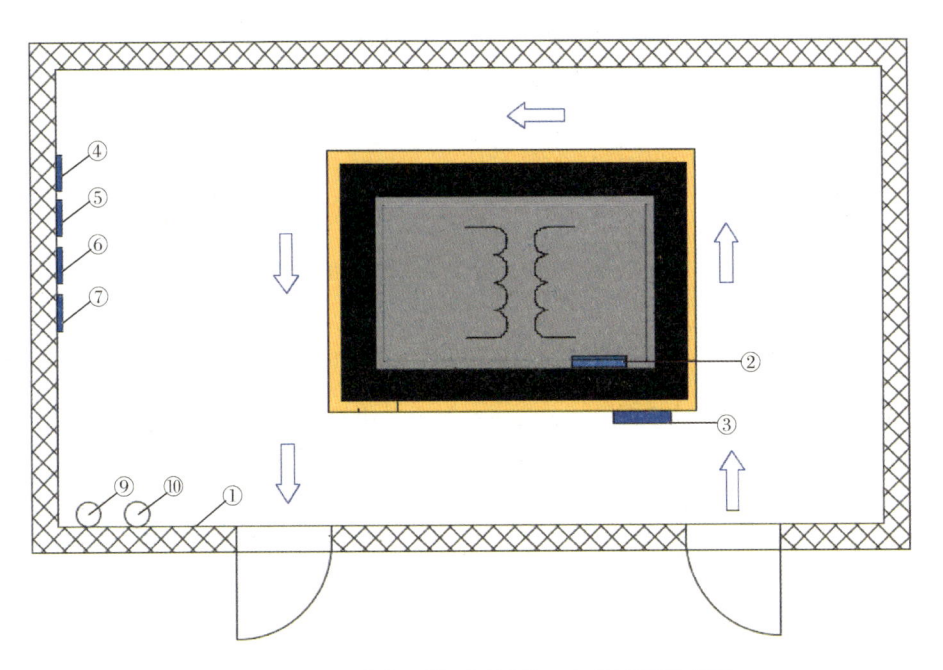

图 A.2　油浸式变压器(户外)管理条件配置示意图

表 A.2 油浸式变压器(户外)管理条件配置表

序号	管理条件	配置要求
1	警示围栏	在变压器电杆四周设置围栏,并设置出入口
2	功能区标识	在变压器围栏上悬挂变压器设备管理卡,参照标识标牌标准设计制作
3	禁止攀登、高压危险	参照标识标牌标准设计制作,在变压器围栏上粘贴此警示牌
4	危险源告知牌	参照标识标牌标准设计制作,提醒管理人员变压器存在触电、火灾、爆炸、高空坠落等危险源,应采取必要的防范措施
5	职业危害告知牌	安装位置如图 A.2 所示,与相邻标牌间距 30 cm,底部宜距地面 1.4 m,参照标识标牌标准设计制作,提醒管理人员变压器场所存在电磁辐射职业危害,应采取必要的防范措施
6	日常维护清单牌	安装位置如图 A.2 所示,与相邻标牌间距 30 cm,底部宜距地面 1.4 m,参照标识标牌标准设计制作,告知管理人员变压器日常维护工作内容
7	主要巡视检查内容	安装位置如图 A.2 所示,与相邻标牌间距 30 cm,底部宜距地面 1.4 m,参照标识标牌标准设计制作,明确室外变压器日常及运行时的主要巡视内容和周期
8	风机	室内油浸式变压器宜配置风机
9	照明设施	配备必要的日常照明设施,配备应急照明灯及应急逃生指示灯
10	监控设施	配置 1 台智能球机,满足工程监控要求

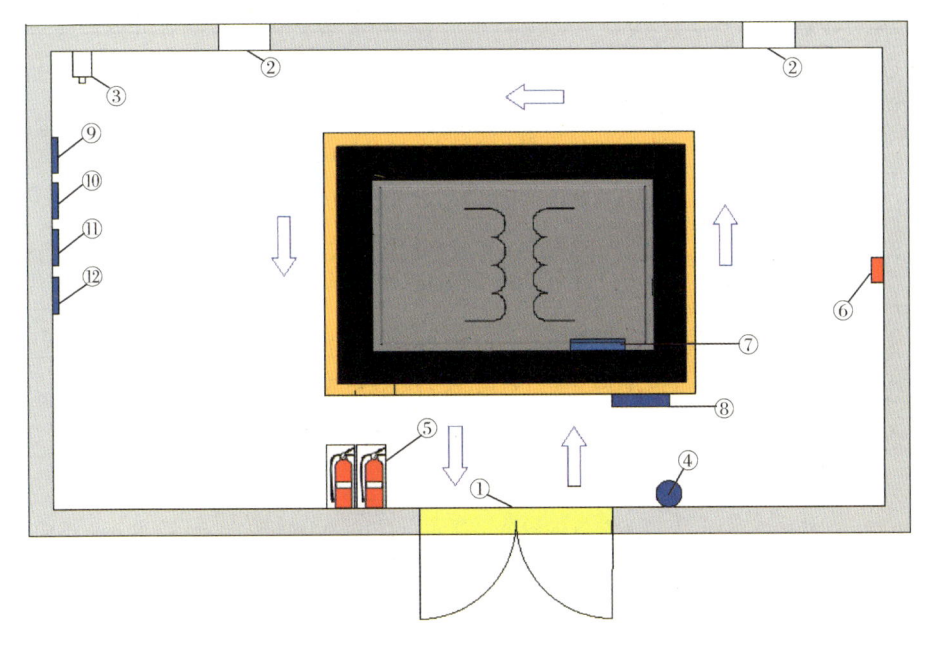

图 A.3 干式变压器管理条件配置示意图

表 A.3 干式变压器管理条件配置表

序号	管理条件	配置要求
1	挡鼠板	配备 40 cm 高的不锈钢材质的挡鼠板,并张贴必要的警示标志
2	风机	根据现场面积配置风机,以改善设备设施运行环境
3	摄像机	配备高清摄像机,满足对变压器全方位监视(昼夜)
4	温湿度监测装置	配置 1 台数字式温度湿度监测仪,温度精度不低于±0.5℃,湿度精度不低于±3%RH,预留接口接入自动化系统
5	消防设施	按消防设计要求配备灭火器
6	照明设施	配备的日常和事故照明灯具,以及应急逃生指示灯
7	功能区标识	在变压器上悬变压器铭牌,参照标识标牌标准设计制作
8	高压危险	参照标识标牌标准设计制作,在变压器前悬挂此警示牌
9	危险源告知牌	安装位置如图 A.3 所示,与相邻标牌间距 30 cm,底部宜距地面 1.4 m,参照标识标牌标准设计制作,提醒管理人员变压器存在触电、火灾、爆炸、高空坠落等危险源,应采取必要的防范措施
10	职业危害告知牌	安装位置如图 A.3 所示,与相邻标牌间距 30 cm,底部宜距地面 1.4 m,参照标识标牌标准设计制作,提醒管理人员变压器场所存在电磁辐射职业危害,应采取必要的防范措施
11	日常维护清单牌	安装位置如图 A.3 所示,与相邻标牌间距 30 cm,底部宜距地面 1.4 m,参照标识标牌标准设计制作,告知管理人员变压器日常维护工作内容
12	主要巡视检查内容	安装位置如图 A.3 所示,与相邻标牌间距 30 cm,底部宜距地面 1.4 m,参照标识标牌标准设计制作,明确变压器日常及运行时的主要巡视内容和周期

管理条件

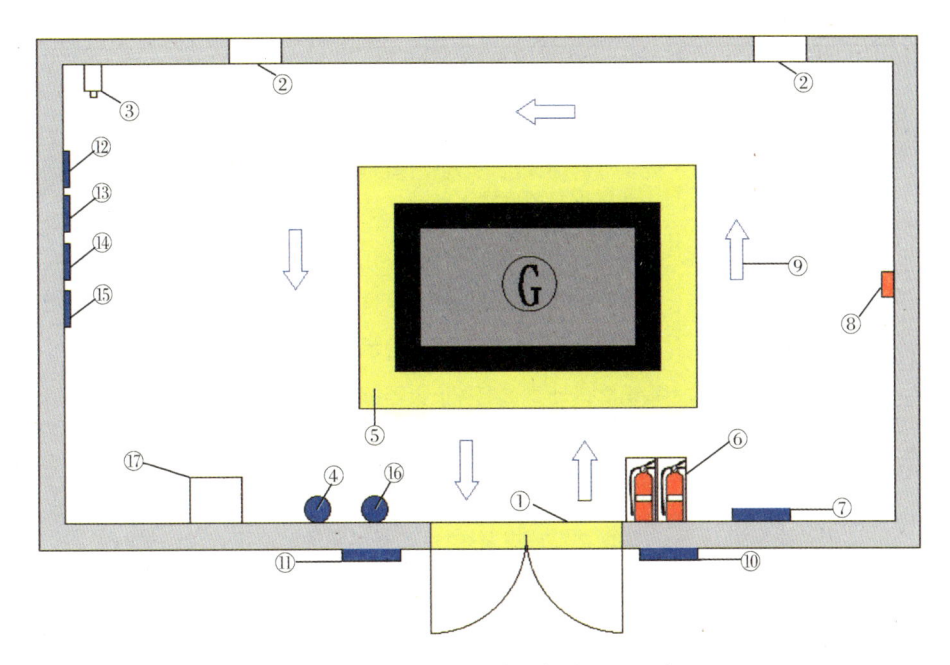

图 A.4　柴油发电机房管理条件配置示意图

表 A.4　柴油发电机房管理条件配置表

序号	管理条件	配置要求
1	挡鼠板	配备 40 cm 高的不锈钢材质的挡鼠板,并张贴必要的警示标志
2	通风设施	配置 2 台抽风机,实现室内散热、换气、排烟,通风孔应设防止鼠、蛇等小动物进入的网罩
3	摄像机	配备高清固定枪式摄像机,满足对开关柜的全方位监视(昼夜)
4	温湿度监测装置	配置数字式温湿度监测仪或传感器,按规范要求进行巡视或记录
5	警示线	在绝缘垫周围粘贴黄黑色警示线,提醒请勿靠近
6	消防设施	按消防设计要求配备灭火器、消防沙箱
7	运行记录表	配备设备运行记录表,在设备运行时及时填写记录
8	照明设施	配备的日常和事故照明灯具,以及应急逃生指示灯
9	巡视路线标识	在地面粘贴巡视路线标识,并注明关键巡视点及巡视内容
10	功能区标识	在门口设置"柴油发电机房"标示门牌,参照标识标牌标准设计制作
11	安全告知牌	在入口配置安全警示警告系列标识,参照标识标牌标准设计制作
12	主要巡视检查内容	安装位置如图 A.4 所示,与相邻标牌间距 30 cm,底部宜距地面 1.4 m,参照标识标牌标准设计制作,明确日常及运行时的主要巡视内容和周期
13	危险源告知牌	安装位置如图 A.4 所示,与相邻标牌间距 30 cm,底部宜距地面 1.4 m,参照标识标牌标准设计制作,提醒管理人员柴油发电机房存在触电、火灾、爆炸等危险源,应采取必要的防范措施
14	职业危害告知牌	安装位置如图 A.4 所示,与相邻标牌间距 30 cm,底部宜距地面 1.4 m,参照标识标牌标准设计制作,提醒管理人员柴油发电机房存在噪声职业危害,应采取必要的防范措施
15	日常维护清单牌	安装位置如图 A.4 所示,与相邻标牌间距 30 cm,底部宜距地面 1.4 m,参照标识标牌标准设计制作,告知管理人员柴油发电机房日常维护工作内容
16	整机噪音	当电动机单台功率<30 kW 时不应大于 85 dB(A),≥30 kW 时不应大于 90 dB(A)
17	安全用具箱	现场可配置充放电仪器,方便试运行前检测

管理条件

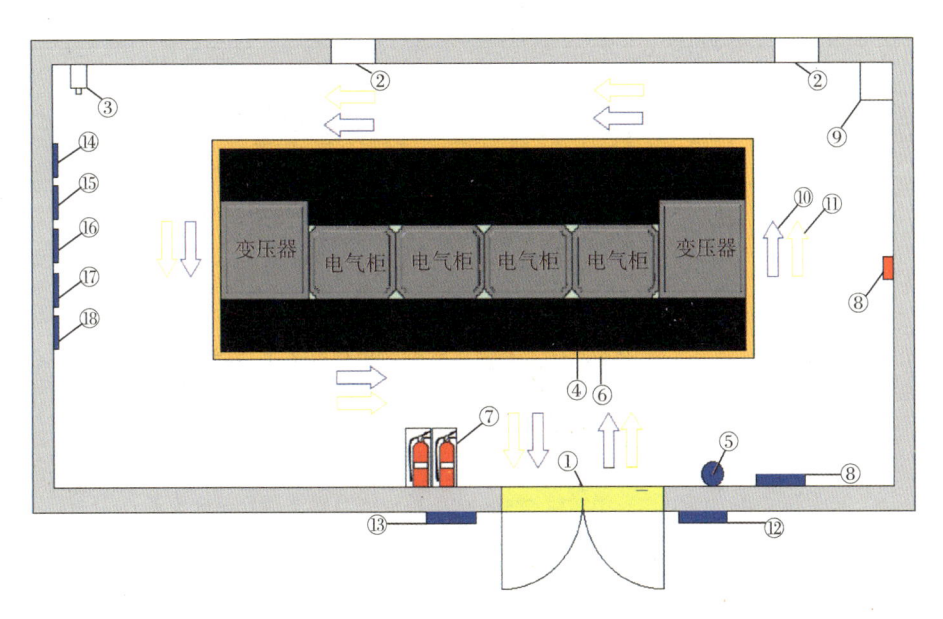

图 A.5 低压开关室管理条件配置示意图

表 A.5　低压开关室管理条件配置表

序号	管理条件	配置要求
1	挡鼠板	配备 40 cm 高的不锈钢材质的挡鼠板,并张贴必要的警示标志
2	风机	根据现场面积配置风机,以改善设备设施运行环境
3	摄像机	配备高清固定摄像机,满足对开关柜的全方位监视(昼夜)
4	绝缘垫	在屏柜前后铺设 5 mm 厚的绝缘橡胶垫
5	温湿度监测装置	配置数字式温湿度监测仪或传感器,按规范要求进行巡视或记录
6	警示线	在开关柜绝缘垫周围粘贴黄黑色警示线,提醒请勿靠近
7	消防设施	按消防设计要求配备灭火器
8	照明设施	配备的日常和事故照明灯具,以及应急逃生指示灯
9	安全工具柜	放置绝缘靴、绝缘手套、接地线及验电器等安全工具
10	巡视路线标识	在地面粘贴巡视路线标识,并注明关键巡视点及巡视内容
11	参观路线标识	在地面粘贴参观路线标识,保持参观人员处于安全区域
12	功能区标识	在门口设置"低压开关室"标示门牌,参照标识标牌标准设计制作
13	安全告知牌	在开关室入口配置安全警示警告系列标识,参照标识标牌标准设计制作
14	0.4kV 系统图	安装位置如图 A.5 所示,与相邻标牌间距 30 cm,底部宜距地面 1.4 m,参照标识标牌标准设计制作,符合电力行业规程规范要求
15	主要巡视检查内容	安装位置如图 A.5 所示,与相邻标牌间距 30 cm,底部宜距地面 1.4 m,参照标识标牌标准设计制作,明确低压开关室日常及运行时的主要巡视内容和周期
16	危险源告知牌	安装位置如图 A.5 所示,与相邻标牌间距 30 cm,底部宜距地面 1.4 m,参照标识标牌标准设计制作,提醒管理人员开关室存在触电、火灾、爆炸等危险源,应采取必要的防范措施
17	职业危害告知牌	安装位置如图 A.5 所示,与相邻标牌间距 30 cm,底部宜距地面 1.4 m,参照标识标牌标准设计制作,提醒管理人员开关室存在电磁辐射职业危害,应采取必要的防范措施
18	日常维护清单牌	安装位置如图 A.5 所示,与相邻标牌间距 30 cm,底部宜距地面 1.4 m,参照标识标牌标准设计制作,告知管理人员开关室日常维护工作内容

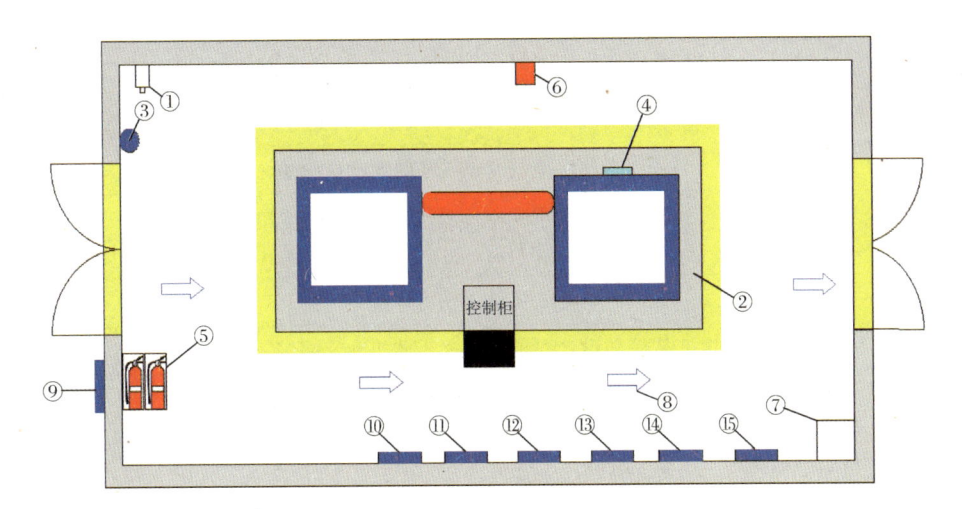

图 A.6 启闭机房管理条件配置示意图

表 A.6　启闭机房管理条件配置表

序号	管理条件	配置要求
1	摄像机	启闭机房内配备高清固定枪式摄像机,满足对启闭机的全方位监视(昼夜)
2	绝缘垫	在屏柜前后铺设 5 mm 厚的绝缘橡胶垫
3	温湿度监测装置	配置 1 台数字式温度湿度监测仪,温度精度不低于±0.5℃,湿度精度不低于±3％RH
4	旋转标志	在启闭机处增加机械伤害标志
5	消防设施	按消防设计要求配备灭火器等
6	照明设施	配备的日常和事故照明灯具,以及应急逃生指示灯
7	专用移动工具车	放置必要的扳手、锤子、万用表、螺丝刀等常用的检修工具及手套等劳保用品
8	巡视路线地贴	在地面粘贴巡视路线标识,参数详见标识标牌标准设计制作
9	门牌及安全告知牌	在门口设置门牌及安全告知牌,高度距地面 1.4 m,参照标识标牌设计制作
10	主要巡视检查内容	位置如图 A.6 所示,底部宜距地面 1.4 m,参照标识标牌标准设计制作,明确启闭机房日常的主要巡视内容和周期
11	危险源告知牌	位置如图 A.6 所示,底部宜距地面 1.4 m,参照标识标牌标准设计制作,提醒管理人员启闭机房存在触电、火灾等危险源,应采取必要的防范措施
12	日常维护清单	位置如图 A.6 所示,底部宜距地面 1.4 m,参照标识标牌标准设计制作,告知管理人员启闭机房日常维护工作内容
13	水闸平立剖面图	位置如图 A.6 所示,底部宜距地面 1.4 m,参照标识标牌标准设计制作
14	主要机电设备揭示图	位置如图 A.6 所示,底部宜距地面 1.4 m,参照标识标牌标准设计制作
15	闸门开高～水位～流量关系曲线图	位置如图 A.6 所示,底部宜距地面 1.4 m,参照标识标牌标准设计制作

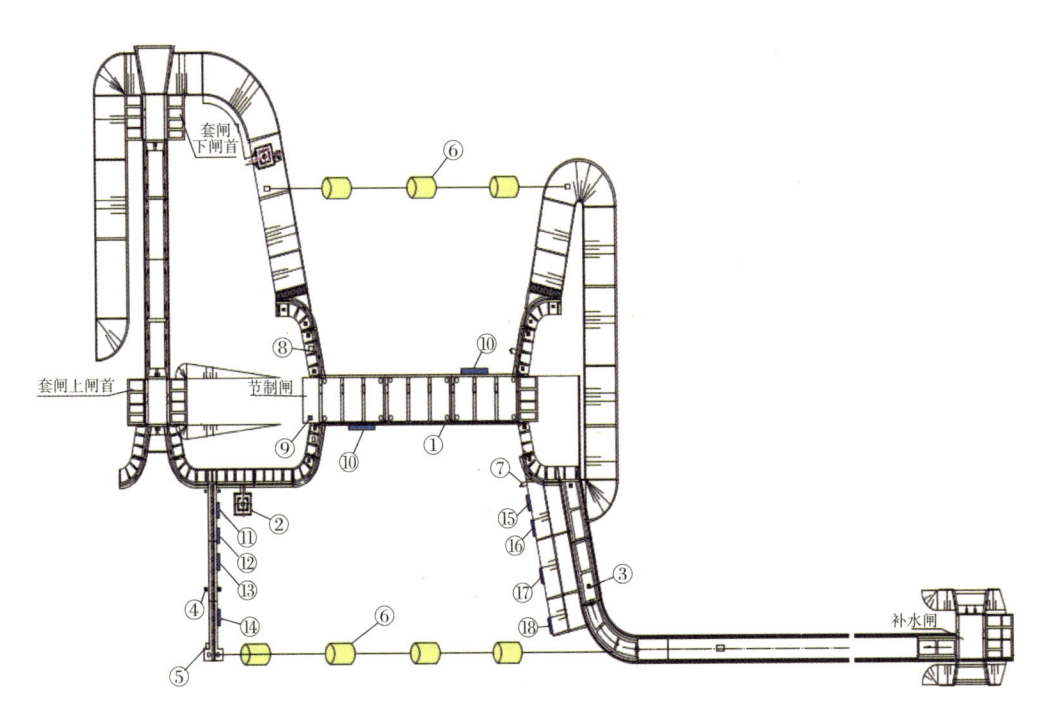

图 A.7　上下游、翼墙及引河管理条件配置示意图

表 A.7 上下游、翼墙及引河管理条件配置表

序号	管理条件	配置要求
1	安全监测设施	垂直位移、扬压力和伸缩缝观测设施（满足设计要求），测点标识清晰可见
2	水文观测设施	上下游翼墙装设水尺、水位计（水文亭内）等水位观测设施
3	河床观测设施	按规范要求设置一定数量的河床断面桩
4	百米桩	按规范要求在上下游引河护坡设置一定数量的百米桩
5	界桩界碑	按不动产证确定的范围布设界桩、界碑，包括管理保护范围界桩
6	拦河设施	根据需要配置必要的拦河索（浮筒），颜色采用黄色
7	监控设备	上下游至少设置 2 台具有变焦和云台控制功能的球机
8	照明设备	上下游设置照明设备，便于夜间观察进出水池情况
9	电力线缆标牌	按电力安全规范要求布设电力电缆进出线标识桩
10	防护设施	上下游栏杆处各配备 2 只救生圈及救生绳，便于出现淹溺事故时紧急使用
11	警示标牌	禁止捕鱼、游泳、垂钓标牌，上下游各 1 块，参数详见《管理标识》 安装位置：泵站上下游的左右岸护坡、跨河公路桥、拦河浮筒等处，若河道较长，建议每 500 m 设置一块。
12	举报牌	按水利部（原国调办）要求的内容、尺寸布设，上下游各 1 块
13	水法宣传牌	摘录部分内容，安装在上下游靠近浮桶处比较显著位置，各 1 块
14	防洪法宣传牌	摘录部分内容，安装在上下游靠近浮桶处比较显著位置，各 1 块
15	水污染防治法	摘录部分内容，安装在上下游靠近浮桶处比较显著位置，各 1 块
16	南水北调供用水管理条例	摘录部分内容，安装在上下游靠近浮桶处比较显著位置，各 1 块
17	江苏省相关条例	摘录部分内容，安装在上下游靠近浮桶处比较显著位置，各 1 块
18	危险源告知牌	参照标识标牌标准设计制作，提醒管理人员该处存在淹溺等危险源，应采取必要的防范措施

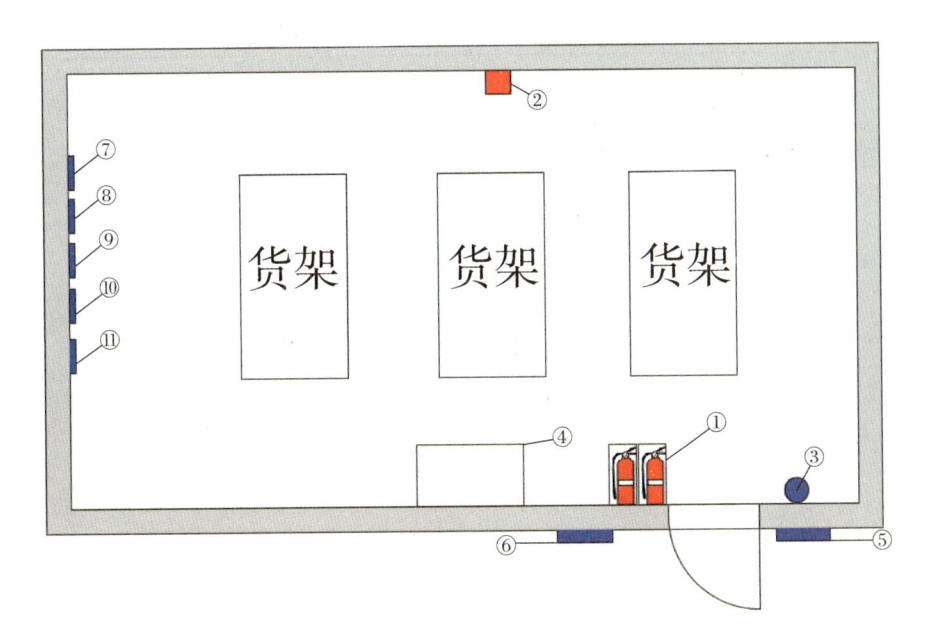

图 A.8　防汛物资仓库管理条件配置示意图

表 A.8 防汛物资仓库管理条件配置表

序号	管理条件	配置要求
1	消防设施	按消防设计要求配备灭火器
2	照明设施	配备的日常和事故照明灯具,以及应急逃生指示灯
3	温湿度计	在仓库内配制温湿度计,实现仓库环境监控
4	防汛物资管理台账	包括采购、出入库、报废等记录
5	功能区标识	在门口设置"防汛物资仓库"标牌,参照标识标牌标准设计制作
6	安全告知牌	在仓库入口配置安全警示警告系列标识,参照标识标牌标准设计制作
7	防汛组织网络图	参照标识标牌标准设计制作,安装位置如图 A.8 所示,与相邻标牌间距30 cm,底部宜距地面1.4 m,布设在防汛物资仓库
8	防汛物资调配线路图	参照标识标牌标准设计制作,安装位置如图 A.8 所示,与相邻标牌间距30 cm,底部宜距地面1.4 m,布设在防汛物资仓库
9	防汛物资仓库管理制度	参照标识标牌标准设计制作,安装位置如图 A.8 所示,与相邻标牌间距30 cm,底部宜距地面1.4 m,布设在防汛物资仓库
10	仓库管理员岗位职责	参照标识标牌标准设计制作,安装位置如图 A.8 所示,与相邻标牌间距30 cm,底部宜距地面1.4 m,布设在防汛物资仓库
11	防汛物资责任人	参照标识标牌标准设计制作,安装位置如图 A.8 所示,与相邻标牌间距30 cm,底部宜距地面1.4 m,布设在防汛物资仓库

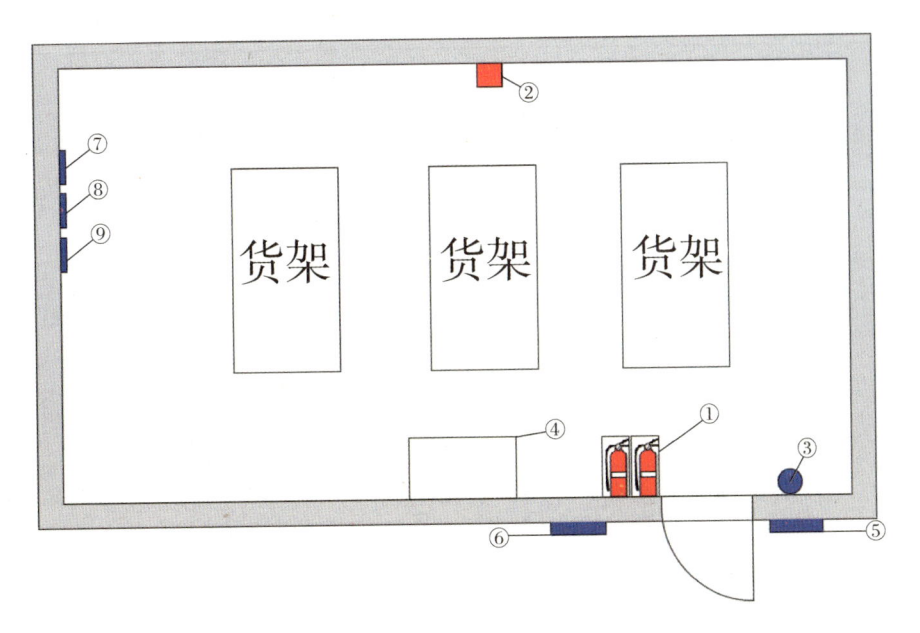

图 A.9　备品备件仓库管理条件配置示意图

表 A.9 备品备件仓库管理条件配置表

序号	管理条件	配置要求
1	消防设施	按消防设计要求配备灭火器
2	照明设施	配备的日常和事故照明灯具,以及应急逃生指示灯
3	温湿度计	在仓库内配制温湿度计,实现仓库环境监控
4	备品备件管理台账	包括采购、出入库、报废等记录
5	功能区标识	在门口设置"备品件仓库"标牌,参照标识标牌标准设计制作
6	安全告知牌	在仓库入口配置安全警示警告系列标识,参照标识标牌标准设计制作
7	仓库管理员岗位职责	参照标识标牌标准设计制作,安装位置如图 A.9 所示,与相邻标牌间距30 cm,底部宜距地面 1.4 m,布设在备品备件仓库
8	备品件仓库管理制度	参照标识标牌标准设计制作,安装位置如图 A.9 所示,与相邻标牌间距30 cm,底部宜距地面 1.4 m,布设在备品备件仓库
9	备品备件物资责任人	参照标识标牌标准设计制作,安装位置如图 A.9 所示,与相邻标牌间距30 cm,底部宜距地面 1.4 m,布设在防汛物资仓库

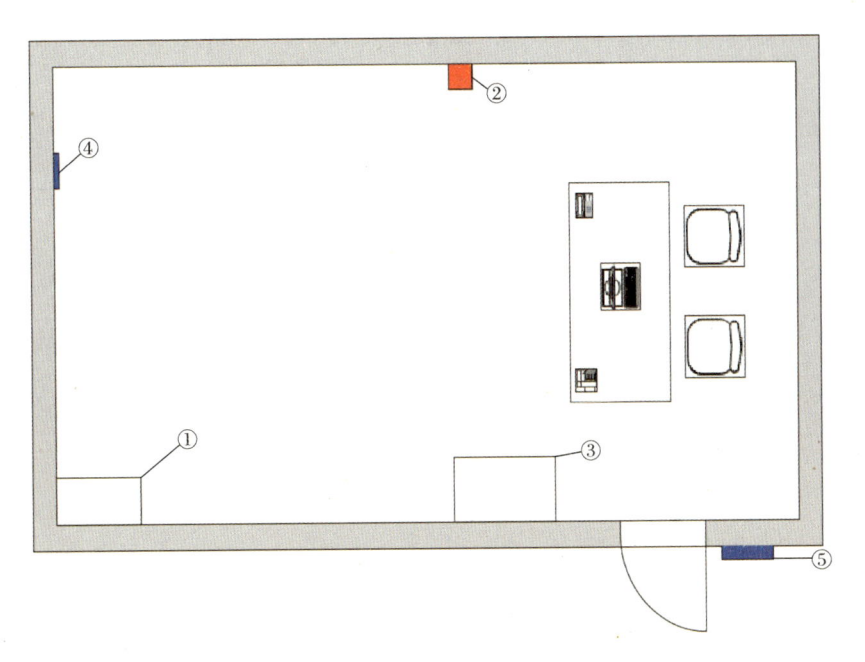

图 A.10 值班室管理条件配置示意图

表 A.10 值班室管理条件配置表

序号	管理条件	配置要求
1	空调	配备空调
2	照明设施	配备灯具、应急照明及逃生指示等
3	办公用品	配备桌椅、资料柜、电脑、打印机和电话等
4	规章制度	挂设值班制度、过闸收费管理规定等。具体参数标准参照《管理标识》手册
5	标识标牌	配备门牌、宣传标识等。具体参数标准参照《管理标识》手册

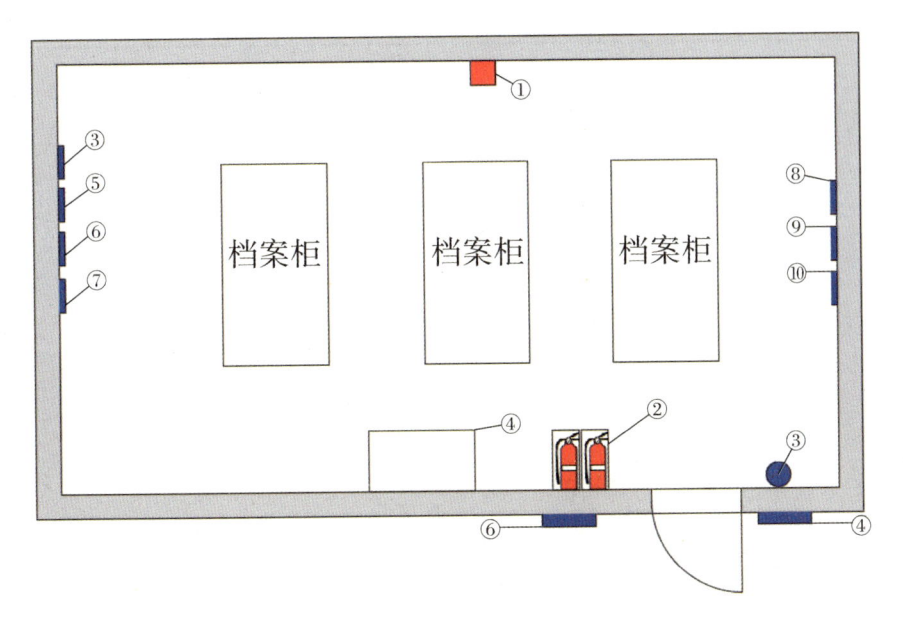

图 A.11　档案室、阅档室管理条件配置示意图

表 A.11 档案室、阅档室管理条件配置表

序号	管理条件	配置要求
1	照明设施	配备的防紫外线灯和事故照明灯具,以及应急逃生指示灯
2	消防设施	按消防设计要求配备二氧化碳灭火器
3	十防措施	满足防火、防潮、防尘、防鼠、防盗、防光、防虫、防水、放高温、防污染等要求
4	功能区标识	在门口设置"档案室""阅档室"标示门牌,参照标识标牌标准
5	立卷归档制度	参照国家档案管理考核达标要求编制并上墙
6	档案保密制度	参照国家档案管理考核达标要求编制并上墙
7	档案库房管理制度	参照国家档案管理考核达标要求编制并上墙
8	档案查阅利用制度	参照国家档案管理考核达标要求编制并上墙
9	档案统计制度	参照国家档案管理考核达标要求编制并上墙
10	档案鉴定销毁制度	参照国家档案管理考核达标要求编制并上墙

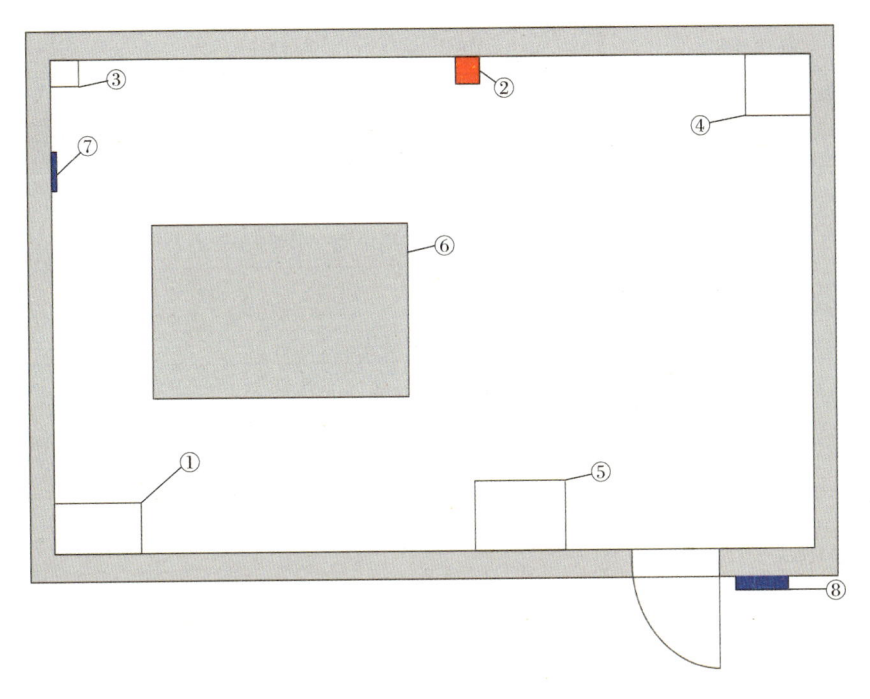

图 A.12　门卫室管理条件配置示意图

表 A.12　门卫室管理条件配置表

序号	管理条件	配置要求
1	空调	配备空调
2	照明设施	配备灯具、应急照明及逃生指示等
3	安防监视设备	配备监视器
4	安防用具	配备对讲机、警棍和警用电筒、盾牌、防暴叉等
5	办公用品	配备桌椅、工具柜等
6	生活设施	配备床铺和衣柜等
7	规章制度	挂设值班制度。具体参数标准参照《管理标识》手册
8	标识标牌	配备门牌、宣传标识、外来人员安全告知牌等。具体参数标准参照《管理标识》手册

管理标识

1 范围

本部分规定了南水北调东线江苏水源有限责任公司辖管水闸(船闸)工程管理区域内标识标牌设置要求。

本部分适用于南水北调东线江苏水源有限责任公司辖管水闸(船闸)工程,类似工程可参照执行。

2 规范性引用文件

下列文件对于本文件的应用是必不可少的。凡是注日期的引用文件,仅注日期的版本适用于本标准。凡是未注日期或版本号的引用文件,其最新版本(包括所有的修改单)适用于本标准。

GB 13851 内河交通安全标志

GB 2894 安全标志及其使用导则

GB 13495 消防安全标志

GBZ 158 工作场所职业病危害警示标识

SL 75 水闸技术管理规程

DB32/T 3259 水闸工程管理规程

DB32/T 3839 水闸泵站标志标牌规范

水利水电工程(水库、水闸)运行危险源辨识与风险评价导则

3 术语和定义

下列术语和定义适用于本文件。

3.1 导视类标识标牌

水闸周边或管理范围内设置的用于引导、指示、说明的标识标牌。

3.2 公告类标识标牌

水闸周边或管理范围内设置的用于工程基本情况介绍、周边管理界限范围公示、宣传及提示的标识标牌。

3.3 名称类标识标牌

水闸周边或管理范围内设置的用于介绍设备、设施名称、区别编号的标识标牌。

3.4 安全类标识标牌

水闸周边或管理范围内设置的警示、防范及提醒的标识标牌,引起人们对不安全因素的注意,预防和避免事故的发生。

4 总则

（1）室外安全、宣传标牌宜使用不锈钢材质，贴反光膜，抗紫外线、抗老化性好。
（2）实际应用时可根据现场情况，对标牌尺寸进行同比例缩放，确保协调、美观。

5 导视类标识标牌

5.1 一般规定

（1）导视类标识标牌包括工程区域内建筑物导视牌、建筑物内楼层索引牌、巡视检查路线及巡视点地标贴牌、停车场标识牌等。
（2）导视类标识标牌应保证信息的连续性和内容的一致性。

5.2 工程区域内建筑物导视牌

（1）标牌内容包括建筑物、构筑物名称和方向指示等。
（2）标牌宜设置在水闸道路交叉路口处。

5.3 建筑物内楼层索引牌

（1）标牌内容包括楼层号、设备间及房间名称。
（2）标牌宜安装在水闸门厅靠近楼梯的墙面上。

5.4 巡视检查路线及巡视点地贴标牌

（1）标牌内容包括路线箭头方向。
（2）标牌应根据设备巡视要求、设备位置、设备安全距离进行设置。巡视检查路线应封闭，不得中断。
（3）标牌应在工程重点部位设置。

5.5 停车场标识牌

（1）标牌内容包括停车场标识、方向指示等。
（2）标牌宜设置在水闸管理区停车场入口处。

6 公告类标识标牌

6.1 一般规定

（1）公告类标识标牌包括水法规告知牌、绿化提示牌、工程简介牌、参观须知牌、电气接线图牌、主要危险源告知牌、制度牌、重点巡视部位提示牌、闸门开度流量曲线牌等。
（2）公告类标牌一般为单面设置，但水法规告知牌等宜双面设置。

6.2 水法规告知牌

(1) 标牌内容包括《中华人民共和国水法》《中华人民共和国防洪法》《南水北调工程供用水管理条例》摘选。

(2) 标牌应设置在水闸上下游的左右岸、入口、公路桥或拦河浮桶处堤岸。

6.3 绿化提示牌

(1) 标牌内容为绿化宣传提示标语。

(2) 标牌应设置在需提示的绿化场地显要位置。

6.4 工程简介牌

(1) 工程简介牌分为概况简介牌、建设管理简介牌、运行管理简介牌,内容包括工程名称、位置、规模、功能、建成时间、关键技术参数、设计标准、功能任务及效益发挥情况等。

(2) 标牌应设置在水闸门厅显要位置。

6.5 参观须知牌

(1) 标牌内容应分为进入水闸参观必须遵守的管理要求及禁止行为等。

(2) 标牌应设置在水闸门厅入口处。

6.6 电气接线图牌

(1) 标牌内容包括电气接线图,应标明母线及电压等级、设备名称、断路器编号等,母线颜色应按电压等级设计。

(2) 标牌应设置在配电室内一侧墙面。

6.7 主要危险源公示牌

(1) 标牌内容主要包括一些主要危险源。

(2) 标牌应设置在作业场所醒目位置。

6.8 制度牌

(1) 标牌内容包括运行管理、安全管理、防汛管理、物资管理、档案管理等相关制度。

(2) 标牌应设置相应设备或办公室一侧墙面显要位置。

6.9 重点巡视部位提示牌

(1) 标牌内容包括工程重点设备、部分巡视关注要求及注意事项。

(2) 标牌应设置在重点巡视部位、重点设备旁。

6.10 闸门开度流量曲线牌

(1) 标牌内容为闸门开度与流量关系的曲线图。

(2) 标牌应设置在闸室内显要位置。

7 名称类标识标牌

7.1 一般规定

名称编号类标识标牌包括门牌、设备编号标识标牌、设备管理责任卡、屏柜柜眉、开关设备名称牌、观测标点牌、百米桩标识、里程桩标识、电缆桩标识、电缆牌、水位标识牌、安全告知牌、启闭机旋转标识等。

7.2 门牌

（1）标牌内容包括房间名称和编号。

（2）标牌应设置在室外门口的一侧墙面上。

7.3 设备编号标识标牌

（1）标牌内容为阿拉伯数字,同类设备应按顺序编号。

（2）标牌应设置在机电设备或工程部位比较容易辨识且相对平整的位置。

7.4 设备管理责任卡

（1）设备管理责任卡内容包括设备名称、规格型号、投运时间、责任人、评定级等。

（2）设备管理责任卡应设置在设备右上角或醒目位置。

7.5 屏柜柜眉

（1）标牌内容为柜眉名称。

（2）标牌应布置于屏柜显眼位置。

7.6 开关设备名称牌

（1）标牌内容包括开关设备的名称。

（2）标牌应布置于开关设备显眼位置。

7.7 观测标点牌

（1）标牌内容包括垂直位移、水平位移、伸缩缝、测压管等观测标点。

（2）标牌应根据工程实际设置在相关观测标点位置。

7.8 百米桩、里程桩、电缆桩标识

（1）百米桩应每 100 m 设置一个,桩号为个位数;里程桩应每 1 km 设置一个,桩体从上至下分别标注河道名称、公里数;电缆桩应每 50 m 设置一个,电缆、光缆每个转角处应设置一个。

（2）百米桩、里程桩应设置在河道两侧迎水坡堤肩线上。

7.9 电缆牌

（1）标牌内容包括电缆编号、起点、终点、规格。

（2）标牌应设置在电缆的首尾端、线缆改变方向处、电缆沟和竖井出入口处、电缆从一平面跨越到另一平面处，以及电缆引至电气柜、盘或控制屏、台等位置。

7.10 水位标识牌

（1）标牌内容包括主要包括水闸挡洪、排涝等特征水位。

（2）标牌应设置在水闸上下游翼墙部位。

7.11 安全告知牌

（1）标牌内容包括房间名称及警告、禁止、指令类规定。

（2）标牌应设置在室外门口一侧墙面上。

7.12 启闭机旋转标识

（1）标牌用于显示旋转方向。

（2）标牌应布置于启闭机旋转部位。

8 安全类标识标牌

8.1 一般规定

（1）安全类标识标牌包括警告、禁止、指令、提示标志，消防标志标牌、职业危害告知牌、危险源告知牌、交通标志标牌等。

（2）多个安全标志标牌设置在一起时，应按照警告、禁止、指令、提示的顺序，先左后右、先上后下排序。

（3）警告、禁止、指令、提示标志标牌的内容由图形符号、安全色和几何形状（边框）或文字组成。

8.2 警告、禁止、指令、提示标志

（1）警告标志为正三角形边框，背景色为黄色，三角形边框为黑色，图形符号为黑色。

（2）禁止标志为长方形，上方为禁止标志（带斜杠的圆边框），下方为文字辅助标志（矩形边框）。长方形底色为白色，带斜杠的圆边框为红色，标志符号为黑色，辅助标志为红底。

（3）指令标志为圆形边框，背景为蓝色，图形符号为白色，衬边为白色。

8.3 消防标志标牌

（1）标牌包括消防设备标志标牌、消防设施布置及逃生线路图等。

（2）消防设施布置及逃生线路图应设置在建筑物入口、门厅入口、每层楼梯入口等部位。

8.4 职业危害告知牌

(1) 标牌内容包括健康危害、防范措施及要求、防护措施等。
(2) 标牌应设置在有噪声、高温等存在职业危害的作业场所。

8.5 危险源告知牌

(1) 标牌内容包括危险源名称、级别、危害因素、责任人、事故诱因、防范措施及要求等。
(2) 标牌应设置在作业场所醒目位置。

8.6 交通标志标牌

(1) 标牌内容包括限载、限高、限速、禁止通行等。
(2) 禁止通航的水闸应在与航道交汇处设置禁止通航、禁止进入等标志。

9 标识标牌设置

导视类标识标牌设置见附录 A。
公告类标识标牌设置见附录 B。
名称编号类标识标牌设置见附录 C。
安全类标识标牌设置见附录 D。
助航类标识标牌设置见附录 E。
其他标识标牌设置见附录 F。

10 标识标牌维护

(1) 工程标识标牌应每季度检查维护一次,及时清洁,保持清晰干净。
(2) 发现以下问题的任何一项,应对标识进行维修或更换。在维修或更换安全标志标牌时应有临时标识标牌替换,以免发生意外伤害。
① 失色或变色;
② 材料明细的变形、开裂、表面剥落等;
③ 固定装置脱落;
④ 遮挡;
⑤ 照明亮度不足;
⑥ 损毁等。

11 考核评价

(1) 南水北调东线江苏水源有限责任公司对分公司工程管理标识管理工作进行定期评价。
(2) 分公司对辖管现场管理单位的标识管理工作进行定期评价。

（3）工程现场管理单位依据《南水北调江苏水源公司工程管理考核办法》及标准化体系文件，对标识管理工作进行自评，对标准实施中存在的问题进行整改。

（4）评价依据包括标识标牌现状、检查维护记录等，检查评价应有记录。

（5）评价方法包括抽查、考问等，检查评价应有记录。

（6）对于标识管理工作的自评、考核每年不少于一次。

附录 A　导视类标识标牌

A.1　工程区域内建筑物导视牌

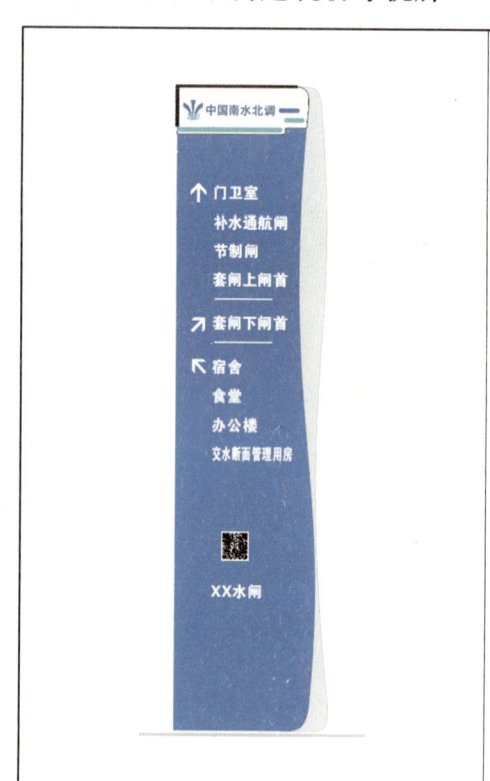

参数标准
1. 规格：200 cm(高)×50 cm(宽)。
2. 材料：1.5 mm 厚度 304# 不锈钢。
3. 工艺：激光切割，刨槽折弯烤漆，图文为发光立体字，正面为亚克力蓝白板，内置 LED 模组灯。

安装位置
布置于重要路段醒目位置。

A.2　建筑物内楼层索引牌

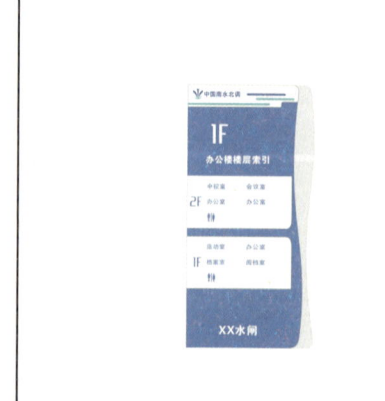

参数标准
1. 规格：200 cm(高)×50 cm(宽)。
2. 材料：1.5 mm 厚度 304# 不锈钢。
3. 工艺：激光切割，刨槽折弯烤漆，图文为发光立体字，正面为亚克力蓝白板，内置 LED 模组灯。

安装位置
布置于每层楼梯口。

A.3　巡视检查路线及巡视地贴标牌

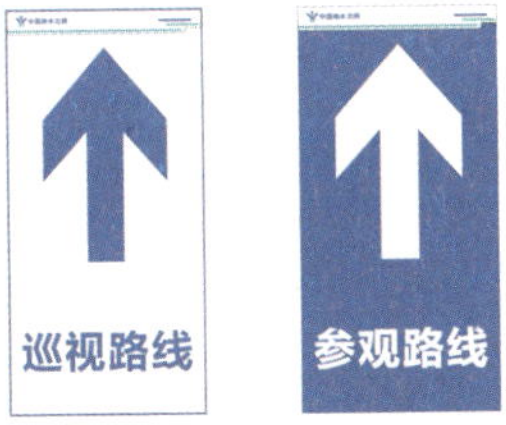	参数标准 1. 规格:20×20 cm。 2. 颜色:采用蓝色作为底色,图案见附图。 3. 内容:点检位置。 4. 材料:反光膜写真。 安装位置 布置于参观、巡视重点部位。
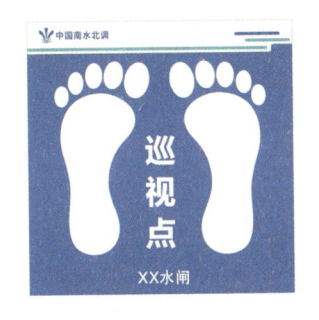	参数标准 1. 规格:20×20 cm。 2. 颜色:采用蓝色作为底色,图案见附图。 3. 内容:点检位置。 4. 材料:反光膜写真。 安装位置 布置于重点巡视部位。

A.4　停车场标识牌

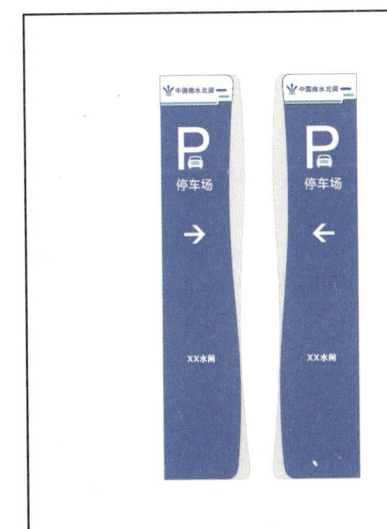

	参数标准 1. 规格:230 cm(高)×50 cm(宽)。 2. 颜色:蓝底白字。 3. 材料:1.5 mm 厚度 304 不锈钢激光切割,刨槽折弯烤漆,图文镂空衬亚克力乳白板,内置 LED 模组灯。 安装位置 布置于停车场旁。

附录 B 公告类标识标牌

B.1 水法宣传牌

参数标准
1. 规格:300 cm(长)×200 cm(高)。
2. 颜色:采用蓝色作为底色,字体为微软雅黑,白色。
3. 材料:1.5 mm 厚度 304♯不锈钢。
4. 工艺:激光切割刨槽折弯烤漆,图文丝印。

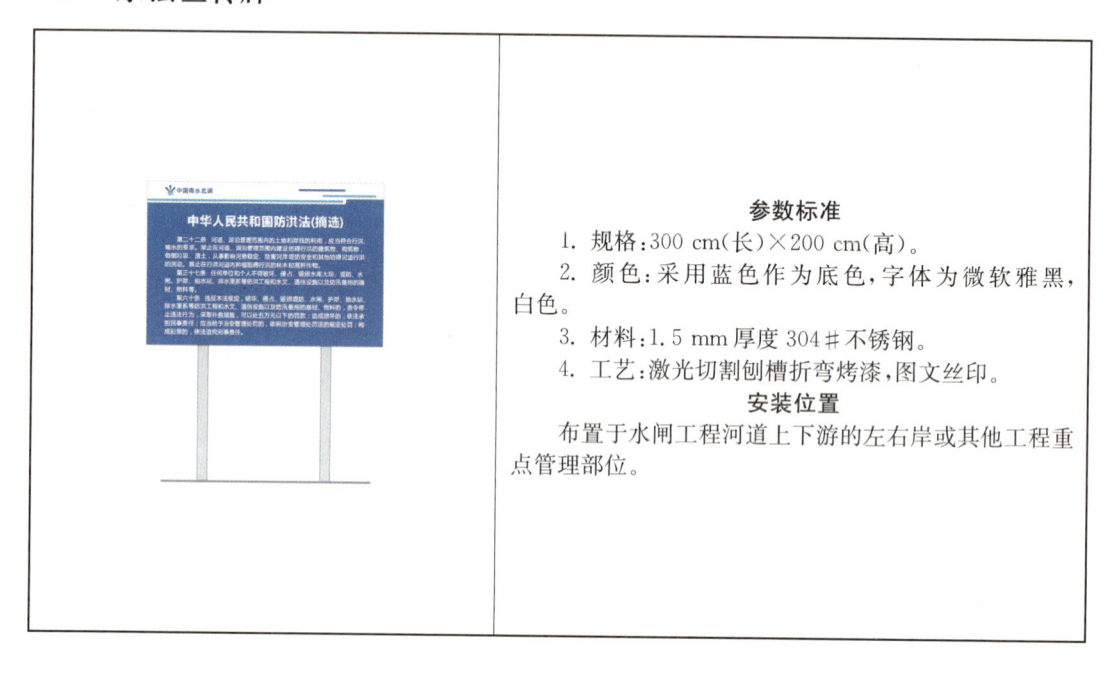

安装位置
布置于水闸工程河道上下游的左右岸或其他工程重点管理部位。

B.2 绿化提示牌

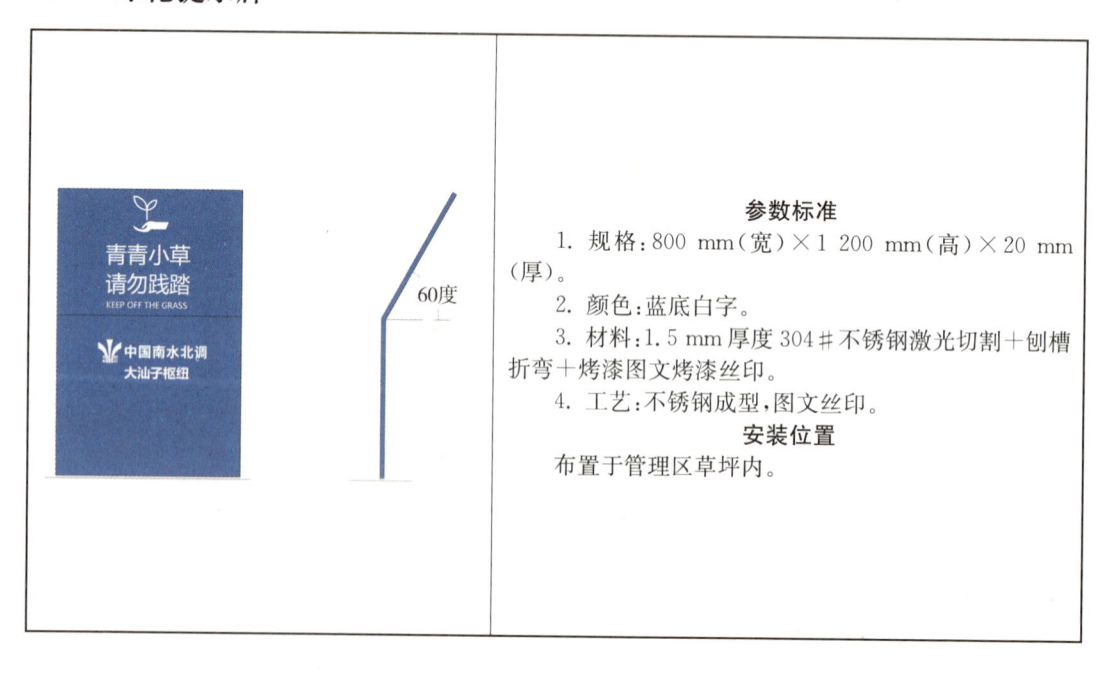

参数标准
1. 规格:800 mm(宽)×1 200 mm(高)×20 mm(厚)。
2. 颜色:蓝底白字。
3. 材料:1.5 mm 厚度 304♯不锈钢激光切割+刨槽折弯+烤漆图文烤漆丝印。
4. 工艺:不锈钢成型,图文丝印。

安装位置
布置于管理区草坪内。

B.3 工程简介牌

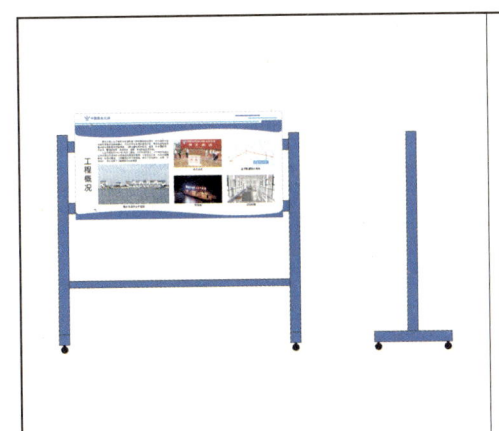

参数标准
1. 规格：1.6 m×0.8 m；支柱、支腿采用 8 cm× 8 cm，厚 1.5 mm 镀锌方管焊接；灯箱底部安装 4 套转轮；支腿钻孔 3.5 cm 一个。
2. 软膜规格：1.6 m×0.8 m；铝合金边框 8 cm；灯箱背面内层 PVC 板 1.6 m×0.8 m，厚 3 mm；背面外层白拉丝钛金板 1.6 m×0.8 m，厚 0.8 mm；内装 LED 慢发光灯源（白色冷光源）；装设插座 1 个、插头 1 个、电线 30 m。
3. 有单位名称及行业 Logo 标识。

安装位置
布置于门厅或展厅。

B.4 参观须知告知牌

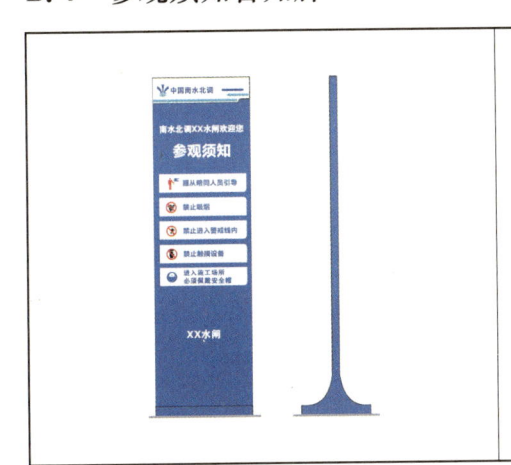

参数标准
1. 规格：纵向大标牌 190 cm（高）×56 cm（宽）；
2. 颜色：深蓝加白色调为主，字体微软雅黑。
3. 设计有本单位 Logo 标识。
4. 材料：不锈钢烤漆。

安装位置
布置于闸室内入口显要位置。

B.5 电气接线图牌

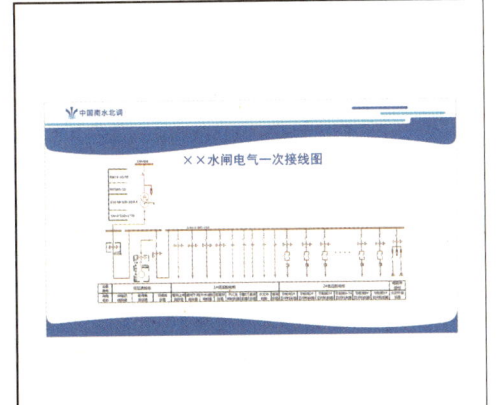

参数标准
1. 规格：180 cm（长）×100 cm（高）；
2. 颜色：深蓝加白色调为主，字体为微软雅黑。
3. 材料：1.5 mm 厚度 304# 不锈钢激光切割，刨槽折弯烤漆，图文丝印。

安装位置
布置于启闭机房、开关室等室内墙面。

B.6　主要危险源告知牌

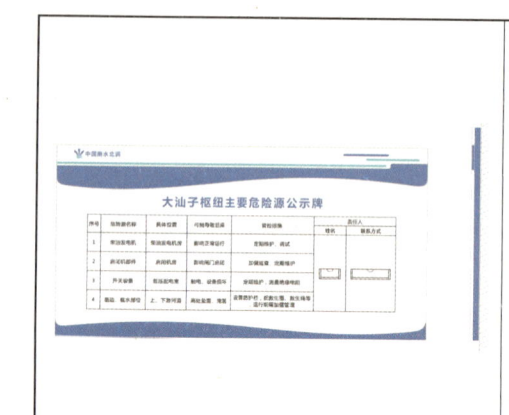

参数标准
1. 规格:120 cm(长)×60 cm(高);
2. 颜色:采用蓝色作为基本底色,增设背景图虚化处理。
3. 材料:1.5 mm厚度304#不锈钢激光切割,刨槽折弯烤漆,图文丝印。

安装位置
布置于重要危险源附近墙面。

B.7　制度牌

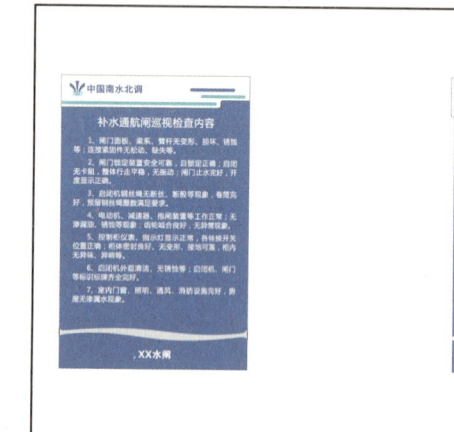

参数标准
1. 规格:60 cm(宽)×90 cm(高)。
2. 颜色:蓝色作为底色,字体为微软雅黑,白色。
3. 材料:10 mm厚度亚克力激光切割烤漆,图文丝印。

安装位置
布置于工程室内墙面。

B.8　重点巡视部位提示牌

参数标准
1. 规格:20 cm(高)×15 cm(宽)。
2. 颜色:采用黄色为警示色,字体为微软雅黑,黑色。
3. 材料:2 mm厚铝板。

安装位置
布置于重点巡视部位旁。

B.9 闸门开度流量曲线牌

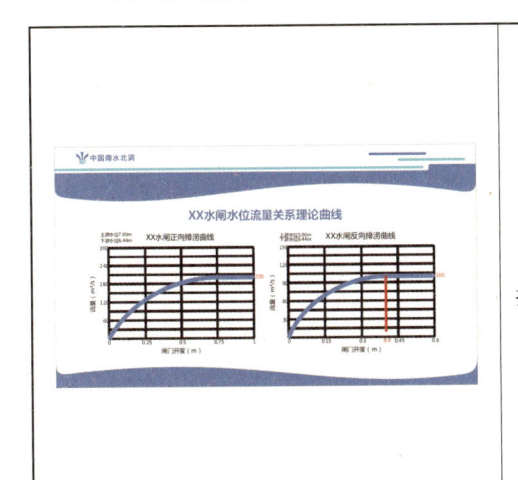

参数标准
1. 规格:180 cm(长)×100 cm(高);
2. 颜色:深蓝加白色调为主,字体为微软雅黑。
3. 材料:1.5 mm 厚度 304#不锈钢激光切割,刨槽折弯烤漆,图文丝印。

安装位置
布置于闸室内。

附录 C　名称类标识标牌

C.1　门牌

参数标准
1. 规格：12 cm(高)×27 cm(宽)；
2. 颜色：蓝色作为底色，字体为微软雅黑，白色。
3. 材料：8 mm 厚度亚克力烤漆丝印。

安装位置
布置于室外门口一侧墙面。

C.2　设备编号标识标牌

参数标准
1. 规格：圆的规格为 $\phi=6\sim50$ cm；实际标识时，可根据现场设备情况进行适当调整。
2. 颜色：组合可以白底蓝字、蓝底白字、红底白字和白底红字，须参照设备底色选定。
3. 工艺：亚克力或者 2 mm 厚铝板烤漆拉丝工艺。

安装位置
机电设备比较容易辨识到且相对平整的位置。

C.3　设备管理责任卡

参数标准
1. 规格：6 cm(高)×10 cm(宽)。
2. 颜色：白底黑字，字体为微软雅黑。
3. 材料：照片纸，带磁石的名片夹。
4. 内容应包括：设备名称、设备型号、大修周期、投运时间、设备等级、定级时间及设备责任人姓名等。

安装位置
布置于主要设备设施上。

C.4 屏柜柜眉

1 # 闸 门 控 制 柜

参数标准
1. 规格:高度 60 mm,宽度与柜体同宽。
2. 颜色:白底红字带边框,字体为微软雅黑。
3. 工艺:KT 板或铝板。

安装位置
布置于电气柜柜眉处。

C.5 开关设备名称牌

10kV进线
101开关

10kV进线
1014接地刀闸

参数标准
1. 规格:根据现场实际柜体宽度。
2. 颜色:白底红字带边框,字体为微软雅黑。
3. 材料:2 mm 厚铝板。

安装位置
布置于开关、隔离开关、接地开关等控制柜柜面。

C.6　观测标点牌

参数标准
1. 规格:600(长)×50 mm(宽)。
2. 颜色:字体为黑色。
3. 工艺:2 mm 的 304 拉丝不锈钢,石材阴刻填漆。

安装位置
布置于需要标识的安全监测点。

C.7　百米桩标牌

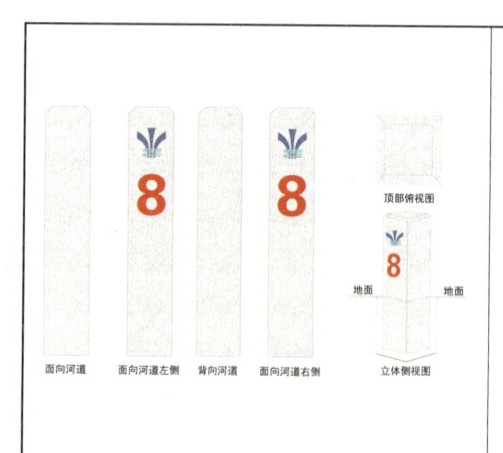

参数标准
1. 规格:百米桩 150 mm(宽)×800 mm(高)×150 mm(厚)。
2. 颜色:如图所示。
3. 工艺:芝麻灰石材加工,石材阴刻填漆。

安装位置
工程单侧设置,每 100 米设置百米桩。

C.8　里程桩标识

参数标准
1. 规格:里程桩 400 mm(宽)×1 000 mm(高)×150 mm(厚)。
2. 颜色:如图所示。
3. 工艺:芝麻灰石材加工,石材阴刻填漆。

安装位置
工程单侧设置,满 1 km 设置里程桩。

C.9 电缆桩标识

参数标准
1. 规格:400 mm(宽)×150 mm(高)。
2. 颜色:如图所示。
3. 工艺:大理石,Logo 文字阴刻填充。

安装位置
草坪地电缆光缆通道直线段标志桩、板每隔 50 m 埋设 1 件,电缆、光缆每个转角处接头都应该埋设 1 块电缆、光缆标识桩。

C.10 电缆牌

参数标准
1. 规格:见图例。
2. 颜色:白底红色字。
3. 工艺:PVC。

安装位置
在电缆线路的首尾端、线缆改变方向处、电缆沟和竖井出入口处、电缆从一平面跨越到另一平面处,以及电缆引至电气柜、盘或控制屏、台等位置应挂电缆标志牌。

C.11 水位标识牌

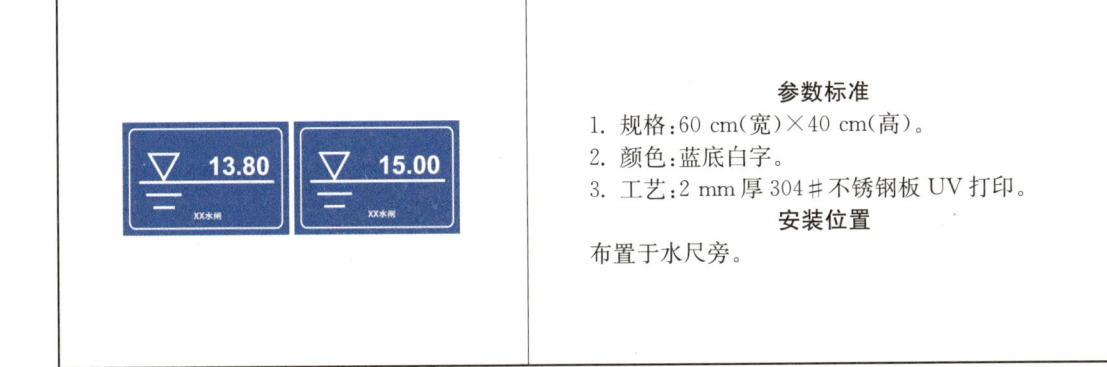

参数标准
1. 规格:60 cm(宽)×40 cm(高)。
2. 颜色:蓝底白字。
3. 工艺:2 mm 厚 304♯不锈钢板 UV 打印。

安装位置
布置于水尺旁。

C.12　安全告知牌

参数标准
1. 规格:60 cm(宽)×90 cm(高)。
2. 颜色:深蓝加白色调为主,颜色字体参照示意图。
3. 工艺:10 mm 厚度亚克力激光切割烤漆,图文丝印。

安装位置
　　布置于启闭机房、柴油发电机房、低压配电室、中控室、档案室、防汛物资仓库、备品备件仓库等室外。

C.13　启闭机旋转标识

参数标准
1. 规格:半圆弧,内圈直径 22 cm,外圈直径 32 cm。
2. 颜色:底色蓝色,字体及箭头为白色。
3. 材料:1 mm 厚铝板。

安装位置
布置于启闭机旋转部位。

附录 D 安全类标识标牌

D.1 限速提醒标识牌

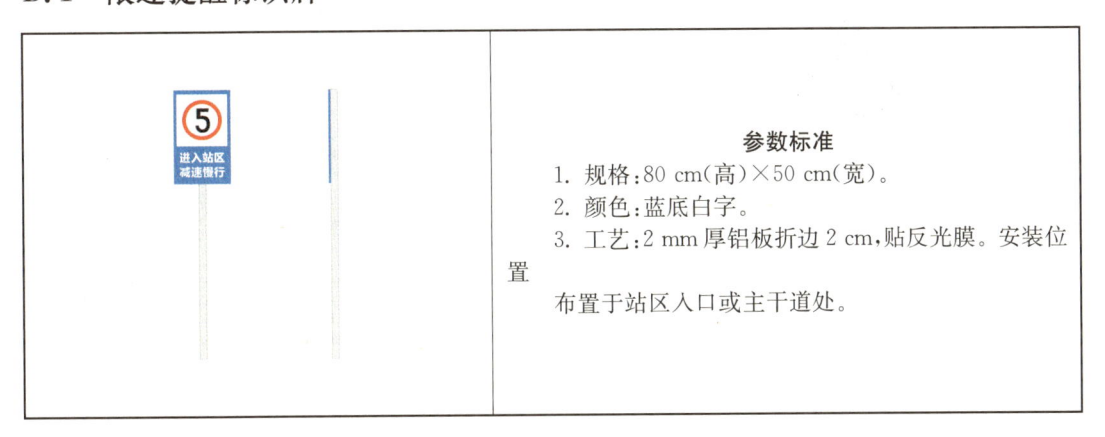

参数标准
1. 规格：80 cm(高)×50 cm(宽)。
2. 颜色：蓝底白字。
3. 工艺：2 mm 厚铝板折边 2 cm，贴反光膜。安装位置
布置于站区入口或主干道处。

D.2 安防标识牌

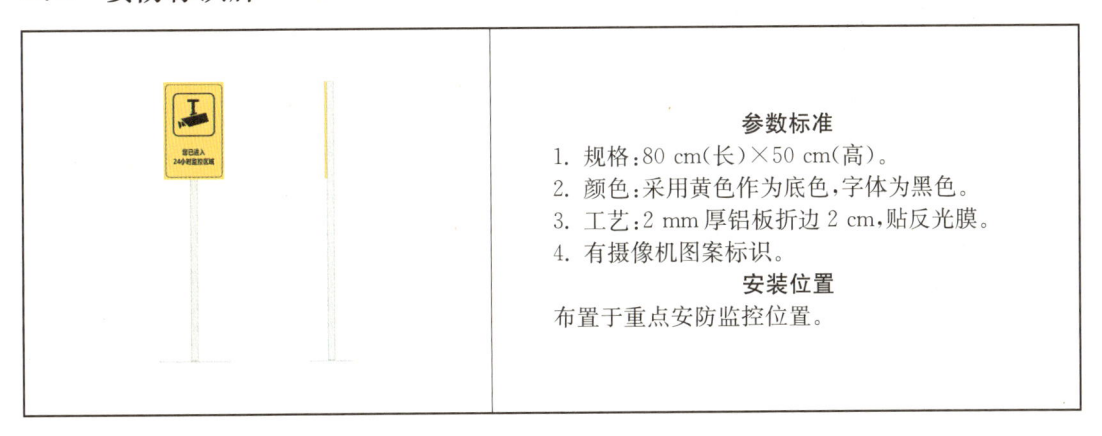

参数标准
1. 规格：80 cm(长)×50 cm(高)。
2. 颜色：采用黄色作为底色，字体为黑色。
3. 工艺：2 mm 厚铝板折边 2 cm，贴反光膜。
4. 有摄像机图案标识。
安装位置
布置于重点安防监控位置。

D.3 当心机械伤人警示牌

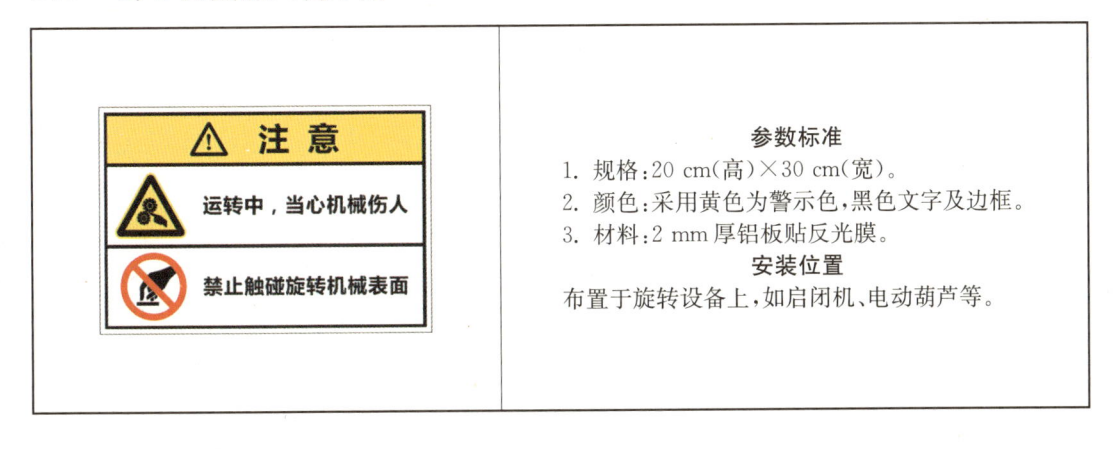

参数标准
1. 规格：20 cm(高)×30 cm(宽)。
2. 颜色：采用黄色为警示色，黑色文字及边框。
3. 材料：2 mm 厚铝板贴反光膜。
安装位置
布置于旋转设备上，如启闭机、电动葫芦等。

D.4 当心触电警示牌

参数标准
1. 规格:边长 15 cm 等边三角形。
2. 颜色:符合安全色标准。
3. 材料:反光膜贴 PVC。
4. 固定方式:自带双面胶。

安装位置
布置于控制柜柜面。

D.5 挡鼠板

参数标准
1. 规格:高度 40 cm,宽度参照门宽。
2. 颜色:粘贴黄黑警示双色带,表面粘贴警示标志。
3. 材料:304♯不锈钢。
4. 固定方式:卡槽。

安装位置
布置于开关室门口。

D.6 禁止捕鱼、游泳牌

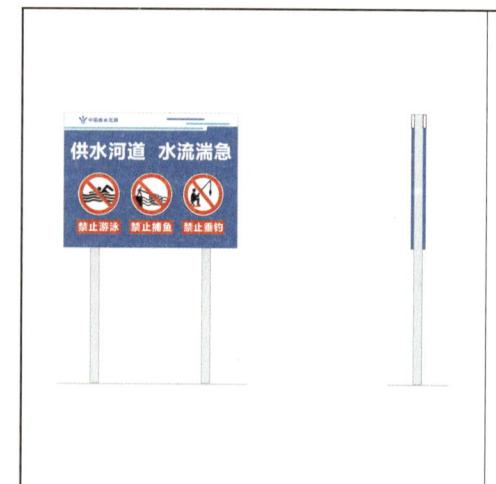

参数标准
1. 规格:200 cm(长)×150 cm(高)。
2. 颜色:底色为蓝色,字为白色,示意图为红色。
3. 材料:1.5 mm 厚度 304♯不锈钢激光切割＋刨槽折弯＋烤漆图文烤漆丝印。
4. 做双面。

安装位置
布置于管理区河道上下游的左右岸护坡、跨河公路桥、拦河浮筒等处,若河道较长,建议每 500 m 设置一块。

D.7　消防布置图

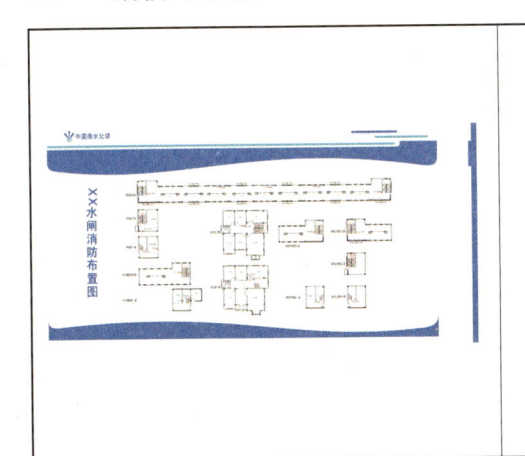

参数标准
1. 规格:150 cm(宽)×80 cm(高)。
2. 颜色:参照示意图颜色搭配。
3. 材料:亚克力板。

安装位置
布置于闸室重要部位。

D.8　禁止停船牌

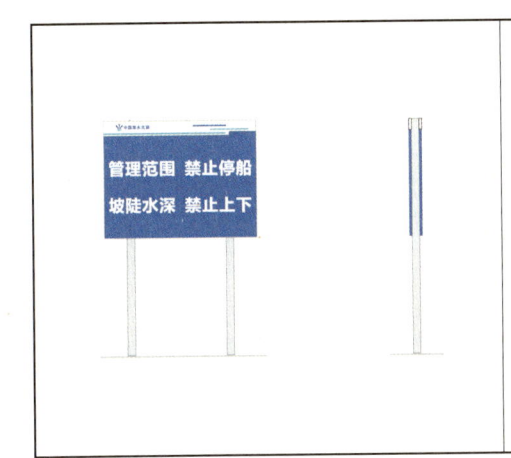

参数标准
1. 规格:200 cm(长)×150 cm(高)。
2. 颜色:底色为蓝色,字为白色。
3. 材料:1.5 mm 厚度 304#不锈钢激光切割＋刨槽折弯＋烤漆图文烤漆丝印。
4. 做双面。

安装位置
布置于船闸待闸区河道两侧。

D.9　船闸警示牌

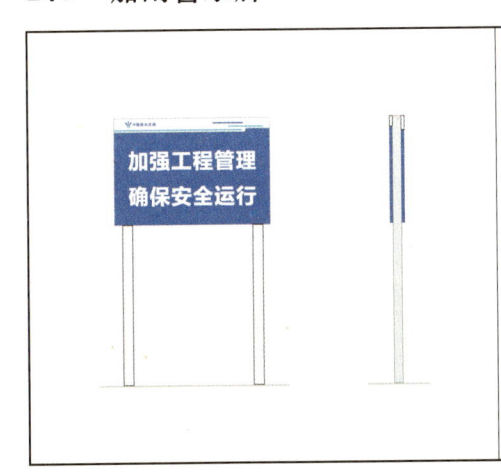

参数标准
1. 规格:150 cm(长)×150 cm(高)。
2. 颜色:底色为蓝色,字为白色。
3. 材料:1.5 mm 厚度 304#不锈钢激光切割＋刨槽折弯＋烤漆图文烤漆丝印。
4. 做双面。

安装位置
布置于船闸翼墙两侧。

D.10　危险源告知牌

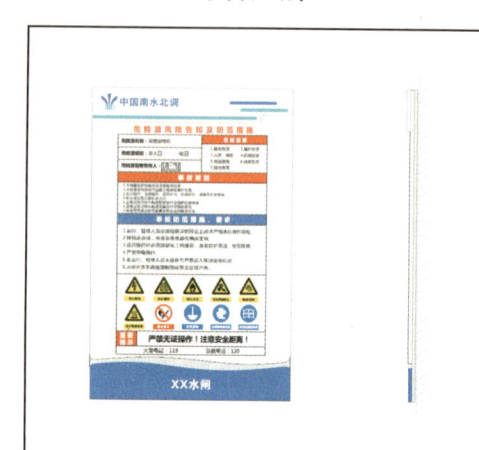

参数标准
1. 规格：60 cm(宽)×90 cm(高)。
2. 颜色：深蓝加白色调为主，颜色字体参照示意图。
3. 材料：10 mm 厚度亚克力激光切割烤漆，图文丝印。

安装位置
布置于主要危险源部位，如低压配电室、柴油发电机房。

D.11　职业危害警示牌

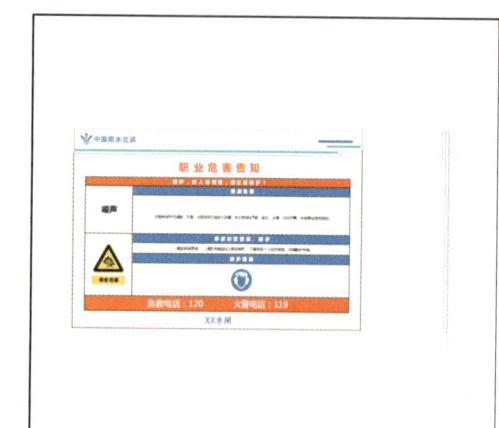

参数标准
1. 规格：90 cm(宽)×60 cm(高)。
2. 颜色：参照示意图颜色搭配。
3. 材料：亚克力激光切割烤漆，图文丝网印刷。

安装位置
噪声危害告知布设在柴油发电机房。

D.12　四色分布图

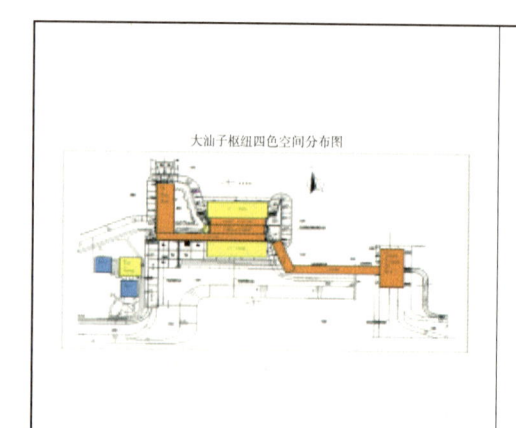

参数标准
根据标准化标识标牌样式统一制作。

安装位置
布置于主要危险源部位，如低压配电室、启闭机房。

附录 E 助航类标识标牌

E.1 靠泊区标识

参数标准
1. 规格:50 cm(宽)×60 cm(高)。
2. 颜色:底色绿色,对比色用白色。
3. 材料:铝板+反光贴。

安装位置
船闸上下游引航道。

E.2 锚地标识

参数标准
1. 规格:50 cm(宽)×60 cm(高)。
2. 颜色:底色绿色,对比色用白色。
3. 材料:铝板+反光贴。

安装位置
船闸上下游引航道。

E.3 通航净高标尺

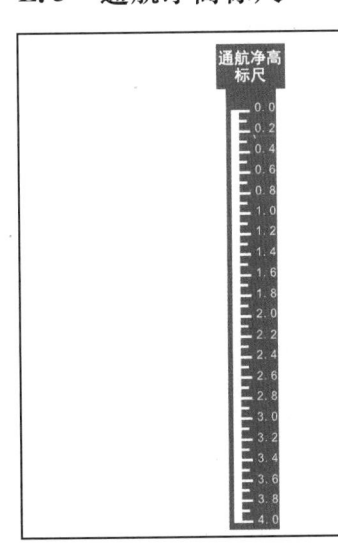

参数标准
1. 规格:20 cm(宽)×80 cm(高)。
2. 颜色:底色绿色,对比色用白色。
3. 材料:铝板+反光贴。

安装位置
船闸上下游引航道显著位置。

E.4　禁止停泊标识

参数标准
1. 规格:50 cm(宽)×60 cm(高)。
2. 颜色:底色红色,对比色用黑色。
3. 材料:铝板+反光贴。

安装位置
船闸上下游待闸区。

E.5　停航标识

参数标准
1. 规格:50 cm(宽)×60 cm(高)。
2. 颜色:底色蓝色,对比色用白色。
3. 材料:铝板+反光贴。

安装位置
船闸上下游待闸区。

E.6　靠一侧行驶标识

参数标准
1. 规格:50 cm(宽)×60 cm(高)。
2. 颜色:底色蓝色,对比色用白色。
3. 材料:铝板+反光贴。

安装位置
船闸上下游待闸区。

附录 F 其他

F.1 闸室名称牌

参数标准
1. 规格:50 cm(高)×80 cm(宽)。
2. 颜色:字体为微软雅黑,黑色,具体设计样式可适当调整。
3. 材料:8 mm 厚度亚克力烤漆丝印。

安装位置
布置于闸室外一侧墙面。

F.2 卫生间综合门牌

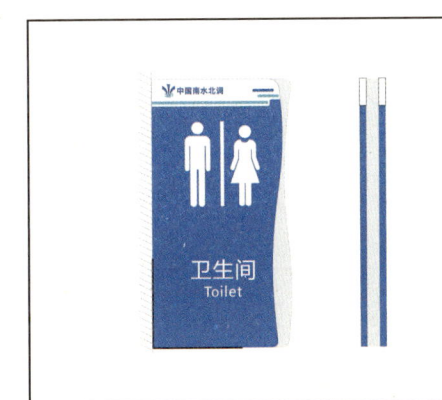

参数标准
1. 规格:41 cm(高)×22 cm(宽)。
2. 颜色:采用蓝色作为底色,字体为微软雅黑,白色。
3. 材料:1.2 mm 厚度 304♯ 不锈钢。
4. 工艺:激光切割,刨槽折弯烤漆丝印,图标亚克力切割烤漆。

安装位置
布置于卫生间室外一侧墙面。

F.3 楼层号牌

参数标准
1. 规格:$\phi=28$ cm。
2. 颜色:蓝底白色。
3. 材料:8 mm 厚度亚克力烤漆丝印。

安装位置
布置于每层楼梯口一侧墙面。

F.4　门贴标识

	参数标准
（图示：南水北调××水闸欢迎您）	1. 规格：12 cm(高)，根据现场实际门宽。 2. 颜色：采用蓝底白色(蓝色加深)。 3. 材料：不干胶贴。 **安装位置** 布置于玻璃门腰线。

F.5　温馨提示标识

	参数标准
（图示：节约用电 随手关灯）	1. 规格：5 cm(高)×10 cm(宽)。 2. 颜色：蓝底白字。 3. 材料：透明亚克力 2 mm 厚。 **安装位置** 布置于开关面板上方。

F.6　防汛物资管理制度牌

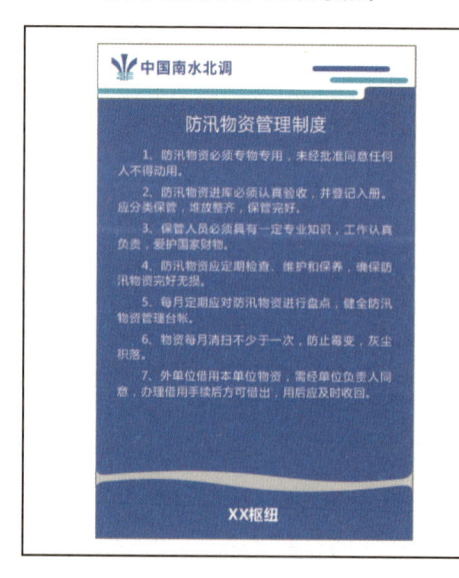

	参数标准
（图示：防汛物资管理制度牌）	1. 规格：600 mm(宽)×900 mm(高)。 2. 颜色：蓝色作为底色，字体为微软雅黑白色。 3. 工艺：亚克力激光切割烤漆，图文丝印。 **安装位置** 室内一侧墙面显要位置。

F.7　防汛物资调运图

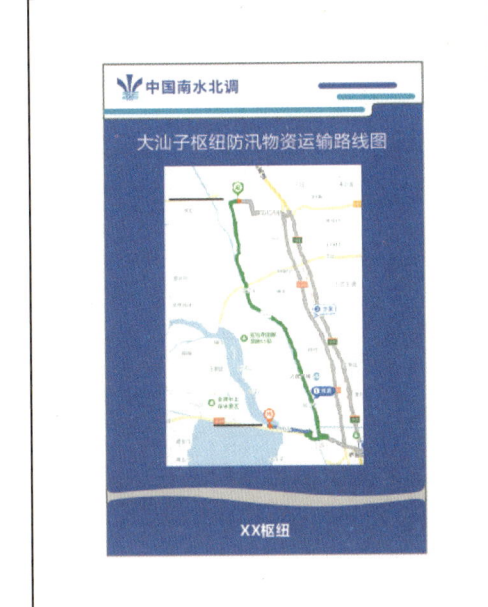

参数标准
1. 规格:600 mm(宽)×900 mm(高)。
2. 颜色:蓝色作为底色,字体为微软雅黑,白色。
3. 工艺:亚克力激光切割烤漆,图文丝印。

安装位置
室内一侧墙面显要位置。

管理行为

1 范围

本部分规定了南水北调东线江苏水源有限责任公司辖管水闸(船闸)工程设备操作作业、巡视作业、维护作业的行为要求。

本部分适用于南水北调东线江苏水源有限责任公司辖管水闸(船闸)工程,类似工程可参照执行。

2 规范性引用文件

下列文件中的条款通过本标准的引用而成为本标准的条款。凡是注日期的引用文件,其随后所有的修改单(不包括勘误的内容)或修订版均不适用于本标准,凡是不注日期的引用文件,其最新版本适用于本标准。

GB/T 5972 起重机 钢丝绳:保养、维护、检验和报废
GB/T 5975 钢丝绳用压板
SL 75 水闸技术管理规程
SL 214 水闸安全评价导则
DB32/T 3259 水闸工程管理规程
DB32/T 2948 水利工程卷扬式启闭机检修技术规程
水利工程标准化管理评价办法

3 术语和定义

本文件没有需要界定的术语和定义。

4 设备运行操作

4.1 一般规定

(1) 运行管理人员应明确操作目的,严格按相关规程规范要求执行。

(2) 操作中发现设备缺陷或异常情况,应及时处理并详细记录,对重大缺陷或严重情况应及时向值班负责人汇报,并采取及时有效的处置措施。

4.2 设备运行操作的主要内容

(1) 闸门操作(卷扬式启闭机)。
(2) 闸门操作(液压式启闭机)。
(3) 10 kV 系统操作。
(4) 0.4 kV 系统操作。
(5) 计算机监控系统操作。

4.3 设备运行操作作业指导

水闸工程应按照设备运行操作步骤和内容,参照"附录 A　水闸操作作业指导书"。

5　运行巡视

5.1　一般规定

(1) 运行管理人员应明确巡视目的,严格按相关规程规范要求执行。
(2) 巡视中发现设备缺陷或异常情况,应及时处理并详细记录,对重大缺陷或严重情况应及时向值班负责人汇报,并采取及时有效的处置措施。

5.2　巡视检查主要内容

(1) 巡视前准备。
(2) 巡视检查制度。
(3) 巡视路线图。
(4) 巡视内容及标准。

5.3　巡视作业指导

水闸工程应按照运行巡视作业内容,参照"附录 B　水闸运行巡视指导书"。

6　设备维护

6.1　一般规定

(1) 运行管理人员应明确日常养护目的,严格按相关规程规范要求执行。
(2) 日常养护中,对易磨、易损部件的检查、维护和更换应适时进行,对运行中发现的设备缺陷应及时进行处理。

6.2　日常养护

水闸工程应按照日常养护工作内容,参照"附录 C　水闸养护清单"。

7　考核与评价

(1) 南水北调东线江苏水源有限责任公司对分公司水闸工程设备运行操作、巡视、日常养护等作业行为进行定期评价。
(2) 分公司对辖管水闸现场管理单位的人员管理作业行为进行定期评价。
(3) 工程现场管理单位依据《南水北调江苏水源公司工程管理考核办法》及标准化体系文件,对人员管理作业行为进行自评,对规范实施中存在的问题进行整改。

（4）评价依据包括工程定期检查记录、经常检查记录、运行巡查记录、设备问题台账、工作票、操作票、项目管理卡等，检查评价应有记录。

（5）评价方法包括抽查、考问、演练等，检查评价应有记录。

（6）对于人员管理作业工作的自评、考核每年不少于一次。

8 附则

附录 A　水闸操作作业指导书

附录 B　水闸运行巡视指导书

附录 C　水闸养护清单

附录 A 水闸操作作业指导书

1 范围

本指导书适用于南水北调东线江苏水源有限责任公司辖管水闸(船闸)工程设备操作。

2 规范性引用文件

下列文件对于本文件的应用是必不可少的。凡是注日期的引用文件,仅所注日期的版本适用于本文件。凡是不注日期的引用文件,其最新版本(包括所有的修改单)适用于本文件。

GB/T 5972 起重机 钢丝绳:保养、维护、检验和报废
GB/T 5975 钢丝绳用压板
SL 75 水闸技术管理规程
SL 214 水闸安全评价导则
SL 722 水工钢闸门和启闭机安全运行规程
DB32/T 3259 水闸工程管理规程
DB32/T 2948 水利工程卷扬式启闭机检修技术规程

3 术语和定义

下列术语和定义适用于本作业指导书。

3.1 水闸操作作业指导书

规范水闸机电设备操作程序,对运行管理人员开展水闸操作进行标准化作业指导的文件。

3.2 10 kV、400 V 系统

如为户外式油浸式变压器,通过变压器将 10 kV 电源变为 400 V 电源,用电缆引入低压开关柜。

如为户内式干式变压器,用电缆引入 10 kV 电源至环网柜,通过变压器将 10 kV 电源变为 400 V 电源,直接引入低压开关柜。

400 V 系统由低压进线柜、低压配电柜、电容补偿柜等组成。

10 kV 电源失电后,400 V 电源改由柴油发电机组供电。

3.3 闸门启闭机

主要包括:卷扬式闸门启闭机、液压式闸门启闭机等。

3.4 计算机监控及视频监视系统

计算机监控系统主要作用是对水闸的开度、水位等信号实时监测与控制；视频监视系统主要作用是对现场图像、视频等信号实时采集。

4 总则

(1) 为规范水闸工程设备操作，确保设备运行安全可靠，制定本文件。

(2) 水闸运行操作前，应确保作业现场的运行条件、安全设施、安全工器具等符合国家或行业标准规定，安全防护用品合格、齐备。

(3) 水闸运行操作人员要求具备必要的水闸机械、电气、安全生产知识和业务技能，掌握急救基本方法。

(4) 水闸操作应严格落实安全组织措施和技术措施，确保人员、设备设施安全。

5 闸门操作(卷扬式启闭机)

5.1 准备工作

(1) 检查上游、下游管理范围和安全警戒区内有无船只、漂浮物或其他影响闸门启闭或危及闸门、建筑物安全的作业活动，并进行妥善处理。

枢纽上游

枢纽下游

(2) 启闭机长时间未操作时，检查启闭机电机绝缘电阻应合格，使用500 V兆欧表测量电机绝缘电阻值，绝缘电阻应不小于0.5 MΩ，否则应进行干燥或处理，合格后方可投入运行。

钢丝绳

(3) 检查闸门是否处于正常状态,检查闸门门顶及门槽内有无杂物,无涂层脱离、门体变形、锈蚀、焊缝开裂,止水装置完好,闸门有无淤阻等情况。

(4) 检查钢丝绳外观应完好、无断丝现象、卷筒磨损深度不超过 2 mm 及传动齿轮表面完好,无裂纹。检查减速箱油位、油色正常。

(5) 检查电源是否符合要求,无电网电源时,启用备用电源。夜间开关闸,操作现场应开启照明装置。

(6) 检查低压开关室启闭机是否已合闸送电。

(7) 检查启闭机控制柜是否已合闸送电。

(8) 在各项条件具备以后,值班长通知值班员准备开闸,填写闸门启闭记录表。

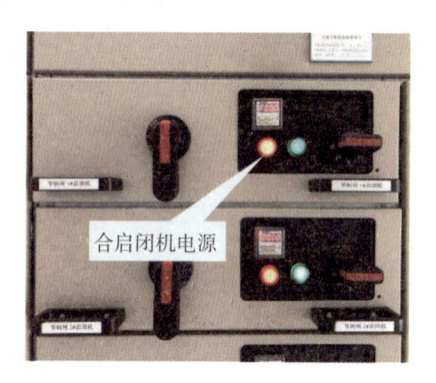

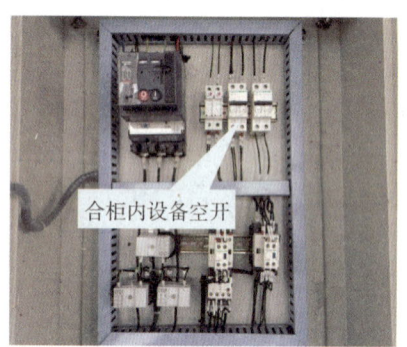

5.2 开闸操作

5.2.1 自动操作

将"手动/自动"转换开关调至"自动"位置,在计算机监控系统闸门操作页面或控制柜触摸屏上操作,操作完成后检查闸门是否开启。

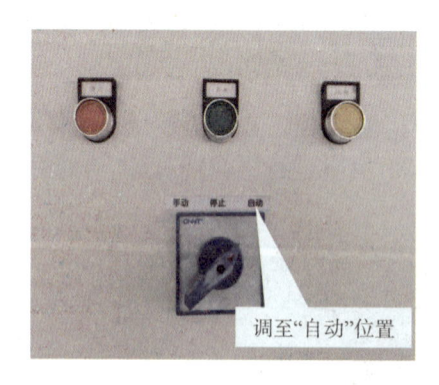

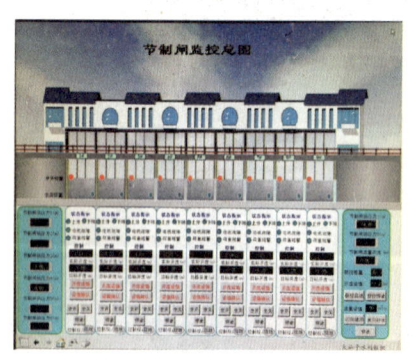

5.2.2 手动操作

(1) 将"手动/自动"转换开关调至"手动"位置。

(2) 按下"开闸"按钮,检查"开闸指示"显示应正常,闸门上升,到达上限位时自动停止;或到达需要的开度时,按下"停止"按钮,检查停止应正常。

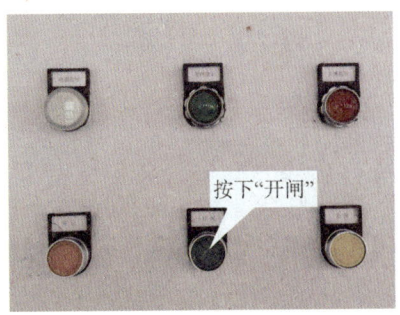

5.3 关闸操作

5.3.1 自动操作

将"手动/自动"转换开关调至"自动"位置,在计算机监控系统闸门操作页面或控制柜触摸屏上操作,操作完成后检查闸门是否关闭。

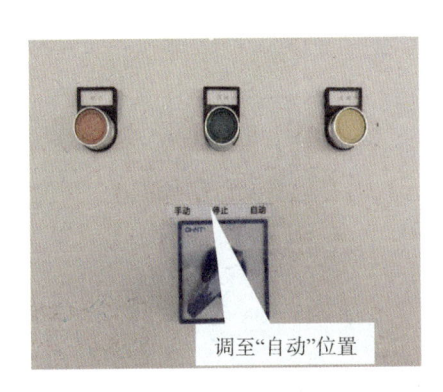

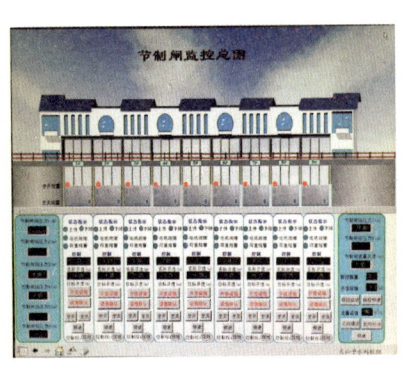

5.3.2 手动操作

(1)将"手动/自动"转换开关调至"手动"位置。

(2)按下"关闸"按钮,检查"关闸指示"显示应正常,闸门下降,到达下限位时自动停止;或到达需要的开度时,按下"停止"按钮,检查停止应正常。

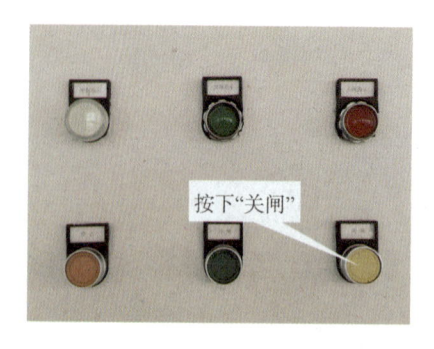

注：(1) 按照开闸流量，根据安全始流曲线、水位—流量关系曲线计算确定闸门开高。

(2) 按设计要求或运行操作规程进行启闭，应由中间孔向两侧依次对称开启，由两侧向中间孔依次对称关闭；当闸门运行接近最大开度或关闭到底时，应及时停车。

(3) 闸门升降时如需要反方向运行，必须先停止再操作。

(4) 闸门长时间不需关闭时，应当锁定。在关闭前闸门处于锁定状态的，应先解除锁定。

(5) 闸门启闭完毕后，应检查水位、闸门开高、流量、建筑物等情况，确认无异常后分断电源。

(6) 认真填写闸门启闭记录表，做好巡视检查。

(7) 闸门启闭过程中，应密切注意机电设备运行状况，如有下列情况应停机检查：

① 闸门卡阻；

② 机件过热或润滑不良；

③ 发生异常声响；

④ 电机不能启动；

⑤ 电机综合保护器动作。

(8) 开关闸结果反馈

① 操作结束后，值班人员详细记录操作情况，包括启闭前后上下游水位、闸门开高、开启孔数、运行过程中存在的问题及解决措施等，所有参加值班的人员签名。

② 值班人员将指令执行情况反馈至调度人员，内容包括闸门启闭孔数、开度、执行完毕时间等。

6 闸门操作(液压式启闭机)

6.1 准备工作

(1) 检查上游、下游管理范围和安全警戒区内有无船只、漂浮物或其他影响闸门启闭或危及闸门、建筑物安全的行为活动，并进行妥善处理。

(2) 检查电源是否符合要求，无电网电源时，启用备用电源。夜间开关闸，操作现场应开启照明装置。

(3) 至低压开关室，合上"闸门液压系统"开关，将"现地/远方"转换开关调至"现地"位置,按下"合闸"按钮,"合闸"指示显示应正常。

(4) 至闸门液压启闭机室,在启闭机控制柜后合上总电源开关、交流控制开关、油泵电源控制开关。

(5) 闸门液压控制柜前,打开柜门,合上触摸屏开关、PLC 电源开关、交流接触器开关、电磁阀指示灯开关。

(6) 检查控制器供电正常,电源指示灯正常,电压表、电流表读数正常(电压表数值约为 380 V,电流表数值为 0 A),无异常报警。

(7) 检查现场进出油闸阀在全开位置,应急泄压阀在全关位置。

(8) 检查溢流阀动作压力设置正确,油缸油位正常。

6.2 开闸操作

6.2.1 远方操作

(1) 将闸门控制方式打到"远控"位置,油泵选择打至"轮换"位置。

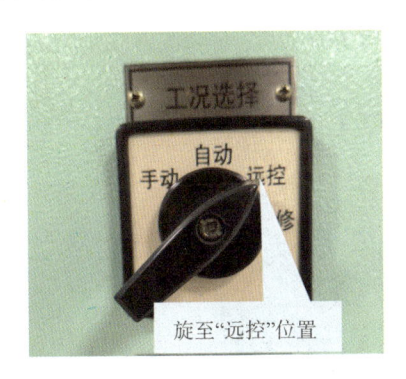

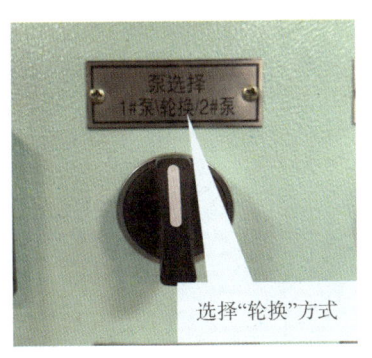

(2) 在远方闸门监控页面,选择"1#工作门",设定启门高度后,点击"开门"按钮,油泵启动,闸门提升。

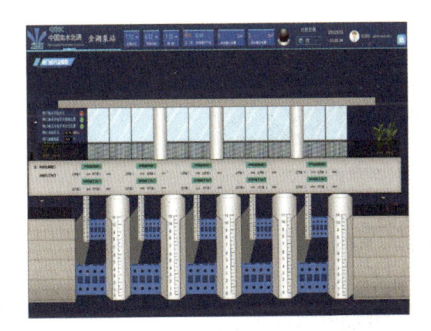

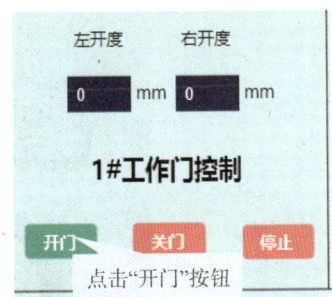

(3) 待闸门开启到设定高度,自动停止启门,油泵自动停止工作。

6.2.2 现地自动操作

（1）将闸门控制方式打到"自动"位置，油泵选择打至"轮换"位置。

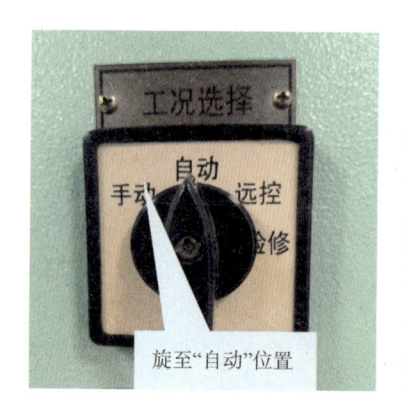

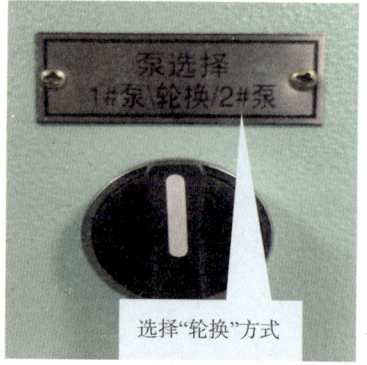

（2）点击触摸屏"1#工作门"按钮，查看闸门开度。

（3）按下"启1#工作门"按钮，油泵启动，闸门提升。

（4）待到指定高度后，按下"停1#工作门"按钮，闸门停止，油泵自动停止工作。

6.2.3 现地手动操作

（1）将闸门控制方式打到"手动"位置，油泵选择打至"1#泵"位置。

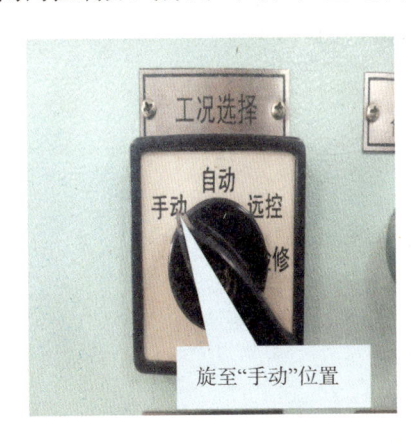

（2）点击触摸屏"1#工作门开度"按钮，查看闸门开度。

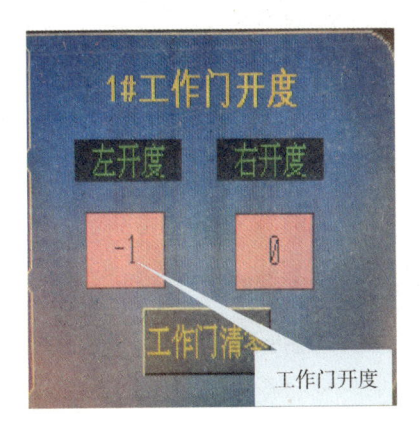

(3) 按下"启1#工作泵"按钮,油泵启动。

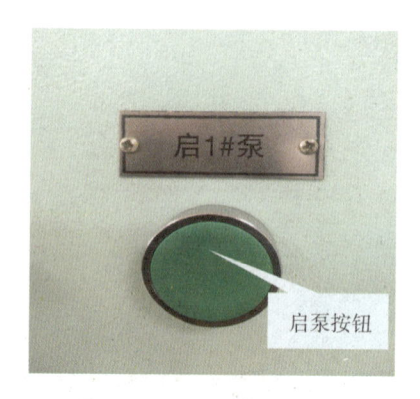

(4) 按下"启1#工作门"按钮,闸门提升。

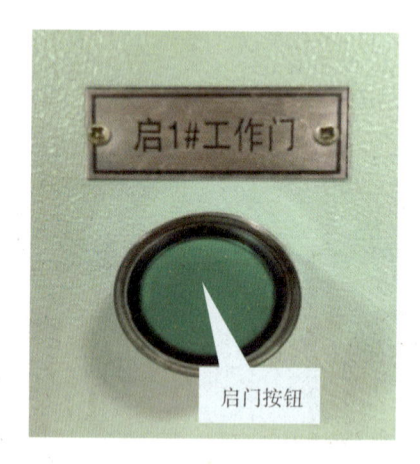

(5) 待到指定高度后,按下"停1#工作门"按钮,闸门停止。

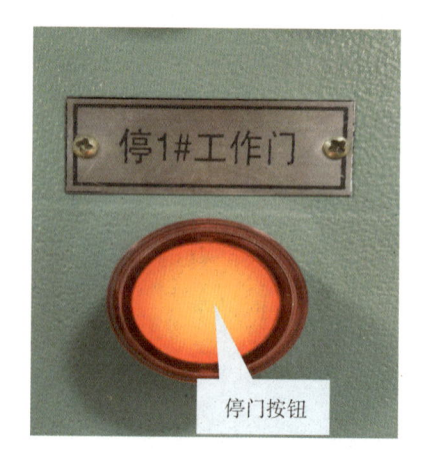

（6）按下"停泵"按钮，油泵停止工作。

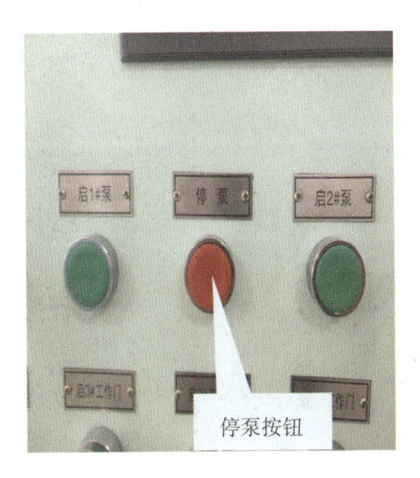

6.3 关闸操作

6.3.1 远方操作

（1）将闸门控制方式打到"远控"位置。

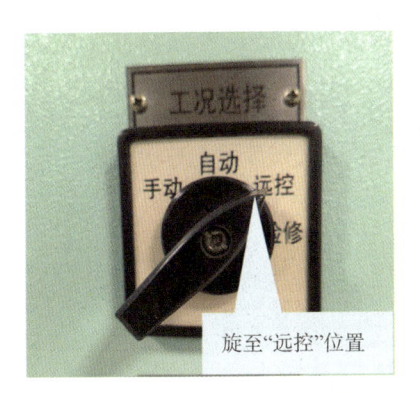

（2）在远方闸门监控页面，点击"1#工作门"，设定启门高度后，点击"关门"按钮，闸门关闭。

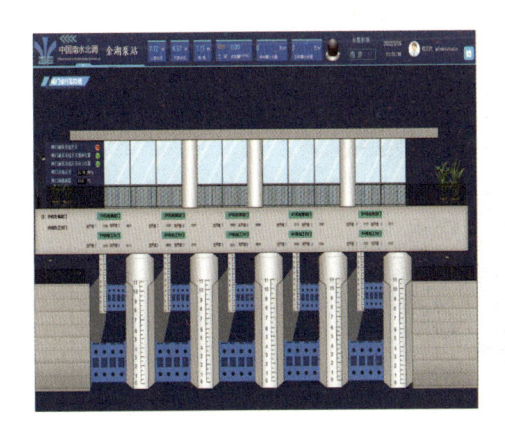

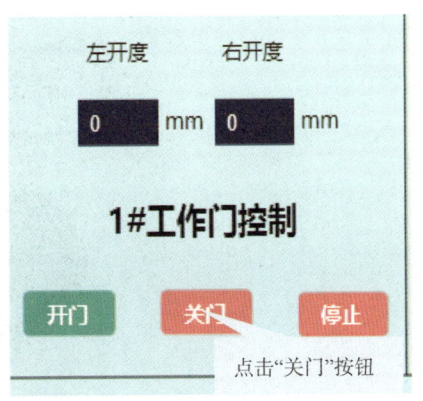

(3) 待闸门开启到设定高度,自动停止闭门,油泵自动停止工作。

6.3.2 现地自动操作

(1) 将闸门控制方式打到"自动"位置,油泵选择打至"轮换"位置。

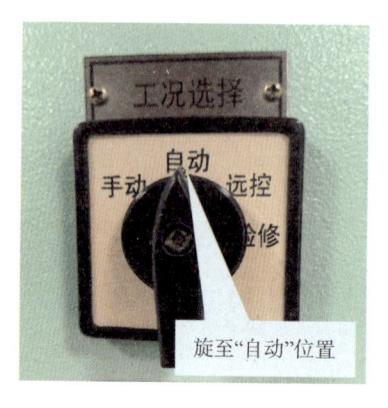

(2) 点击触摸屏"1#工作门开度"按钮,查看闸门开度。

(3) 按下"闭1#工作门"按钮,油泵启动,闸门关闭。

(4) 待到指定高度后,按下"停1♯工作门"按钮,闸门停止,油泵停止工作。

停门按钮

6.3.3 现地手动操作

(1) 将闸门控制方式打到"手动"位置,油泵选择打至"1♯泵"位置。

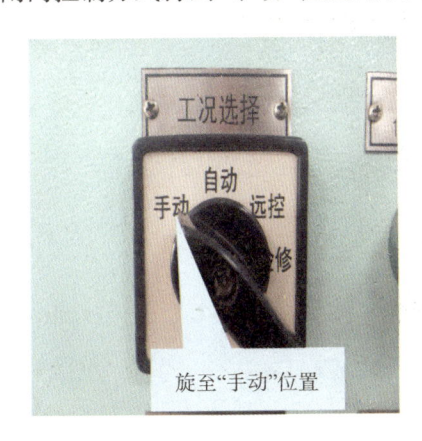

旋至"手动"位置　　选择"1#泵"方式

(2) 点击触摸屏"1♯工作开度门"按钮,查看闸门开度。

工作门开度

（3）按下"启1#泵"按钮，油泵启动。

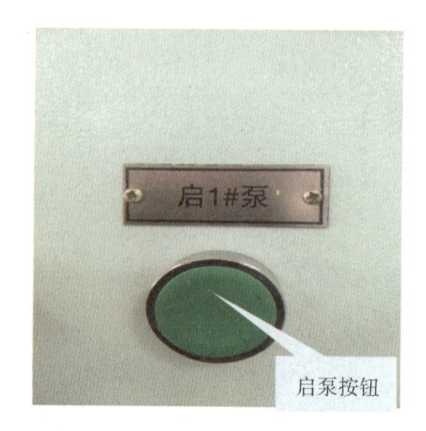

（4）按下"闭1#工作门"按钮，闸门关闭。

（5）待到指定高度后，按下"停1#工作门"按钮，闸门停止。

（6）按下"停泵"按钮，油泵停止工作。

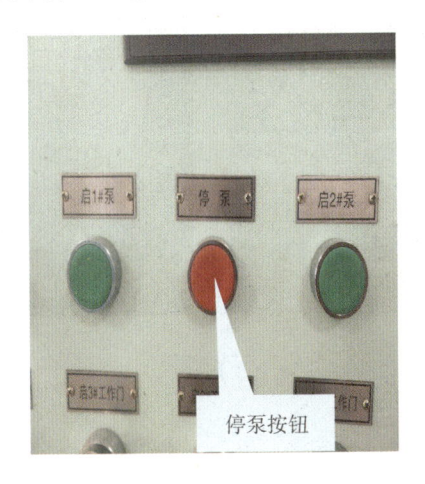

7 10 kV 系统操作

7.1 变压器投入

7.1.1 油浸式变压器（户外）

（1）确认架空线路、变压器无异常情况后，合上变压器高压侧跌落熔丝。

（2）至低压室将低压进线隔离开关切换至"网电"位。

（3）合上低压进线开关。

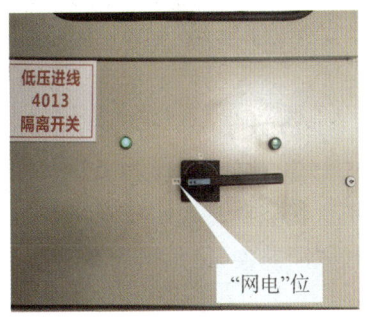

7.1.2 干式变压器（室内）

（1）确认架空线路、变压器无异常情况后，将进线断路器手车摇至工作位，合上进线断路器。

（2）至低压室将低压进线隔离开关切换至"网电"位。

（3）合上低压进线开关。

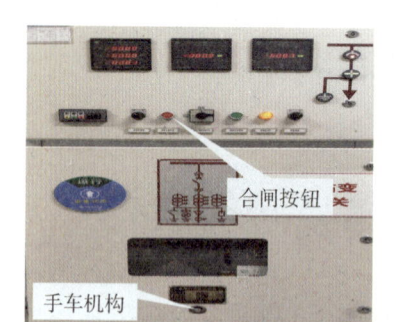

7.2 变压器切出

7.2.1 油浸式变压器(户外)

（1）至低压室分开低压进线开关。
（2）将低压进线隔离开关切换至"停"位。
（3）拉开变压器高压侧跌落熔丝。

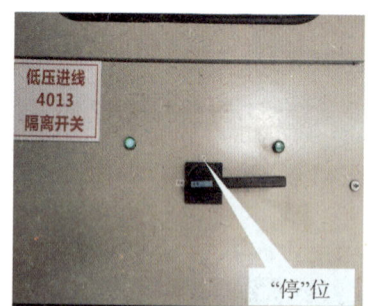

7.2.2 干式变压器(室内)

（1）至低压室分开低压进线开关。
（2）将低压进线隔离开关切换至"停"位。
（3）拉开进线断路器，将手车摇至试验位。

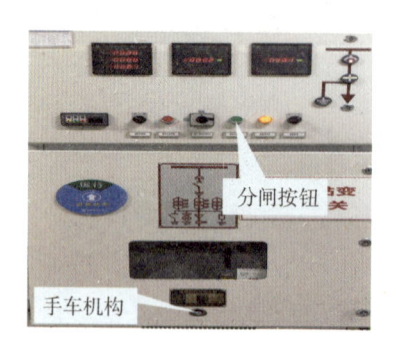

8 0.4 kV 系统操作

8.1 低压进线柜

8.1.1 抽屉开关(合闸)
将位置操作手柄调至"↑↓"抽推位置,推入抽屉后将位置操作手柄调至"⏻"工作位置,合闸指示灯(红灯)显示应正常。

8.1.2 抽屉开关(分闸)
将位置操作手柄调至"↑↓"抽推位置,分闸指示灯(绿灯)显示应正常。检修时,拉出抽屉后可检修。

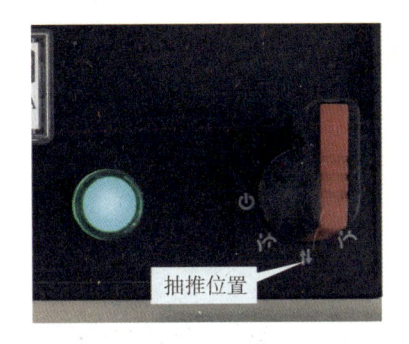

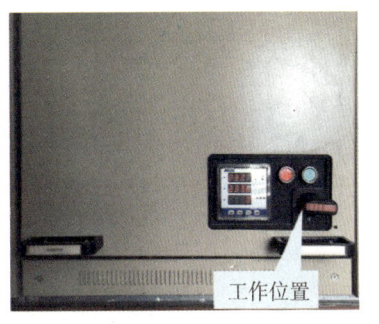

8.2 低压馈线柜

8.2.1 电控抽屉开关(合闸)
(1)将位置操作手柄调至"↑↓"抽推位置,推入抽屉后将位置操作手柄调至"⏻"工作位置,分闸指示灯(绿灯)显示应正常。
(2)将位置操作手柄调至"┃"位置,检查合闸指示灯(红灯)显示应正常。

8.2.2 电控抽屉开关(分闸)
(1)将位置操作手柄调至"O"位置,检查分闸指示灯(绿灯)显示应正常。
(2)检修时,将位置操作手柄调至"↑↓"抽推位置,拉出抽屉后可检修。

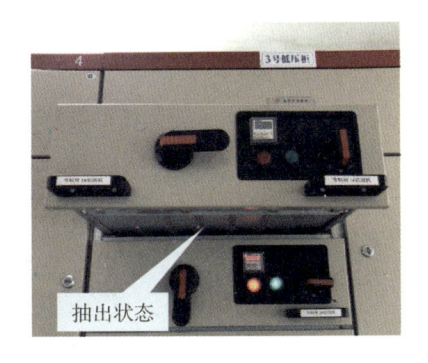

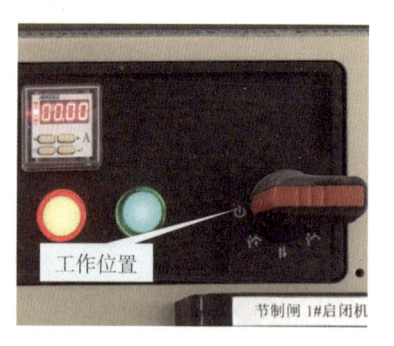

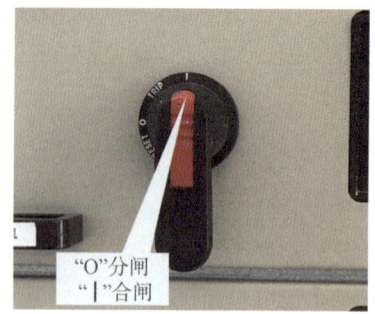

8.3 电容补偿柜

8.3.1 补偿电容投入

(1) 将隔离开关转至"┃"位置,投入补偿电容。

(2) 检查控制器工作是否正常。

8.3.2 补偿电容切出

(1) 检查控制器工作是否正常。

(2) 将隔离开关转至"O"位置,切出补偿电容。

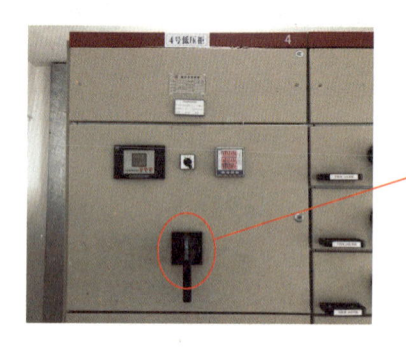

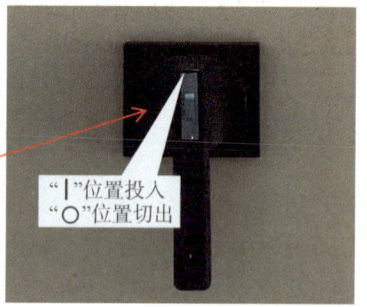

8.4 柴油发电机组

8.4.1 开机前准备

(1) 检查机组四周和机组上应无杂物、工具留存。

(2) 检查机组有无漏油、漏水、漏气及导线连接是否牢固,有无老化现象。

(3) 检查机组各部位联接和联轴器传动部位是否正常。

(4) 检查机油油位、燃油系统是否正常。

(5) 检查冷却水水位是否正常。

(6) 检查蓄电池电压是否正常,并合上蓄电池输出电源开关。

(7) 检查低压进线柜三工位隔离开关在"发电"位置。

(8) 检查机组接地是否良好。

(9) 检查总空气开关在 OFF(断开)状态。

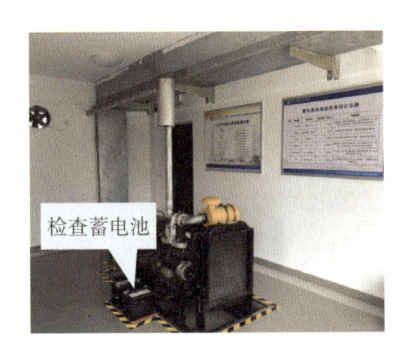

8.4.2 投用备用电源

(1) 完成柴油发电机开机前各项准备工作。

(2) 至低压进线柜,将三工位隔离开关在"发电"位置位,投用备用电源。

(3) 至柴油发电机房完成合闸送电操作。

8.4.3 开机

(1) 开机前各项准备工作完成后,打开燃油阀,启动机组。

(2) 开机后先慢速运行,再逐步加速,待电压稳定在 380 V,频率稳定在 50 Hz 时,合上空气开关到"ON"位。

(3) 加强值班巡视,做好运行记录,对于运行检查中发现的不正常情况应立即采取措施解决。

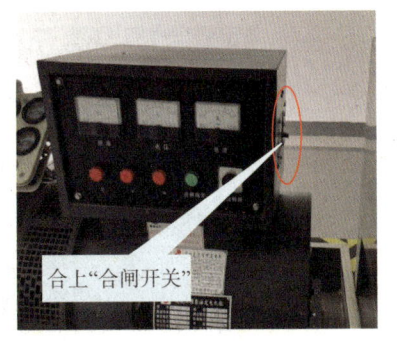

8.4.4 停机

(1) 停机前,先断开负载,低速运转后方可停机。

(2) 停机后注意关闭燃油阀,清洁设备场地。

(3) 冬季停机后要关注温度变化,及时放清冷却水。

8.4.5 试机

(1) 试机前各项准备工作完成后,打开燃油阀,启动机组。

(2) 试机后先慢速运行,再逐步加速,检查电压是否稳定在 380 V、频率 50 Hz。

(3) 试运行 15~30 min,其间加强值班巡视,做好试运行记录,对于运行检查中发现的不正常情况应立即采取措施解决。

(4) 每月至少试运行一次。

9 计算机监控系统操作

(1) 检查 UPS 装置处于逆变状态(UPS 供给 PLC 和计算机监控主机使用),PLC、上位机电源开关应在合闸位置。

(2) 合上显示器、工控机电源开关,打开工控机,启动上位机监控程序进入正常运行状态。

输入操作员姓名、密码,进入计算机监控系统控制状态。

(3) 系统启动后,检查系统界面、测点数据等是否正常,有无报警信息。

9.4 具体操作

9.4.1 登录系统

(1) 打开上位机后,系统自动启动,进入启动页。

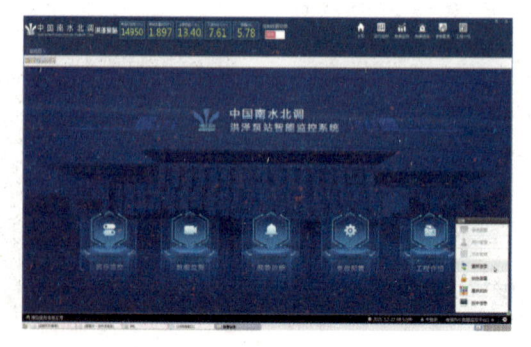

(2) 点击右下角设置图标进入登录界面。

(3) 输入"用户名""密码",登录系统。

(4) 不登录会以游客身份进入系统,仅可浏览查看数据。

9.4.2 闸门控制

(1) 在闸门操作前检查工作和电源操作完成后,通过"节制闸监控总图"画面里进行闸门的控制,一般分单个闸门控制模式、群控模式、正向排涝模式、反向补水模式等。

(2) 单闸门控制模式:以控制5♯闸门为例,点击"全开"按钮,5♯闸门开启至上限位后停止;点击"全关"按钮,5♯闸门关闭至下限位后停止;点击"停止"按钮,5♯闸门立即停止,保持当前开度;点击"开度设值"按钮,在弹出的复选框中输入数值(上/下限位之间),点击"开度设值确认"按钮,5♯闸门将自动调整至设定开度。

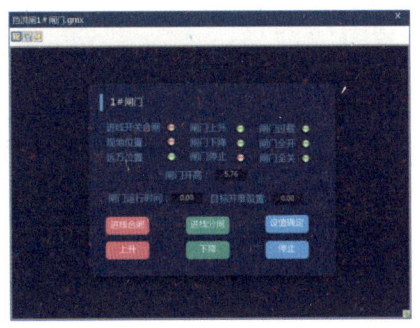

(3) 群控模式:点击"群控数量"方框,输入开启闸门的数量;点击"开度设值"方框,输入目标开度;点击"群控启动"按钮,闸门将自动调整至设定开度;点击"群控停止"按钮,所有群控闸门立即停止运行。

(4) 正向排涝模式:点击"流量设值"方框,输入流量数值,点击"正向排涝"按钮,所有闸门自动调整开度值,点击"停止"按钮,所有闸门立即停止运行。

(5) 反向补水模式:点击"流量设值"方框,输入流量数值,点击"反向补水"按钮,所有闸门自动调整开度值,点击"停止"按钮,所有闸门立即停止运行。

(6) 进水闸、其他闸门参照此操作。

附录 B 水闸运行巡视指导书

1 范围

本指导书适用于南水北调东线江苏水源有限责任公司辖管水闸(船闸)工程巡视检查工作。

2 规范性引用文件

下列文件对于本标准化作业指导书的应用是必不可少的。凡是注日期的引用文件,仅所注日期的版本适用于本文件。凡是不注日期的引用文件,其最新版本(包括所有的修改单)适用于本文件。

GB/T 5972 起重机 钢丝绳:保养、维护、检验和报废
GB/T 5975 钢丝绳用压板
SL 75 水闸技术管理规程
SL 214 水闸安全评价导则
SL 722 水工钢闸门和启闭机安全运行规程
DB32/T 3259 水闸工程管理规程
DB32/T 2948 水利工程卷扬式启闭机检修技术规程
水利工程标准化管理评价办法

3 术语和定义

下列术语和定义适用于本标准化作业指导书。

3.1 控制运用

通过有目的启闭闸门、控制流量、调节水位,充分发挥工程的作用。

3.2 水闸

修建在河道和渠道上利用闸门控制流量和调节水位的低水头水工建筑物。

3.3 启闭机

用于控制各类大中型铸铁闸门及钢制闸门的升降达到开启与关闭的目的。

3.4 电气设备

电动机、发电机、变压器、断路器、隔离开关、互感器、避雷器、母线、电缆以及测量、控制、保护等发电、供电、用电设备的统称。

3.5 金属结构

水闸工程中的钢闸门、启闭设备等设备的统称。

3.6 维修

设备、部件或零件发生磨损、性能下降以至失效后,为使其恢复到原有可用状态所采取的各种修补、调整、校正措施。

3.7 养护

对检查发现的缺陷和问题随时进行保养与局部修补,以保持工程及设备完好。

3.8 计算机监控及视频监视系统

由分布式的电气和水测仪表等智能终端设备、计算机及数字通信网络系统等组成,集遥信、遥测、遥控、遥视为一体,自动监控水闸运行状态,可实现在线设备的自动/手动、远程/现地操作的系统。

4 总则

(1) 日常巡视每日不应少于1次,一般包括以下内容:建筑物、设备、设施是否完好;工程运行状态是否正常;是否有影响水闸安全运行的障碍物;管理范围内有无违章建筑和危害工程安全的活动;工程环境是否整洁;水体是否受到污染。

(2) 机电设备巡视检查前,应确保现场的运行条件、安全工器具等符合国家或行业标准规定,安全防护用品合格、齐全。

(3) 巡视检查人员应具备必要的电气知识、安全生产知识和业务技能,掌握急救基本方法。

(4) 巡视检查人员应严格遵守水闸巡视检查制度,按照本手册要求进行巡视检查,确保人员、设备安全。巡查中如发现水闸工程有异常现象,应及时做出研判并上报,必要时还应派专人进行连续监视,做好应急抢险准备工作。

5 巡视前准备

5.1 人员要求

序号	内容	备注
1	巡视人员具备闸门运行工及电工进网作业许可资格	管理单位负责人应负责审核
2	人员精神状态正常,无妨碍工作的病症,着装符合要求	管理单位负责人应负责审核
3	具备必要的电气知识,熟悉水闸机电设备	管理单位负责人应负责审核

5.2 危险点控制措施

序号	危险点内容	控制措施
1	误碰、误动、误登运行设备	巡视检查时,不得进行其他工作(严禁进行电气工作),不得移开或越过遮栏
2	擅自打开设备柜门,擅自移动临时安全围栏,擅自跨越设备固定围栏	巡视检查时应与带电设备保持足够的安全距离
3	发现缺陷及异常单人处理	巡视前,检查所使用的安全工器具完好,禁止单人工作
4	发现缺陷及异常时,未及时汇报	发现设备缺陷及异常时,及时汇报,采取相应措施;严禁不符合巡视人员要求者进行巡视
5	擅自改变检修设备状态,变更工作地点安全措施	巡视设备禁止变更检修现场安全措施,禁止改变检修设备状态
6	夜间巡视,造成人员碰伤、摔伤、踩空	夜间巡视,应及时开启设备区照明(夜巡应带照明工具)
7	开、关控制柜柜门,振动过大,造成设备误动作	开、关柜门应小心谨慎,防止过大振动
8	进出配电室、启闭机房,未随手关门,造成小动物进入	进出配电室、闸室,必须随手将门关闭,并设置挡板
9	未按照巡视线路巡视,造成巡视不到位,漏巡	严格按照巡视线路巡视
10	使用不合格的安全工器具	安全工器具定期检查,并有合格标识
11	生产现场安全措施不规范,如警告标识不齐全、孔洞封堵不良、带电设备隔离不符合要求,易造成人员伤害	定期检查更新

5.3 巡视工器具

序号	名称	单位	数量	图例	序号	名称	单位	数量	图例
1	安全帽	顶	25		5	手电筒	个	5	
2	绝缘靴	双	2		6	钥匙	套	2	

续表

序号	名称	单位	数量	图例	序号	名称	单位	数量	图例
3	绝缘手套	双	2		7	对讲机	台	5	
4	测温仪	只	2		8	防毒面具	副	2	

6　巡视检查制度

（1）巡视人员在巡视期间，应按规定的巡视路线和巡视项目进行巡查。

（2）工程巡视检查中应严格遵守《水闸技术管理规程》《电业安全工作规程》等相关规定，注意设备及人身安全。

（3）巡视查重点包括以下方面内容：

① 操作过的设备；

② 现场检修试验中的安全措施；

③ 缺陷消除后的设备；

④ 运行参数异常的设备；

⑤ 防火检查；

⑥ 上下游河道。

（4）遇有下列情况应增加巡视次数：

① 水闸处于开闸运行状态；

② 恶劣气候；

③ 设备过负荷或负荷有显著增加；

④ 设备缺陷近期有发展；

⑤ 新设备或经过检修，改造或长期停用后的设备重新投入运行；

⑥ 运行设备有异常迹象；

⑦ 超设计标准运行。

（5）巡视检查时应随身携带必要的工器具（如手电筒、对讲机、测温仪等），检查时应认真，细致，根据设备运行特点采取看、听、摸、嗅等方式进行。

（6）巡视检查中发现设备缺陷或异常情况，应及时处理并详细记录在值班记录表上。对重大缺陷或严重情况应及时向管理单位负责人汇报，并采取及时有效的处置措施。

7 巡视路线图

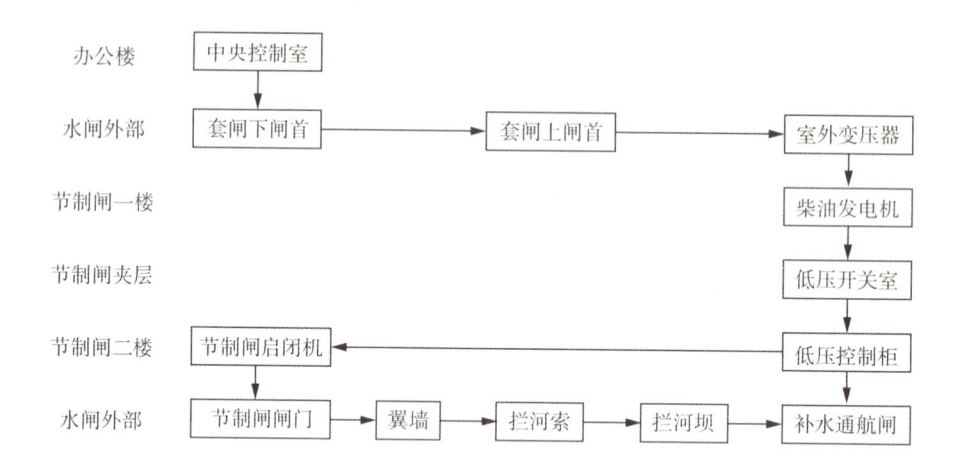

办公楼	中央控制室
水闸外部	套闸下闸首 → 套闸上闸首 → 室外变压器
节制闸一楼	柴油发电机
节制闸夹层	低压开关室
节制闸二楼	节制闸启闭机 ← 低压控制柜
水闸外部	节制闸闸门 → 翼墙 → 拦河索 → 拦河坝 → 补水通航闸

8 巡视内容及标准

8.1 中控室巡视内容及标准

设备部位	巡视项目	巡视内容	巡视方法	图例
中控室	运行环境	1. 门窗完好 2. 屋顶及墙面无渗、漏水 3. 室内清洁,无蛛网、积尘 4. 中控台桌面清洁,物品摆放有序	目测	
	照明	完好,无缺陷	目测	
	温湿度	室内温度15～30℃,湿度应不高于70%RH,否则应开启空调	查看温湿度计	
	计算机监控系统及视频监视系统	系统正常、数据准确、画面清晰、无卡顿、故障报警现象	目测	
	打印机	1. 工作指示正常 2. 报表打印清晰 3. 打印纸足量	目测	

8.2 变压器巡视内容及标准

设备部位	巡视项目	巡视内容	巡视方法	图例
变压器	输电线路	线缆接头有无损坏；架空电缆电杆上是否有鸟窝、树枝等杂物	目测	
	围栏	围栏封闭完好，未缺失；警示标牌悬挂固定；现场无杂物	目测	
	干式变压器（室内）	1. 变压器温度巡检仪接线可靠，温度指示准确，风机开停正常 2. 高低压绕组无变形，绝缘完好，无放电痕迹，引线轴头、垫块、绑扎紧固 3. 高低压桩头清洁，瓷柱无裂纹、破损、闪络放电痕迹 4. 接线桩头和母线有无松动、发热、变色情况，示温片无变色 5. 铁芯接地且接地良好，接地装置完好、无锈蚀、符合要求 6. 变压器运行温度正常，无异味、异响 7. 柜内照明完好	目测 测温枪 耳听	风机
	油浸式变压器（户外）	1. 变压器套管外部清洁，无破损裂纹、放电痕迹及其他异常现象 2. 油位、油色正常，无破损和渗漏油 3. 检查变压器本体各部位无渗漏油，如有要记录清楚渗漏的部位、程度，并及时清理渗漏油 4. 母线接头无过热、融化现象，示温纸未变色 5. 散热装置清洁，无异常发热现象 6. 接地装置完好、无锈蚀、符合要求 7. 跌落开关位置正确，未发生脱落、放电现象	目测 测温枪 耳听	变压器 套管

8.3　柴油发电机组巡视内容及标准

设备部位	巡视项目	巡视内容	巡视方法	图例
柴油发电机组	表计	发电机电压、电流、频率是否正常	查看表计	
		三相电压是否正常	查看指示灯	
	油系统	发电机机油油位是否在规定范围内；发电机柴油油位	查看油位刻度线	
		发电机油温是否正常	查看表计，使用温枪测量	
	冷却水	发电机水温是否正常	查看表计，使用温枪测量	
		检查水位是否充足	目测	
	室内通风	风机运转是否正常	目测	

8.4 低压开关室巡视内容及标准

设备部位	巡视项目	巡视内容	巡视方法	图例
低压开关室	运行环境	1. 门窗完好 2. 屋顶及墙面无渗、漏水 3. 室内清洁,无蛛网、积尘	目测	
	通风照明	1. 室内通风装置控制可靠 2. 室内照明保持完好,无缺陷	目测	
	温湿度	温湿度满足运行要求	查看温湿度计	
	挡鼠板	固定牢固,完整,无残缺、破损	目测	
计量柜	设备	1. 接线盒及柜体后门铅封完好 2. 数据显示正常 3. 信号灯闪烁	目测	

续表

设备部位	巡视项目	巡视内容	巡视方法	图例
低压开关柜	柜体	柜门关闭严密,柜体完整,无变形,表面清洁	目测	
	仪表、指示灯	1. 开关分、合闸位置指示正确,指示灯指示正确,合闸为红色,分闸为绿色 2. 电压、电流等仪表显示正常	目测	
	开关位置	操作手柄指示位置正确,与实际工况一致	目测	
	声音、气味	无异常声音、气味	耳听、鼻嗅	

8.5 低压配电柜巡视内容及标准

设备部位	巡视项目	巡视内容	巡视方法	图例
低压配电柜	标识牌	标识牌清洁，未发生脱落、位置错误等情况	目测	
	柜体	1. 无异味，无过热、无变形等异常情况 2. 柜体密封、接地良好，隔板固定可靠，开启灵活	目测	
	仪表、指示灯	多功能表工作正常，参数设定准确，无故障报警	目测	
	柜内	1. 隔离开关、互感器进、出线桩头连接紧固，无过热现象 2. 熔断器外观无损伤、开裂、变形，绝缘部分无闪络放电痕迹 3. 断路器分、合闸动作可靠，与实际工况一致 4. 电流互感器表面清洁，无过载、变色情况， 5. 二次侧端子接线排列整齐、规范，无发热变色现象，无异常气味	目测、鼻嗅	

8.6 电容补偿柜巡视内容及标准

设备部位	巡视项目	巡视内容	巡视方法	图例
电容补偿柜	标识牌	标识牌清洁,未发生脱落、位置错误等情况	目测	
	柜体	1. 无异味,无过热、无变形等异常情况 2. 柜体密封、接地良好,隔板固定可靠,开启灵活	目测	
	仪表、指示灯	补偿控制器、多功能表工作正常,参数设定准确,无故障报警	目测	
	柜内	1. 熔断器、电抗器、避雷器无损坏、变色等现象 2. 电容器表面清洁,无膨胀、渗漏液等现象,电容器组连接紧固,接头无松动、过热现象 3. 隔离开关、电流互感器、表面清洁、无损坏 4. 二次侧端子接线排列整齐、规范,无发热变色现象,无异常气味	目测、鼻嗅	

8.7 启闭机房巡视内容及标准

设备部位	巡视项目	巡视内容	巡视方法	图例
启闭机房	房屋检查	1. 检查门窗关闭严密,玻璃完整 2. 房屋应无渗、漏水 3. 室内清洁,无蛛网、积尘	目测	大汕子枢纽 闸室、启闭机
	照明	照明应完好,无缺陷	目测	
	混凝土结构	1. 未出现破坏结构整体性或影响工程安全运用的裂缝 2. 承重结构无明显变形、裂缝 3. 表面未发生锈胀裂缝或剥蚀、磨损及保护层破损	目测	闸门、门槽
	伸缩缝	检查伸缩缝的张合变化情况、无错动迹象,缝内填充物未流失或老化变质	目测	伸缩缝
	墙面	墙面未发生异常沉降、倾斜、滑移等情况	目测	

续表

设备部位	巡视项目	巡视内容	巡视方法	图例
启闭机（液压式）	控制柜	1. 指示灯、仪表、开度仪指示正常，无异常信号，状态与实际运行一致 2. PLC 模块信号灯指示无异常，通信良好，模块工作正常 3. （选择/转换）开关位置与实际运行位置一致 4. 显示屏参数显示正确，操作灵敏、可靠，无报警现象 5. 柜内接线紧固，接线端子无发热变色现象，无烧焦及其他异常气味	目测	
	油箱	1. 外观清洁，无渗油 2. 油位在标记油位线之间，油色清亮 3. 呼吸器完好，硅胶饱满，变色不超过 1/3 4. 表计指示正常	目测	
	管道及闸阀	1. 阀位正确，标识完好 2. 闸阀、管道及接头无渗漏	目测	
	液压杆	活塞杆无锈蚀、渗漏现象	目测、耳听	

续表

设备部位	巡视项目	巡视内容	巡视方法	图例
启闭机（卷扬式）	控制柜	1. 仪表及状态指示灯指示正确 2. 控制方式转换开关位置正确，控制可靠，无异常声响和异味 3. 二次线无松脱、发热变色现象，电缆孔洞封堵严密	目测	（仪表、指示灯、控制方式）
启闭机（卷扬式）	启闭机构	1. 电动机外观清洁完整，无锈蚀 2. 联轴器连接紧固，无松动现象 3. 减速器油量充足、油位正常，齿轮啮合良好，无严重磨损和锈蚀 4. 制动器动作灵活、制动可靠，各部件无破损、裂纹	目测	（启闭机构）
启闭机（卷扬式）	钢丝绳	钢丝绳无断丝、断股、锈蚀现象，涂抹防水油脂，钢丝绳在卷筒上预绕圈数符合设计规定	目测	（钢丝绳）

471

8.8 闸门巡视内容及标准

设备部位	巡视项目	巡视内容	巡视方法	图例
闸门	门叶	无表面涂层剥落、门体变形、锈蚀、焊缝开裂等现象	目测	平面闸门
	面板、横纵钢梁	无锈蚀、磨损、变形、裂纹或断裂情况	目测	
	行走支承	无变形情况,转动是否灵活	目测	
	门槽	无不均匀沉降或扭曲变形情况	目测	
	吊耳	牢固可靠,检查零件无裂纹,焊缝无开裂,螺栓无松动,止轴销未丢失,销轴未窜出	目测	
	闸门止水	密封可靠,无渗漏;压板紧密,固定螺栓齐全	目测	
	运转部位的加油设施	应完好、畅通;锁定齐全有效	目测	
	钢丝绳	钢丝绳水上部分无缺油、断股断丝现象;表面涂有保护油,无砂粒	目测	

8.9 电动葫芦巡视内容及标准

设备部位	巡视项目	巡视内容	巡视方法	图例
电动葫芦	运行环境	检查无渗油现象	目测	
	行走及起升机构	1. 轨道、电动机、卷筒、工字钢、吊钩等各部件、支架表面涂层无剥落、变形、锈蚀、焊缝开裂等现象 2. 钢丝绳无断丝断股现象，排列整齐、表面清洁、润滑合适	目测	
	控制系统	1. 天车控制器表面清洁，摆放于固定盒内 2. 控制箱二次端子紧固，无松动、虚接、压皮、滑丝等情况，电缆护套无老化、损伤现象 3. 接地装置完好、无锈蚀，符合要求	目测	

8.10 堤坝、护坡巡视内容及标准

设备部位	巡视项目	巡视内容	巡视方法	图例
堤坝	交通桥、工作桥	1. 现场无垃圾、杂物堆放,无大、重型车辆上桥行驶,桥面是否平整,有无凹凸不平的凹坑或车槽,雨后是否有明显积水现象 2. 路面是否完好,有无破损 3. 无明显倾斜、开裂、不均匀沉降等重大缺陷	目测	交通桥
堤坝	翼墙	1. 是否完好,有无新增缺口、塌陷、倾倒现象 2. 混凝土无损坏和裂缝,伸缩缝完好 3. 墙前防护工程是否完好,有无淘空、冲刷、塌陷现象 4. 无明显倾斜、开裂、不均匀沉降等重大缺陷	目测	翼墙
堤坝	堤防	1. 堤岸顶面有无塌陷、裂缝 2. 背水坡及堤脚有无渗漏、破坏等 3. 防护围栏无破损、锈蚀等缺陷 4. 两岸堤防规整,无明显倾斜、开裂、不均匀沉降等重大缺陷	目测	堤顶
堤坝	堤坡	1. 表面平整清洁,无垃圾 2. 石块无隆起、松动 3. 块石护坡完好,排水畅通,无雨淋沟、塌陷等损坏现象 4. 无明显倾斜、开裂、不均匀沉降等重大缺陷	目测	堤坡

续表

设备部位	巡视项目	巡视内容	巡视方法	图例
河道	拦河索	1. 拦河浮筒应垂直放置河道中 2. 拦河索无断裂现象	目测	
	拦河坝	1. 表面无裂缝现象 2. 坝坡无坍塌、裂缝现象 3. 坝体表面排水完好 4. 无明显倾斜、开裂、不均匀沉降等重大缺陷	目测	

附录 C 水闸养护清单范围

1 范围

本部分规定了南水北调东线江苏水源有限责任公司辖管水闸（船闸）工程日常维护作业内容。

本部分适用于南水北调东线江苏水源有限责任公司辖管水闸（船闸）工程，类似工程可参照执行。

2 规范性引用文件

下列文件对于本文件的应用是必不可少的。凡是注日期的引用文件，仅所注日期的版本适用于本文件。凡是不注日期的引用文件，其最新版本（包括所有的修改单）适用于本文件。

GB/T 5972 起重机 钢丝绳：保养、维护、检验和报废
GB/T 5975 钢丝绳用压板
SL 75 水闸技术管理规程
SL 214 水闸安全评价导则
DB32/T 3259 水闸工程管理规程
DB32/T 2948 水利工程卷扬式启闭机检修技术规程
水利工程标准化管理评价办法

3 术语和定义

下列术语和定义适用于本文件。

3.1 控制运用

通过有目的启闭闸门、控制流量、调节水位，充分发挥工程的作用。

3.2 水闸

修建在河道和渠道上利用闸门控制流量和调节水位的低水头水工建筑物。

3.3 启闭机

用于控制各类闸门的升降达到开启与关闭的目的。

3.4 电气设备

电动机、发电机、变压器、断路器、隔离开关、互感器、避雷器、母线、电缆以及测量、控

制、保护等发电、供电、用电设备的统称。

3.5 金属结构

水闸工程中的钢闸门、启闭设备等设备的统称。

3.6 维修

设备、部件或零件发生磨损、性能下降以至失效后,为使其恢复到原有可用状态所采取的各种修补、调整、校正措施。

3.7 养护

对检查发现的缺陷和问题随时进行保养与局部修补,以保持工程及设备完好。

3.8 计算机监控及视频监视系统

由分布式的电气和水测仪表等智能终端设备、计算机及数字通信网络系统等组成,集遥信、遥测、遥控、遥视为一体,自动监控水闸运行状态,可实现在线设备的自动/手动、远程/现地操作的系统。

4 总则

为规范水闸工程设备日常维护工作内容,确保工程运行安全,充分发挥工程效益,制订本清单。

5 日常维护清单

5.1 油浸式变压器(户外)

序号	维护周期	维护内容	维护标准	维护工具或方法	注意事项
1	每周	外观检查	油位、油色、油温正常,无渗漏油现象,套管表面清洁,外部无破损裂纹、无严重油污、无放电痕迹及其他异常情况	人工检查	如变压器运行时,应注意正常声音为均匀的嗡嗡声,且无闪络放电现象
2	每月	设备保洁	无灰尘、蜘蛛网等	毛刷、吸尘器、干毛巾	设备运行时,注意安全距离
3	汛前汛后	清理表面	整洁,无污渍、无锈蚀	用干燥的棉毛巾擦拭	做好防护,应在断电后进行,开第一种工作票
4	汛前汛后	呼吸器	呼吸器无损伤,硅胶无变色、油杯油位正常	人工检查	如需更换呼吸器或硅胶,应避免水分进入
5		避雷器	避雷器表面清洁,无损坏情况,接线紧固	人工检查	做好防护,应在断电后进行,开第一种工作票
6	每年	电气预防性试验	参照《电力设备预防性试验规程》(DL/T 596—2021)	电力设备试验专用仪器	应在断电后进行,开第一种工作票,注意作业安全
7		油化试验	参照《电力设备预防性试验规程》(DL/T 596—2021)	油化试验专用仪器	注意试验安全
8		电缆、母线及引线接头保养	接触良好,无发热现象,示温纸齐全	细砂纸、凡士林、示温片以及组合工具等	登高作业注意安全,开第一种工作票,做好防护

5.2　干式变压器(室内)

序号	维护周期	维护内容	维护标准	维护工具或方法	注意事项
1	每周	外观检查	声音、温度正常,无放电痕迹及其他异常情况	人工检查	如变压器运行时,应注意正常声音为均匀的嗡嗡声,且无闪络放电现象
2	每月	设备保洁	室内清洁,无灰尘、蜘蛛网等	毛刷、吸尘器、干毛巾	设备运行时,注意安全距离
3	汛前汛后	清理表面	整洁、无污渍、无锈蚀	用干燥的棉毛巾擦拭	做好防护,应在断电后进行,开第一种工作票
4	汛前汛后	冷却风机	手动测试风机运行,应无异常	人工检查	做好防护,如运行注意安全距离
5	汛前汛后	接线、螺栓紧固	螺栓、接头处应紧固,无损坏、尖刺	扳手	做好防护,应在断电后进行,开第一种工作票
6	每年	电气预防性试验	参照电力设备预防性试验规程(DL/T 596—2021)	电力设备试验专用仪器	应在断电后进行,开第一种工作票,注意作业安全
7	每年	电缆、母线及引线接头保养	接触良好,无发热现象,示温纸齐全	细砂纸、凡士林、示温片以及组合工具等	登高作业注意安全,开第一种工作票,做好防护

5.3 启闭机(卷扬式)

序号	维护周期	维护内容	维护标准	维护工具或方法	注意事项
1	每周	设备保洁	启闭机机架(门架)、启闭机防护罩、机体表面保持清洁	线手套、清洗液、塑料桶、毛巾、吸尘器等	不要破坏设备表面,佩戴必要的安全帽、安全带等防护用具
2		防护罩	防护罩固定到位,防止齿轮等碰壳	人工检查	
3	每月	制动装置	动作灵活、制动可靠	闸门试运行	制动装置不可靠,及时检修或更换
4		机械转动部位	转动部位表面黄油应满足设备运行要求	人工检查	及时加注润滑油
5		减速机润滑油	润滑油无乳化,油色、油位正常	专用润滑油	必要时更换、注意油位
6		闸门开度仪	运转灵活,指示准确,限位可靠	人工检查	如指示器不能正确表示闸门开度情况,应及时维修更换
7		调试(如具备条件)	启闭正常	全开、全关	注意门槽无卡滞
8	汛前汛后	电机绝缘电阻检测	绝缘电阻大于 0.5 MΩ	使用 500 V 摇表	如电动机绝缘电阻发生显著下降,应及时处理
9	每年	钢丝绳保养	无杂质,润滑油均匀	汽油、柴油、钢丝刷、钙基脂	注意钢丝绳松紧调整
10		检查,如需要应增补减速机润滑油、润滑脂	润滑油无乳化,润滑脂充足,油色、油位正常	专用润滑油、润滑脂	必要时更换,注意油位

5.4 启闭机(液压式)

序号	维护周期	维护内容	维护标准	维护工具或方法	注意事项
1	每周	设备保洁	油泵、阀组、管路外观应无异常,无污迹、锈蚀和渗漏油现象	线手套、清洗液、塑料桶、毛巾、吸尘器等	不要破坏设备表面,佩戴必要的安全帽、安全带等防护用具
2	每月	阀组保养	阀组工作良好	使用润滑油脂保养,手动旋转至全开、全关各一次	注意闸阀位置
3	每月	液压机构	滤油芯清洁	胶手套、清洗液、塑料桶	必要时更换、注意油位
4	每月	调试(如具备条件)	启闭正常	全开、全关	注意门槽及油缸运行区域内的清洁
5	汛前汛后	电机绝缘电阻检测	绝缘电阻大于 0.5 MΩ	使用 500 V 摇表	如电动机绝缘电阻发生显著下降,应及时处理
6	每年	油化试验	参照《液压油》(GB 11118—2011)	油化试验专用仪器	注意试验安全
7	每年	控制柜维护	一、二次接线紧固、标号清晰,元器件表面无积尘	专用工具、干毛巾、毛刷、吸尘器	停电后运行
8	每两年	液压油过滤	检测合格	使用真空滤油机	操作安全

5.5 闸门

序号	维护周期	维护内容	维护标准	维护工具或方法	注意事项
1	每周	设备保洁	外观应无异常,无污迹、锈蚀现象	线手套、清洗液、塑料桶、毛巾、吸尘器等	不要破坏设备表面,佩戴必要的安全帽、安全带等防护用具
2	每周	门叶	闸门面板、梁格及臂杆表面清洁,无附着水生物	高压水枪冲洗	如发现闸门锈蚀,及时除锈出新
2	每周	行走支承装置	行走支承装表面应保持清洁	线手套、清洗液、塑料桶、毛巾、吸尘器等	不要破坏设备表面,佩戴必要的安全帽、安全带等防护用具
2	每周	行走支承装置	运转部位的加油设施完好、畅通	采用高压油泵加油	必要时更换,注意油位
3	每月	吊耳、吊杆及锁定装置	部件无变形、裂纹、开焊现象	专用工具,电焊机	不得出现裂纹、开焊现象
4	每月	预埋件	与基体联结牢固、表面平整	人工检查	不得出现凹凸现象
5	每年	检查止水橡皮	完好、无渗漏	人工检查	听渗漏声音
6	每两年	水下检查	闸门门槽完好	专业潜水员检查	注意作业安全

5.6 柴油发电机组

序号	维护周期	维护内容	维护标准	维护工具或方法	注意事项
1	每周	设备保洁	外观应无异常,无污迹、锈蚀和渗漏油现象	线手套、清洗液、塑料桶、毛巾、吸尘器等	不要破坏设备表面,佩戴必要的安全帽等防护用具
2	每月	油位、冷却水位	各部油位是否正常,水箱水位是否正常	人工检查	不满足要求的,应补油或换油,定期更换机油滤芯
3		发电机风扇及机罩	各部件无卡阻	人工检查	及时修复卡阻部件
5		集电环换向器	换向器表面清洁,电刷压力正常	人工检查	注意电刷磨损
6		蓄电池	蓄电池电压、容量以及外观	万用表 人工检查	如发现蓄电池破损、漏液,及时更换蓄电池,试运行后及时补充电池容量
7		调试	发电功率、电压正常	每月试运行	发现故障应及时处理
8	汛前	绝缘电阻	绝缘电阻大于 0.5 MΩ	使用 500 V 摇表	如发电机绝缘电阻发生显著下降,应及时处理
9		仪表校验	电流表、电压表、功率表等	专业检测机构	如发现失灵,应及时检修或更换
10	每年	蓄电池容量检测	蓄电池容量满足要求	蓄电池容量检测仪	如发现蓄电池容量不满足要求及时更换

5.7 低压开关室

序号	维护周期	维护内容	维护标准	维护工具或方法	注意事项
1	每周	设备保洁	无灰尘、污渍、油渍以及锈蚀等现象,表面整洁	线手套、清洗液、塑料桶、毛巾、吸尘器等	不要破坏设备表面,佩戴必要的安全帽等防护用具
2	每周	检查表计	工作正常、指示准确	目测	异常时应先查明原因再及时更换
3	每月	检查柜体封堵密实	防小动物措施完善	打开柜内照明灯查看	发现问题及时处理
4	每月	示温片	示温片无脱落,无变色现象	人工检查	及时替换变色示温片
5	每月	检查一次接线桩头以及二次回路接线端子	一次接线桩头紧固,示温片齐全,无发热现象,二次回路端子紧固,标号清晰	细砂纸、凡士林、示温片以及组合工具等	停电后进行
6	每年	电气预防性试验	参照《电力设备预防性试验规程》(DL/T 596—2021)	电力设备试验专用仪器	注意试验安全

5.8 低压配电柜

序号	维护周期	维护内容	维护标准	维护工具或方法	注意事项
1	每周	设备保洁	无灰尘、污渍、油渍以及锈蚀等现象,表面整洁	线手套、清洗液、塑料桶、毛巾、吸尘器等	不要破坏设备表面,佩戴必要的安全帽等防护用具
2		表计	表计指示正确,灵敏可靠	万用表 人工检查	如发现损坏,及时检修或更换
4	每月	控制柜柜体	防小动物措施完善	打开柜内照明灯查看	发现问题及时处理
5		示温片	示温片无脱落,无变色现象	人工检查	及时替换变色示温片
6		检查一次接线桩头以及二次回路接线端子	一次接线桩头紧固,示温片齐全,无发热现象,二次回路端子紧固,标号清晰	细砂纸、凡士林、示温片以及组合工具等	停电后进行
7	每年	仪表校验	电流表、电压表、功率表等正确灵敏	专业检测机构	如发现损坏,应及时检修或更换

5.9 电容补偿柜

序号	维护周期	维护内容	维护标准	维护工具或方法	注意事项
1	每周	设备保洁	无灰尘、污渍、油渍以及锈蚀等现象,表面整洁	线手套、清洗液、塑料桶、毛巾、吸尘器等	不要破坏设备表面,佩戴必要的安全帽等防护用具
2	每周	表计	表计指示正确,灵敏可靠	万用表 人工检查	如发现损坏,及时检修或更换
3	每周	控制器	电容补偿器显示应正常,工作状态准确	人工检查	发现问题及时处理
4	每月	控制柜柜体	绝缘电阻	人工检查	如发现柜体封堵不完整,及时更换堵泥
5	每月	控制柜柜体	端子紧固	人工检查	如发现柜体封堵不完整,及时更换堵泥
6	每月	控制柜柜体	封堵是否完好	人工检查	如发现柜体封堵不完整,及时更换堵泥
7	每年	仪表校验	电流表、电压表、功率表等正确灵敏	专业检测机构	如发现损坏,应及时检修或更换

5.10 UPS 电源

序号	维护周期	维护内容	维护标准	维护工具或方法	注意事项
1	每周	设备保洁	无灰尘、污渍、油渍以及锈蚀等现象，表面整洁	线手套、清洗液、塑料桶、毛巾、吸尘器等	不要破坏设备表面，佩戴必要的安全帽等防护用具
2	每月	蓄电池外观	外观完整，无破损、漏液、变形现象	人工检查	外观破损、漏液，及时更换蓄电池
3	每月	连接部位	连接部位牢固、端子表面清洁、接触良好	人工检查	及时紧固接线端子
4		电压	浮充电压满足要求	在线监测仪	浮充电压过高或过低应及时处理
6	每年	电池容量核对性放电试验	蓄电池恒电流放电时间不少于 10 h，电池容量不低于额定容量80%	放电仪	蓄电池放电时间、容量不符合要求，应及时更换蓄电池

5.11 计算机监控及视频监视系统

序号	维护周期	维护内容	维护标准	维护工具或方法	注意事项
1	每日	通信设备	运行环境（温度、湿度）满足要求	温、湿度计	空调设备运行正常
			设备工作状态正常	设备运行指示灯	设备报警时及时排查故障
			网络通信正常	信息发送、接收正常	及时维修损坏的通信设备
2	每周	设备保洁	无灰尘、污渍、油渍以及锈蚀等现象，表面整洁	线手套、清洗液、塑料桶、毛巾、吸尘器等	不要破坏设备表面，佩戴必要的安全帽、安全带等防护用具
3		传输线缆	线缆无破损、裸露	人工检查	及时修补破损电缆
4		摄像机	摄像机应清洁，确认监控方位和原设计方案相一致	人工检查	及时清洁摄像头
5		存储器	存储、预览、录像以及回放应符合设计方案要求，图像质量应符合要求	查看视频监视系统回放视频	回放视频不能调用时，及时修复
6	每月	每月调试	视频监控系统工作正常，监视器查看摄像机图像清晰，无干扰，旋转、变焦控制正常	查看监视器，操作控制云台	如有异常，及时修复
7		水位计	水位计测量准确	定期人工比测	水位计不能自动读数时应及时修复

5.12 电动葫芦

序号	维护周期	维护内容	维护标准	维护工具或方法	注意事项
1	每周	设备保洁	外观应无异常,无污迹、锈蚀和渗漏油现象	线手套、清洗液、塑料桶、毛巾、吸尘器等	不要破坏设备表面,佩戴必要的安全帽、安全带等防护用具
2	每月	润滑系统	润滑部分润滑油满足要求	人工检查	不足时应补加
			钢丝绳表面润滑油满足要求	人工检查	缺油时应及时补油
3	每月	行走及起升结构	钢丝绳表面完好	人工检查	断丝超过规范要求时及时更换
4			吊钩完好,方脱扣器完好	人工检查	如有损坏,及时更换
5			葫芦制动良好,控制可靠,接地装置完好	带电调试	制动距离不满足要求,及时维修
6			轨道等行走支承部件表面涂层完好	人工检查	如有损坏,及时修复
7		每月调试	运行声音平稳,钢丝绳应随导绳器移动,均匀缠绕在卷筒上	人工检查	如有异常,及时修复